New Wun Ching Developmental Publishing Co., Ltd.
New Age · New Choice · The Best Selected Educational Publications—NEW WCDP

輕鬆學

C 語言 >>

程式設計

余建政｜編著 ▶

國家圖書館出版品預行編目資料

輕鬆學 C 語言程式設計/余建政編著. -- 初版. -- 新北市：
新文京開發出版股份有限公司, 2024.09
　　面；　公分

　ISBN　978-626-392-056-9（平裝）

　1.CST：C（電腦程式語言）

312.32C　　　　　　　　　　　　　　　　113012363

輕鬆學 C 語言程式設計　　　　　　（書號：D068）

編 著 者	余建政
出 版 者	新文京開發出版股份有限公司
地　　址	新北市中和區中山路二段 362 號 9 樓
電　　話	(02) 2244-8188（代表號）
Ｆ　Ａ　Ｘ	(02) 2244-8189
郵　　撥	1958730-2
初　　版	西元 2024 年 09 月 15 日

　　本書是一本專為初學者所編寫的 C 語言程式設計入門書籍，書中詳細介紹 C 語言的基礎知識，同時，有系統地講解 C 語言的語法和程式設計方法。本書共 13 章，主要包括 C 語言簡介以及開發環境、基本資料型態、運算子與運算式、程式控制結構、陣列、函數、檔案、指標、結構與聯合、前置處理、位元運算。本書提供將近 260 個範例，幫助讀者熟悉 C 語言的語法和程式設計方法。所有範例程式可以透過掃描目錄右上角的 QR Code 取得。本書並在每章最後精心設計近 700 個練習題以及近 190 個難度和複雜度各異的程式設計題，供教師教學及學生課後練習使用，以達到對 C 語言融會貫通的目的。

　　本書適合做為大專院校程式設計相關課程的上課教材，也可做為教育訓練機構或 C 語言自學者的參考用書，還可做為報考高普考試、公營事業考試的「程式設計概要」以及四技二專統一入學測驗的「程式設計實習」參考用書。

　　在本書的編寫過程中，我們參閱了很多 C 語言的相關圖書資料和網路資源，借鑒和吸收其中很多的寶貴經驗，在此向相關作者表示衷心的感謝。

編著者　謹識

CHAPTER **04**　**資料的輸入與輸出**

CHAPTER **05**　**選擇結構**

CHAPTER **06**　**迴圈結構**

01

CHAPTER

C 語言概述

　　C 語言是每個程式設計初學者的首選。把 C 語言學好了，再學其他語言就更容易。早期在剛開始學習 C 語言時，大部分人會使用 Turbo C 2.0 編譯器。隨著計算機科學的不斷發展，有許多人開始選擇由 Microsoft 公司推出的 Visual C++ 6.0、Visual studio 2008 以及 Orwell Dev-C++支援的 C/C++編譯器等等。Orwell Dev-C++ 是 Dev-C++ 的一個衍生版本。在本書是使用 Orwell Dev-C++整合開發工具來開發 C/C++程式。

1.1 → 程式語言概述

　　在使用電腦處理問題時，一般都要設計程式。所謂「電腦程式(Computer program)」就是以某些符號所代表的一連串指令(instructions)，指揮計算機執行處理工作。電腦程式可以使用多種程式語言(Programming languages)來編寫。電腦程式是軟體的一個組成部分。通常，以英文文字為基礎的電腦程式要經過編譯(compiling)和連結(linking)而成為一種電腦可解讀的一連串數字的格式，然後放入執行。這種程式也叫作編譯語言(Compiled language)。未經編譯就可執行的程式，通常稱之為腳本(Script)或直譯語言(Interpreted language)。

　　程式語言大致可分為四大類，即機器語言、組合語言、高階語言和超高階語言：

（一）機器語言(Machine language)

　　機器語言又稱為低階語言(Low-level language)。機器語言是第一代程式設計語言。計算機所使用的是由"0"和"1"組成的二進制數組成的一串指令來表達計算機操作的語言，這種語言就是機器語言。使用機器語言是十分辛苦的，特別是在程式有錯需要修改時，更是如此。

（二）組合語言(Assembly language)

　　組合語言是利用助憶碼(mnemonics)和符號運算碼(Symbolic operation code)來代替機器語言指令。比如，用"ADD"代表加法，"MOV"代表數據傳遞等。然而計算機是不認識這些符號的，這就需要組譯器(assembler)負責將這些符號翻譯成機器語言。

（三）高階語言(High-level language)

在 1950 年代，高階語言的出現是電腦程式語言的一大革命。高階語言較接近大部分使用者的思考方式。高階語言可以使用相同的敘述(statement)，在不同的電腦上撰寫及執行。現今常用的高階語言有：BASIC、C、C++、Python、Java 等。

高階語言在執行之前須先轉換為機器語言。轉換有二種方式，即編譯或直譯。編譯動作是由編譯器(compiler)來達成，它是將高階語言的原始程式(Source program)轉換為目的程式(Object program)或目的碼(Object code)。編譯器會檢查程式語法是否正確，變數名稱是否合法，能將錯誤的敘述指出，以便使用者更改。

直譯器(interpreter)是一次轉換一條敘述，且在轉換之後立刻執行。直譯器不會產生目的程式。直譯器的優點是它可以在修改程式之後立即執行，使用起來較為便利。而其缺點則是比編譯器執行的速度為慢。

（四）超高階語言(Very high-level language)

前面所提到的機器語言、組合語言和高階語言，通常被認為是程式語言的前三代。每代之間的沿革，除了讓程式設計的工作變得容易之外，也使得程式的功能加強。另外一種比高階語言更容易使用的程式語言，稱為超高階語言或第四代語言 (Fourth generation language; 4GL)。超高階語言的敘述是非程序性 (nonprocedural)的，亦即它的敘述和程式真正的執行步驟沒有關連。資料庫查詢語言(Database query language; DQL)即是第四代語言的一個例子。

1.2 → C 語言的發展

C 語言是從 B 語言演變而來。但 B 語言不是從 A 語言演變而來，而是從 BCPL(Basic Combined Programming Language)語言演變而來。BCPL 是由 Martin Richards 在 1967 年設計出來的，是一種無資料類型的語言，它直接處理機器系統的字組(word)和位址(address)。在 BCPL 的啟發下，Ken Thompson 在 1970 年開發了無資料類型的程式設計語言 B， B 語言和組合語言被用來開發 UNIX 作業系統的第一個版本。1972 年，Dennis Ritchie 設計出 C 語言，該語言既吸收了 BCPL 和 B 語言的許多概念，又具備有資料類型的特色（整數類型、浮點類型等）。

直到 1989 年，C 語言的定義還是沿用 Brian W. Kernighan 和 Dennis M. Ritchie 在《*THE C Programming Language*》（通常簡稱為《K&R》，也有人稱之為《K&R》標準）一書中的描述，我們稱 C 語言的這個版本為傳統 C 語言。由於該語言的發展和擴充，最初定義中有一些不明確之處以及出於其他方面的考慮，1983 年，美國國家標準協會(American National Standards Institute; ANSI)組織一個委員會「提供明確的和與機器無關的 C 語言的定義」，並於 1989 年通過所制定的標準。本書介紹的 C 語言是基於 ANSI C 標準，此後簡稱為標準 C 語言。

C 語言是一種程序導向(Procedure-oriented)的程式語言，同時兼具高階語言和組合語言的優點。C 語言可以廣泛應用於不同的作業系統，如：UNIX、MS-DOS、Microsoft Windows 及 Linux 等。

由於 C 語言的強大功能和各方面的優點逐漸為人們所認識，到了八十年代，C 開始進入其他作業系統，並很快在各類大、中、小和微型計算機上得到廣泛的應用，成為近代最優秀的程式設計語言之一。

1.3 → C 語言的特點

C 語言具有以下幾個特點：

（一）C 語言是結構化程式設計語言

C 語言程式的邏輯結構可以用循序、選擇和重複三種基本結構組成，便於採用由上而下、逐步細化的結構化程式設計技術。使用 C 語言編寫的程式，具有容易理解、便於維護的優點。

（二）C 語言是模組化程式設計語言

C 語言的函數結構、程式模組間的相互呼叫及資料傳遞和資料共享技術，提供軟體工程技術的應用強有力的支援。

（三）C 語言具有豐富的運算能力

C 語言除了具有一般高階語言所擁有的算術運算及邏輯運算功能外，還具有二進位的位元(bit)運算、單項運算和複合運算等功能。

（四）C 語言具有豐富的資料類型和較強的資料處理能力

C 語言不但具有整數類型、實數類型、倍精度類型，還具有結構、聯合等構造類型，並提供使用者自定義資料類型。此外，C 語言還具有前置處理能力，能夠對字串或特定參數進行巨集定義。

（五）C 語言具有較強的移植性

C 語言程式本身並不依賴於電腦的硬體系統，只要在不同種類的電腦上配置 C 語言編譯系統，即可達到程式移植的目的。

（六）C 語言具有較好的通用性

C 語言既可用於編寫作業系統、編譯器等系統軟體，也可用於編寫各種應用軟體。

正是因為 C 語言具有上述諸多特點，使其迅速得到廣泛的普及和應用。

1.4 　程式設計概述

指令(instruction)是指揮計算機執行基本動作的命令，每一條指令（相當於一個命令）可以命令電腦執行一件事情，如：加、減、乘、除、移位等。為了利用計算機解決一個問題，我們可以寫很多指令，並做有系統的排列，使計算機能夠按照預定的邏輯順序，自動地執行，而完成所要解決的問題，如此，為完成某項工作而依其邏輯順序寫成的一連串指令之集合，就稱「程式(program)」。

程式撰寫(coding)是將程式構想化成實際程式碼的動作。在發展程式的過程中，常使用結構化程式設計(Structured program design)方法。結構化程式設計包含了三種設計觀念：模組(modules)、控制結構和單一的進入／離開點。使用這些觀念將有助於簡化程式撰寫、易於了解及修改。

1.4.1　程式設計的基本步驟

「結構化程式設計」是利用三種基本的控制結構來描述程式的邏輯，它是以「由上而下(Top-down)」的程式設計及模組化程式設計(Modular programming)為基礎。

結構化程式設計的三種基本控制結構：

（一）循序(sequential)結構

循序結構是最簡單的一種基本結構，依次循序執行不同的程式區段，如圖 1-1 所示。其中程式區段 A 和程式區段 B 分別代表某些操作，先執行程式區段 A 然後再執行程式區段 B。

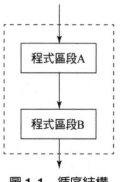

圖 1-1　循序結構

（二）選擇(selection)結構或分支(branch)結構

選擇結構根據條件滿足或不滿足而執行不同的程式區段。在圖 1-2 中，當條件 P 滿足時執行程式區段 A，否則執行程式區段 B。

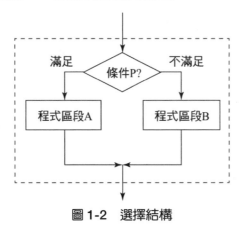

圖1-2　選擇結構

（三）重複(iteration)或是迴圈(looping)

迴圈結構也稱重複結構，是指重複執行某些操作，重複執行的部分稱為迴圈主體(body)。迴圈結構分為前測迴圈(Pre-test loop)和後測迴圈(Post-test loop)兩種，分別如圖 1-3(a)和圖 1-3(b)所示。前測迴圈先判斷條件是否滿足，當條件 P 滿足時反覆執行程式區段 A，每執行一次測試一次 P，直到條件 P 不滿足為止，跳出迴圈主體執行它下面的敘述。後測迴圈先執行一次迴圈主體，再判斷條件 P 是否滿足，如果滿足則反覆執行迴圈主體，直到條件 P 不滿足為止。

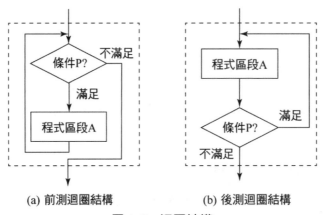

(a) 前測迴圈結構　　　(b) 後測迴圈結構

圖 1-3　迴圈結構

　　兩種迴圈結構的區別是：前測迴圈結構是先判斷條件，後執行迴圈主體；而後測迴圈結構則是先執行迴圈主體，後判斷條件。後測迴圈至少執行一次迴圈主體，而前測迴圈有可能一次也不執行迴圈主體。

　　三種基本程式結構具有如下共同特點：

1. 只有一個入口。

2. 只有一個出口。

3. 結構中的每一部分都有機會被執行。

4. 迴圈在滿足一定條件後能正常結束。

　　結構化定理顯示，任何一個複雜問題的程式，都可以用以上三種基本結構組成。具有單一入口、單一出口性質的基本結構之間形成循序執行關係，使不同基本結構之間的介面關係簡單，相互依賴性少，從而呈現出清晰的結構。

　　結構化程式設計不僅不會影響程式效率，更由於提供了更清楚簡易的程式撰寫方法，減少許多無謂的 GOTO 敘述，大幅減低發展成本並且具備易維護、可靠度高的特性。

1.4.2　程式設計的基本步驟

　　在學習 C 語言程式設計之前，需要瞭解一些程式設計的基礎知識，包括程式設計的基本步驟、演算法(algorithm)的概念及其描述方法。

　　一個解決問題的程式主要描述兩部分內容：一是描述問題的每個資料物件(object)和資料物件之間的關係，二是描述對這些資料物件進行操作的規則。其中，關於資料物件及資料物件之間的關係是資料結構(Data structure)的內容，而操作規則是求解問題的演算法。著名的瑞士電腦科學家 N. Wirth 教授曾提出：

　　　　演算法+資料結構=程式

　　程式設計的任務就是選擇描述問題的資料結構，並設計解決問題的方法和步驟，即設計演算法，再將演算法用程式設計語言來描述。程式設計反映出利用電腦解決問題的全部過程，包含多方面的內容，而編寫程式只是其中的一個方面。使用電腦解決實際問題，通常是先要對問題進行分析並建立數學模型，然後考慮資料的組織方式和演算法，並使用某一種程式設計語言編寫程式，最後偵錯工具，使執行後能產生預期的結果。這個過程稱為程式設計(programming)。一般需要經過以下四個基本步驟。

（一）分析問題，決定數學模型或方法

要用電腦解決實際問題，首先要對待解決的問題進行詳細分析，清楚問題求解的需求，然後把實際問題簡化，用數學語言來描述它，這稱為建立數學模型。建立數學模型後，需選擇計算方法，即選擇使用計算機求解該數學模型的近似方法。不同的數學模型，往往要進行一定的近似處理。對於非數值計算問題則要考慮資料結構。

（二）設計演算法，畫出流程圖

解決一個問題，可能有多種演算法。這時，應該透過分析、比較，挑選一種最佳的演算法。演算法設計後，使用流程圖把演算法表示出來。

（三）選擇程式設計工具，按演算法編寫程式

決定演算法後，還必須將該演算法使用程式設計語言編寫成程式碼，這個過程稱為「編碼(coding)」。

（四）偵錯工具，分析輸出結果

編寫完成的程式碼，還必須在電腦上執行，排除程式可能的錯誤，直到得到正確結果為止。這個過程稱為程式「除錯(debug)」。即使是經過除錯的程式，在使用一段時間後，仍然會被發現尚有錯誤或不足之處。這就需要對程式做進一步的修改，使之更加完善。

解決實際問題時，應對問題的性質與要求進行深入分析，從而決定求解問題的數學模型或方法，接下來進行演算法設計，並畫出流程圖。有了演算法流程圖，再來編寫程式就容易了。有些初學者，在沒有把所要解決的問題分析清楚之前就急於編寫程式，結果程式設計思維方式紊亂，很難得到預想的結果。

1.4.3 演算法及其描述

在程式設計過程中，演算法(algorithm)設計是最重要的步驟。演算法需要借助於一些直觀、形象的工具來進行描述，以便於分析和尋找問題。

（一）演算法的概念

在日常生活中，人們做任何一件事情，都是按照一定規則、一步一步地進行的，這些解決問題的方法和步驟稱為演算法。電腦解決問題的方法和步驟，就是電腦解題的演算法。電腦用於解決數值計算，如科學計算中的數值積分、解線性方程組等的計算方法，就是數值計算的演算法；用於解決非數值計算，如用於資料處理的排序、搜尋等方法，就是非數值計算的演算法。

要編寫解決問題的程式，首先應設計演算法，任何一個程式都依賴於特定的演算法，有了演算法，再來編寫程式是容易的事情。

下面舉一個簡單例子說明電腦解題的演算法。

例 1.1 　輸入 10 個數，求出其中最大的數。

假設 max 變數用於儲存最大數，先將輸入的第一個數放在 max 中，再將輸入的第二個數與 max 相比較，較大者放在 max 中，然後將第三個數與 max 相比，較大者放在 max 中，⋯，一直到比完 9 次為止。

上述問題的演算法可以寫成如下形式：

1. 輸入一個數，儲存在 max 中。

2. 用 i 來統計比較的次數，其初值設定為 1。

3. 若 i<=9，執行步驟 4 ，否則執行步驟 8。

4. 輸入一個數，放在 x 中。

5. 比較 max 和 x，若 x>max，則將 x 的值傳給 max，否則，max 值不變。

6. i 增加 1。

7. 傳回到步驟 3。

8. 輸出 max 中的數，此時 max 中的數就是 10 個數中最大的數。

從上述演算法範例可以看出，演算法是解決問題的方法和步驟的精確描述。演算法並不給出問題的精確解，只是說明怎樣才能得到解。每一個演算法都是由一系列基本的操作組成的。這些操作包括加、減、乘、除、判斷、設定數值等。所以研究演算法的目的就是要研究如何把問題的求解過程分解成一些基本的操作。

演算法設計好之後，要檢查其正確性和完整性，再根據它用某種高階語言編寫出對應的程式。程式設計的關鍵就在於設計出一個好的演算法。所以，演算法是程式設計的核心。

（二）演算法的描述

流程圖(Flow chart)是演算法設計的一種工具，不是輸入給電腦的。只要邏輯正確，且能被人們看懂就可以了，一般是由上而下按執行順序畫下來。在實際應用中，常用傳統流程圖來描述演算法。傳統流程圖是使用一些幾何方塊圖、流程線條和文字說明表示各種類型的操作。一般用矩形表示某種處理，有一個入口、一個出口，在矩形內寫上簡明的文字或符號表示具體的操作；用菱形表示判斷，有一個入口、兩個出口。菱形中包含一個為真或為假的運算式，它表示一個條件，兩個出口表示程式執行時的兩個流向，一個是運算式為真（即條件滿足）時程式的流向，另一個是運算式為假（即條件不滿足）時程式的流向，條件滿足時用 Y（即 Yes）表示，條件不滿足時用 N（即 No）表示；用平行四邊形表示輸入輸出；流程圖中用含箭頭的流程線條表示操作的先後順序。

例 1.2 用傳統流程圖來描述例 1.1 的演算法

使用傳統流程圖描述的演算法如圖 1-4 所示。

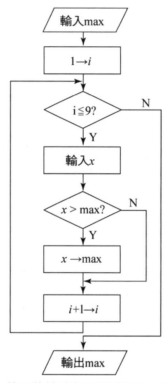

圖 1-4　使用傳統流程圖描述例 1.1 的演算法

傳統流程圖的主要優點是初學者容易了解。缺點是對流程線條的使用沒有嚴格限制，如毫無限制地使流程任意轉來轉去，將使流程圖變得毫無規律，難以閱讀。為了提高演算法的可讀性和可維護性，需要限制無規則的轉移，使演算法結構規範化。

1.5 → 程式錯誤

程式的錯誤英文稱為"bug"，將錯誤找出並且加以更正稱為「除錯」。一般而言，程式的錯誤可分為下列三類：

（一）語法錯誤(Syntax error)

發生不合乎語法規則的錯誤，通常編譯器可以發現這些錯誤，如：左右括號不對稱、誤用小數點或拼錯保留字等。

（二）執行錯誤(Execution error)

程式在執行的過程中發生錯誤，如：除以 0。

（三）邏輯錯誤(Logical error)

邏輯錯誤是在程式執行完後才發現。假設執行之答案與所預期的不符，程式便發生了邏輯錯誤。譬如將 T=A+B+C 不慎寫成 T=A-B-C，則其並不發生任何語法錯誤，但最後的輸出結果就不對了。

1.6 → C 語言程式的格式

一個程式通常包括資料輸入、資料處理和資料輸出三個操作步驟，其中輸入、輸出是一個程式必需的步驟，而資料處理是指對資料要進行的操作與運算，根據問題的不同而需要使用不同的敘述來實現，其中最基本的資料處理敘述是指定敘述。有了指定敘述、輸入/輸出敘述就可以編寫簡單的 C 程式了。

任何一種程式設計語言都具有特定的語法規則和一定的表示形式。只有按照一定的格式和語法規則編寫程式，才能讓計算機充分識別，並且正確執行。

在介紹 C 語言程式的格式前，先來看兩個用 C 語言編寫的程式。

1.6.1 幾個典型的 C 程式

C 語言的原始程式由一個或多個函數組成，每個函數完成一個指定的功能，所以有人又把 C 語言稱為函數式語言。下面透過 4 個簡單的例子來瞭解 C 程式的基本結構。

例 1.3 在螢幕上顯示"Hello World!"

```
1    #include <stdio.h>
2    int main()
3    {
4        printf("Hello World! \n");
5
```

```
6      return 0;
7    }
```

執行結果：

Hello World!

說明

1. C 程式由一系列函數(function)組成，這些函數中必須只能有一個名稱為 main 的函數，這個函數稱為「主函數」，整個程式從主函數開始執行。在本例中，只有一個主函數而無其他函數。

2. 程式第 2 行中的 main 是主函數的函數名稱，main 後面的一對小括號是函數定義的標記，不能省略。

3. 程式第 4 行的 printf()是 C 語言的格式化輸出函數，在本程式中，printf 函數的作用是輸出括號內雙引號之間的字串，其中"\n"代表換行符號。第 4 行末端的分號，則是 C 敘述結束的標記。

4. 程式第 3 行和第 7 行是一對大括號，表示函數主體(body)的開始和結束。一個函數中要執行的敘述都寫在函數主體中。

例 1.4　求兩個整數之和

```
1    #include <stdio.h>
2    int main()
3    {
4      int a, b, sum;     /* 定義三個變數 */
5      a=10; b=26;        /* 分別指定變數 a 和 b 的值 */
6      sum=a+b;           /* 求 a 和 b 的和，並把結果放入變數 sum 中 */
7      printf("sum=%d\n", sum);     /* 輸出變數 sum 的值 */
8      return 0;
9    }
```

執行結果：

sum=36

說明

1. 本程式係由一個主函數組成，其中，第 4 行的 int 表示定義變數類型為整數類型，該行定義變數 a、b 和 sum 為整數類型變數。

2. 程式第 5 行和第 6 行中的敘述均為指定敘述,"="為指定運算子,其作用是將其右邊的常數或運算式值指定給左邊的變數。

3. 第 7 行中的"%d"是輸入/輸出函數中的格式化字串,表示以十進制整數的形式輸出變數 sum 的值。程式的執行結果中,"%d"的位置被 sum 的值取代。

4. 程式中多次出現的"/*"和"*/"是一對註解符號,註解的內容寫在這對註解符號之間。註解內容對程式的編譯和執行不發生任何作用,其目的是為了提高程式的可讀性。

例 1.5　求一個整數的平方

```c
#include <stdio.h>
int main()
{
    int a,p;         /* 定義兩個整數類型變數 */
    printf("輸入一個整數:\n");
    scanf("%d",&a);     /* 輸入一個整數到變數 a 中 */
    p=f(a);   /* 呼叫 f 函數求 a 的平方,並把函數傳回值指定給變數 p */
    printf("輸出整數的平方:\n");
    printf("%d",p);       /* 輸出變數 p 的值 */

    return 0;
}

f(n)        /* 定義 f 函數,n 為形式參數 */
int n;       /* 定義形式參數的類型 */
{
    int t;
    t=n*n;          /* 求 n 的平方,並把結果指定值給變數 t */
    return t;        /* 傳回變數 t 的值 */
}
```

執行結果:

```
輸入一個整數:
5
輸出整數的平方:
25
```

13

1. 本程式的功能是輸入一個整數，然後輸出該數的平方值。程式由兩個函數組成，一個是 main 函數，一個是 f 函數。這兩個函數的定義是相互獨立的。

2. f 函數的功能是求 n 的平方，並傳回 n 的平方值。main 函數中呼叫 f 函數時，把變數 a 的值傳遞給形式參數 n，因此，呼叫 f 函數的結果為求 a 的平方。

例 **1.6** 輸入兩個整數求兩數之和

```c
#include <stdio.h>
int main()
{
    int a, b, tot;
    printf("請輸入兩個整數: \n");
    scanf("%d,%d",&a,&b);
    tot=add(a,b);
    printf("%d+%d=%d",a,b,tot);
    return 0;
}
int add(int a,int b)
{
    int c;
    c=a+b;
    return c;
}
```

執行結果：

```
請輸入兩個整數:
10,20
10+20=30
```

1.6.2　C 程式的基本結構

透過上面 4 個簡單的例子，可以把 C 程式的基本結構歸納如下：

1. C 語言程式是由函數構成的，其中必須只能有一個名稱為 main 的主函數。如在例 1.3 和例 1.4 中，均只有一個 main 函數，而在例 1.5 中，則有 main 和 f 兩個函數。在例 1.6 中，則有 main 和 add 兩個函數。一個 C 程式總是從 main 函數開始執行，而不論 main 函數在整個程式中的位置。

2. 每個函數的基本結構如下：

```
函數名稱()
{
        敘述  1;
          ...
        敘述  n;
}
```

　　有的函數定義時，函數名稱後的小括號內有形式參數，例如例 1.5 中的 f 函數。大括號({})內則是由若干敘述組成的函數主體，每個敘述必須以分號(；)結束。編寫程式時要注意左、右大括號要對應使用。

3. 被呼叫的函數可以是系統提供的函式庫(library)函數，如上述程式中的 printf 和 scanf 函數；也可以是使用者自己定義的函數，如例 1.5 中的 f 函數和例 1.6 中的 add 函數。

4. 在使用 C 語言開發程式時，習慣上使用英文小寫字母；當然也可以用大寫字母，但是大寫字母在 C 語言中通常作為常數或其他特殊用途使用。應該注意的是，C 語言中大小寫是有區別的。

5. C 程式是由多條敘述組成的，每一列可以寫多條敘述，一條敘述也可以分寫在多列上。

6. 在 C 程式中，使用一對大括號來表示程式的結構層次範圍。一個完整的程式區段要用一對大括號括起來，以表示該程式區段的範圍。

7. 為增強程式的可讀性，可以使用適量的空格和空列。但是，變數名稱、函數名稱和保留字中間不能加入空格。

1.7 　C 語言的識別字與關鍵字

　　「識別字(identifier)」是指在程式中所定義的變數名稱、符號常數名稱、函數名稱、陣列名稱、資料類型名稱、檔案名稱等。C 語言的識別字可分為關鍵字、預定義識別字和使用者識別字三類。

（一）關鍵字

　　「關鍵字(keyword)」，也叫「保留字(Reserved word)」，是 C 語言保留的識別字。每一個保留字在 C 程式中都有其固定的意義。所有保留字都要用小寫英文字母表示，如下表所示：

auto	double	int	struct
break	else	long	switch
case	enum	register	typedef
char	extern	union	return
const	float	short	unsigned
continue	for	signed	void
default	goto	sizeof	volatile
do	while	static	if

在 C 語言中，不可以使用關鍵字做為識別字使用。

（二）預定義識別字

在 C 語言提供的函式庫函數名稱（例如：printf）和前置處理命令（例如：define）中所定義的識別字統稱為「預定義識別字」。預定義識別字在 C 語言中都具有特定的意義。為了避免誤解，建議不要把這些預定義識別字另作他用或將它們重新定義。

（三）使用者識別字

使用者可以根據需要對 C 程式中要用到的變數、符號常數、自定義函數或檔案指標加以命名，形成使用者識別字。使用者識別字的命名規則如下：

1. 由英文字母、阿拉伯數字、底線(_)組成；且第一個字元必須是字母或底線，不可以是阿拉伯數字。例如：sum，average，class，day，month，student_name，_above，lotus_1_2_3 等都是合法的識別字；而 M‧D‧John，$123，＃33，3D64，a>b 等都是不合法的識別字。

2. 大、小寫英文字母代表不同的識別字。例如：Name 和 name 是不同的識別字。

3. 識別字名稱不限長度，但只有前 31 個字元有效，因此定義識別字時應注意前 31 個字元不要相同。

1.8 → C 語言整合式開發環境

C 語言有許多種編譯器，這些編譯器之間只有很小的區別，只要學會其中的一種，對其他幾種就能很快的適應。本節主要介紹較為流行的 C 語言版本--Dev-C++。Dev-C++是一套用於開發 C/C++(C++11)的整合式開發環境(Integrated

Development Environment; IDE)，並使用 MinGW 及 GDB 作為編譯系統與除錯系統。Dev-C++的 IDE 是利用 Delphi 開發的。

Dev-C++是一個 C/C++整合式開發環境，相容 C++98/C++11 標準。其中包括有多頁面視窗、工程編輯器以及除錯器等。這款軟體可在教學中供 C/C++語言初學者，或者非商業級普通開發者使用。

1.8.1　Dev-C++ 整合式開發環境介紹

Dev-C++是一個 SourceForge 的計畫，由程式設計師 Colin Laplace 及其公司 Bloodshed Software 所開發的。目前 Dev-C++一般用於撰寫執行於 Microsoft Windows 的程式。Dev-C++一度有移植到 Linux 的計畫，但目前被暫停了。

Bloodshed Dev-C++是一款全功能的 C/C++程式語言的整合式開發環境。它使用 GCC MinGW 或 TDM-GCC 的 64 位元版本作為它的編譯器。DEV-C++也可以使用 Cygwin 或任何其他基於 GCC 編譯器組合使用。

Dev-C++與其他 C/C++整合式開發環境相比有功能簡潔，便於使用的優點。但是它並沒有完善的視覺化開發功能，所以不適用於開發圖形化介面的軟體。

最早的 DEV-C++版本在 1998 年發布。從 2005 年 2 月 22 日開始至 2011 年 6 月，Dev-C++的官方網站一直沒有再發出新訊息或是釋放新版本，說明 Dev-C++的開發已經進入了遲滯狀態。2011 年，Bloodshed 公司發布了 DEV-C++ v4.9.9.2 後停止開發。2011 年 6 月 30 日，Orwell 公司釋放出非官方版本的 Dev-C++ 4.9.9.3 版，加入了更新的 GCC 4.5.2 編譯器、Windows 的軟體開發套件（支援 Win32 以及 D3D），修正了許多錯誤，改善了穩定度。同年 8 月 27 日，在官方更新最後一個測試版 4.9.9.2 的六年後，Orwell 釋放出非官方版本的 Dev-C++ 5.0.0.0 版。2016 年發布最終版本 v5.11 之後停止更新。

1.8.2　Dev-C++ 整合式開發環境的下載與安裝

本節將介紹一款功能完整的免費且有繁體中文介面的 Dev-C++整合開發環境：Orwell Dev-C++。在本書是使用 Orwell Dev-C++整合開發工具來開發 C/C++ 程式。

（一）下載安裝程式

1. 至官方部落格：http://orwelldevcpp.blogspot.tw/下載 Dev C++安裝程式。

2. 至下載網站 5 秒後會自動下載(Dev-Cpp 5.11 TDM-GCC 4.9.2 Setup.exe)。

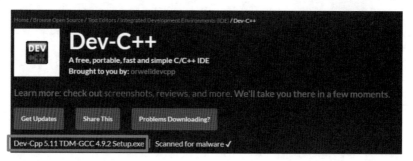

（二）安裝應用程式

1. 開啟下載的安裝程式，並選擇"English"，接著按下"OK"繼續。

2. 授權說明，請按下"I Agree"繼續。

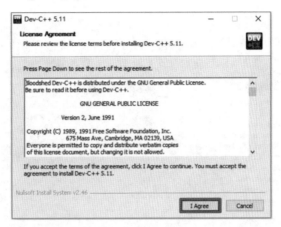

3. 選擇完整安裝，按下"Next >"。

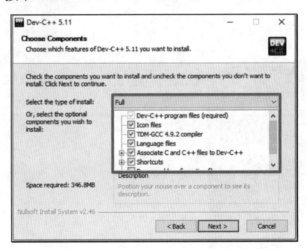

4. 選擇程式安裝路徑，並按下"Install"。

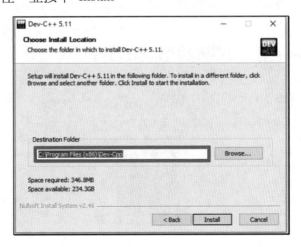

5. 開始安裝，等待安裝完成。

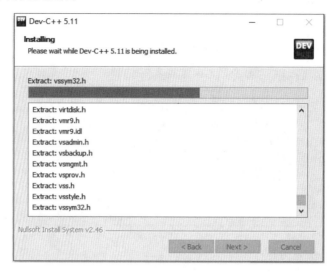

6. 安裝完成，按下"Finish"結束。

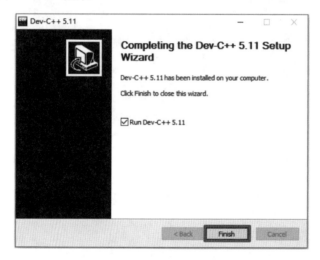

1.8.3　Dev-C++整合式開發環境的使用

（一）選擇 "Console Application" ->「C 專案」 建立專案

1. 至桌面找到 Dev C++捷徑，並點選開啟程式。

2. 選擇設定語言為"Chinese (TW)"，接著按下"Next"繼續。

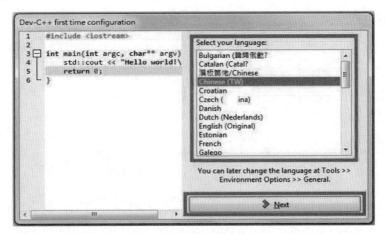

3. 設定字型主題，完成後按「下一步」繼續。

4. 建立專案，選擇「檔案」→「開新檔案」→「專案」。

5. 選擇建立專案類型"Console Application"，選擇「C 專案」，輸入專案名稱（建議使用英文名稱，如 test1），之後按下「確定」繼續。

6. 儲存位置（本範例：桌面 test1 資料夾），輸入檔案名稱：test1 後按「存檔」（桌面先建立 test1 資料夾）。

7. 畫面自動出現程式碼並設定程式名稱為 main.c，可根據需求修改程式碼。

8. 輸入程式碼。

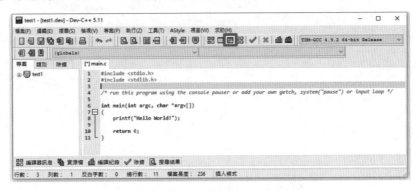

9. 程式輸入完成後,按下「 ⊞ 編譯並執行(F11)」圖示,執行該程式碼。

或選取「執行」->「編譯並執行(O)」,執行該程式碼。

🔲 編譯(C)		F9
🔲 執行(R)		F10
⊞ 編譯並執行(O)		F11
⊞ 全部重新建置(V)		F12
🗹 語法檢查(S)		
🗹 Syntax Check Current File		Ctrl+F9
參數(W)...		
編輯 makefile 檔(Makefile)		
📦 清除(L)		
📊 效能分析資訊(F)		
📊 刪除效能分析資訊(X)		
Goto Breakpoint		F2
加入 / 移除中斷點(T)		F4
✓ 除錯(D)		F5
✖ 中斷執行(Z)		F6

10. 會先要求輸入檔案名稱（可以使用預設名稱 main.c 直接按「存檔」即可），之後就可看到成功執行的畫面。

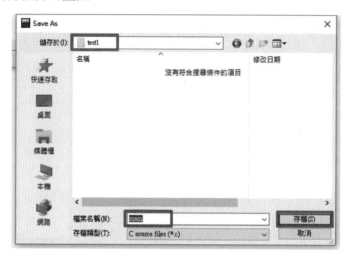

11. 執行成功畫面。

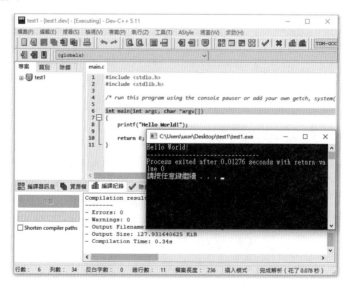

（二）選擇 Basic->"Empty Project"建立專案類型

1. 建立專案，選擇「檔案」→「開新檔案」→「專案」。

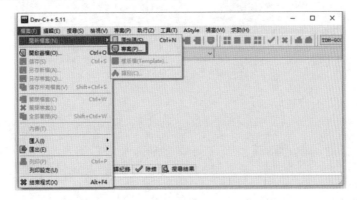

2. 選擇 Basic->"Empty Project"->「C 專案」，輸入專案名稱（如 test2），之後按「確定」繼續。

3. 確認專案儲存位置（本範例：桌面 test2 資料夾），輸入檔案儲存名稱，按下「存檔」繼續。（桌面先建立 test2 資料夾）

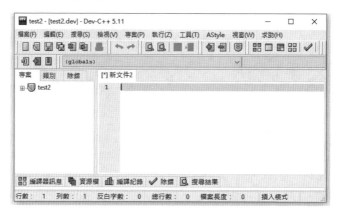

5. 輸入程式碼。

6. 程式輸入完成後，按下「編譯並執行(F11)」快捷鍵（或執行->編譯並執行(F11)），
   執行該程式碼。會先要求輸入 C 程式儲存檔名（一樣建議使用英文名稱，如
   test2）。

7. 執行程式成功。

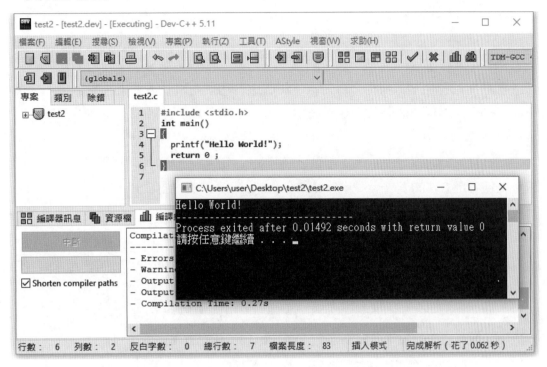

一、選擇題

1. C 語言中的識別字只能由字母、數字和底線三種字元組成，且第一個字元 (A)必須為字母 (B)必須為底線 (C)必須為字母或底線 (D)可以是字母、數字和底線中任一種字元

2. 下列何者是合法的 C 語言識別字？ (A) 3ab (B) ab.2 (C) a_3 (D) #abc

3. 下列何者是合法的 C 語言識別字？ (A) x+y (B) a*b (C) a-b (D) _month

4. 下列何者是不合法的 C 語言識別字？ (A) second sum (B) INT (C) sum (D) ab_c

5. 以下何者為合法的使用者識別字？ (A) while (B) bingo-to (C) sum_of_int (D) binary tree

6. 以下何者為合法的使用者識別字？ (A) p#d (B) a10 (C) void (D) a*

7. 以下何者為合法的使用者識別字？ (A) _0123 (B) signed (C) *jer (D) keep%

8. 以下何者為合法的使用者識別字？ (A) _total$ (B) long (C) second sum (D) column3

9. 下列何者不是 C 語言的關鍵字？ (A) external (B) enum (C) register (D) default

10. 下列各組選項中，何者均是 C 語言的關鍵字？ (A) auto, enum, include (B) switch, typedef, continue (C) signed, union, scanf (D) if, struct, type

11. 以下各組選項中，何者均是合法的使用者識別字？ (A) _0123, ssiped (B) del_word, signed (C) list, *jer (D) keep%, wind

12. 以下有關程式碼的註解(comment)的描述，何者不正確？ (A)註解可以出現在程式中的任何位置 (B)程式編譯時，不對註解做任何處理 (C)程式編譯時，要對註解做出處理 (D)註解的作用是提示或解釋程式碼的含義，說明提高程式的可讀性

13. C 程式中，main 函數的位置 (A)必須放在所有函數定義之前 (B)必須放在所有函數定義之後 (C)必須放在它所呼叫的函數之前 (D)可以任意

14. C 程式中每一個執行敘述的結束符號為 (A)、 (B)： (C)； (D)，

二、填空題

1. C 語言程式由＿＿＿組成，其中必須有且只能有一個名稱為＿＿＿的函數。C 程式的執行從＿＿＿函數開始。

2. 每個 C 敘述必須以＿＿＿結束。

3. 識別字只能由＿＿＿、＿＿＿和＿＿＿三類符號構成，而且識別字的第一個字元必須是＿＿＿或＿＿＿。

4. 語言翻譯器可以分為＿＿＿、＿＿＿和＿＿＿三類。

5. C 程式中，註解的內容應放在＿＿＿和＿＿＿符號之間。

6. 每個 C 程式中的主函數個數有＿＿＿個。

7. 結構化程式設計的三種基本控制結構為＿＿＿、＿＿＿和＿＿＿。

8. 程式的錯誤可分為＿＿＿、＿＿＿和＿＿＿三類。

9. 下列程式片段的執行結果為＿＿＿。

```
int main()
{
    int a,b,c; a=2;b=15;
    c=a*b;
    printf("c=%d",c);
    return 0;
}
```

10. 下列程式片段的執行結果為＿＿＿。

```
int main()
{
    printf("Hello World!");
    pt();
    return 0;
}
pt()
{
    printf("****");
}
```

三、程式設計題

1. 編寫一個程式，列印出下面的資訊：

> ***********************
>
> Welcome!
>
> ***********************

2. 編寫一個程式，輸入變數 a 和 b 的值，輸出運算式 a*b+10 的值。

3. 將一列簡單的訊息儲存在變數中，然後列印該訊息。

4. 有三個整數 x、y、z，要求按大小順序輸出。請畫出流程圖。

5. 求兩個整數 a 和 b 的最大公因數。請畫出流程圖。

6. 使用 printf 函數在螢幕上顯示名字、年齡、最喜歡的顏色等。

7. 假設 a=19，b=22，c=65，編寫程式求 a*b*c。

8. 已知半徑 r=15cm，圓柱高 h=3cm，編寫求圓周長、圓面積、圓柱體體積的程式。（圓柱體體積 $v = \pi r^2 h$，圓柱的表面積=底圓圓周長($2\pi r$)×高(h)+兩底圓面積和（ $2\pi r^2$ ））

9. 定義一個整數變數 a，並指定其值為 12，請使用 printf 輸出變數 a 的值。

10. 使用字元類型變數，在螢幕上輸出"program"。

02

CHAPTER

資料類型和
簡單程式設計

程式要解決複雜的問題，就需要處理不同的資料。C 語言程式對資料的處理和操作是由敘述(statements)來實現，而對資料的描述主要表現在對資料類型(Data type)的定義。資料類型規定程式執行期間變數或運算式所有可能取值的範圍以及在這些值上允許的操作。不同的資料都是以一種特定形式存在的（如整數類型、字元類型、實數類型等），不同的資料類型佔用不同的記憶體空間。資料的類型(type)係使用識別字(identifiers)加以宣告。例如：整數類型用 int 宣告、字元類型用 char 宣告。

每一種高階語言程式都要對資料進行描述和處理。如何編寫出最好的 C 語言程式和如何在程式中描述資料，是學好 C 語言的關鍵。

2.1 → C 語言的資料類型

C 語言中有多種不同的資料類型，其中包括基本類型、構造類型、指標類型和空類型等，如圖 2-1 所示。

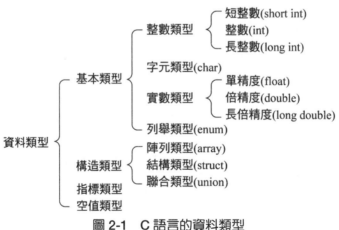

圖 2-1　C 語言的資料類型

（一）基本類型

基本類型也就是 C 語言中的基礎類型，其中包括整數類型、字元類型、實數類型（浮點類型）和列舉類型。

（二）構造類型

構造類型就是使用基本類型的資料，或者使用已經建構好的資料類型，進行添加、設計，建構出新的資料類型，使新建構的類型能滿足待解決問題所需要的資料類型。

構造類型是由多種類型組合而成的新類型，其中每一組成部分稱為構造類型的成員。構造類型包括陣列類型、結構類型和聯合類型。

（三）指標類型

指標類型不同於其他類型，因為其值(value)表示的是某一個記憶體位址(address)。

（四）空類型

空類型的關鍵字是 void，其主要作用在於對函數傳回的限定以及對函數參數的限定。也就是說，一般一個函數都具有一個傳回值，將其值傳回呼叫函數。這個傳回值應該是具有特定的類型，如整數類型 int。但是當函數不必傳回一個值時，就可以使用空類型設定傳回值的類型。

本章主要介紹基本資料類型和使用它們的簡單程式設計；陣列和指標將在第 7 章和第 10 章中講述；結構和聯合將在第 11 章中講述。其他較複雜的資料類型應用請參閱相關書籍或參考手冊。

2.2　常　數

C 語言中的資料有常數(constants)和變數(variables)之分：在程式執行過程中，其值不會被改變的稱為「常數」。常數可以分為整數常數、實數常數、符號常數和字元常數四大類。

2.2.1　整數常數

C 語言中的整數常數有 3 種表示形式：

1. 十進制整數：例如：234、-456。

十進制整數中所包含的數字為 0~9。整數類型資料都以二進制的方式儲存在記憶體中，其數值是以 2 補數(2's complement)的形式表示。

2. 八進制整數：例如 0123、-0234 等。

八進制所包含的數字是 0~7。八進制整數以前導 0（零）開頭，例如：0123 表示八進制數 123，等於十進制數字 83，即

$$123_{(8)} = 1 \times 8^2 + 2 \times 8^1 + 3 \times 8^0 = 83_{(10)} \text{。}$$

3. 十六進制整數：例如 0x12、0x123 等，

十六進制中包含數字 0~9 以及字母 A~F（字母 A~F 也可以使用 a~f 小寫形式）。十六進制數以前導 0X（或 0x）開頭，例如：0x12 表示十六進制數 12，等於十進制數字 18，即

$$12_{(16)} = 1 \times 16^1 + 2 \times 16^0 = 18_{(10)} \text{ 。}$$

在編寫整數常數時，可以在常數的後面加上符號 L（或 l）或者 U（或 u）進行修飾。L（或 l）表示該常數是長整數類型，U（或 u）表示該常數為不帶號整數類型，例如：

```
a=1000L;                /* L 表示長整數類型*/
b=500U;                 /* U 表示不帶號整數類型*/
```

例 2.1 整數常數的三種表示形式

```
#include <stdio.h>
int main()
{
    int x=123,y=0123,z=0x123;
    printf("%d %d %d\n",x,y,z);       /*輸出十進制整數數值*/
    printf("%o %o %o\n",x,y,z);       /*輸出八進制整數數值*/
    printf("%x %x %x\n",x,y,z);       /*輸出十六進制整數數值*/
    return 0;
}
```

執行結果為：

```
123     83      291
173     123     443
7b      53      123
```

說明

本例中 %d、%o、%x 分別是 printf() 函數的輸出十進制，八進制，十六進制整數數值的格式字元 (Format character)。顯示時，它們由後面引數的值進行替換，其關係如圖 2-2 所示，更詳細的說明，請見第 4.3 節。

圖 2-2　數值的替換關係

2.2.2　實數常數

在 C 語言中，實數常數有兩種表示形式：

（一）十進制數格式

由數字和小數點組成，例如 1.23、123、0.123、123.0、0.0 等都是合法的實數常數。

（二）指數形式

由字母 e（或 E）連接兩邊的數字組成，例如 2.34e-27（或 2.34E-27）代表 2.34*10-27。注意：字母 e（或 E）之前必須有數字，且 e 後面指數必須為整數，如 e3、2.1e3.5、.e3、e 等都是不合法的指數形式。

C 語言編譯系統在使用指數形式輸出實數類型資料時，是按一定的規則輸出的。它是將 e（或 E）前面帶有小數點的數，只取小數點左邊一位非 0 的數字。例如：2132.11 可以表示為 0.213211e4、2.13211e3、21.3211e2、213.211e1、2132.11e0、21321.1e-1 等，但系統輸出時，是按 2.13211e3 的格式輸出（有的系統還規定指數部分的輸出寬度，例如：輸出 e3 為 e+003 要佔 5 位）。

在編寫實數常數時，可以在常數的後面加上符號 F（或 f）或者 L（或 l）進行修飾。F 表示該常數是 float 單精度類型，L 表示該常數為 long double 長倍精度類型。例如：

```
a=1.2345e2f;          /*單精度類型*/
b=5.678e-1l;          /*長倍精度類型*/
```

如果不在後面加上後置(postfix)字元，那麼預設實數常數為 double 倍精度類型。

2.2.3　字元類型常數

字元類型常數可以分成兩種：一種是字元常數，另一種是字串常數。字元類型常數與之前所介紹的常數有所不同，即要對其字元類型常數使用指定的「定界符(delimiter)」進行限制。比如字元 'a'，就需要用單引號(' ')做定界符；字串 "abc"，就需要用雙引號(" ")做定界符。下面分別對這兩種字元類型常數進行介紹。

（一）字元常數

　　使用單引號括起來的單一個字元就是字元常數。例如，'a'、'A'等都是正確的字元常數。需要注意以下幾點：

1. 字元常數只能包括一個字元，不能是字串。例如，'A'是正確的，但是'AB'就是錯誤的字元常數。

2. 字元常數是區分大小寫的。例如，'A'字元和'a'字元是不一樣的，這兩個字元代表不同的字元常數。

3. 單引號代表定界符，不屬於字元常數中的一部分。

　　C 語言規定，字元常數都可以做為整數值來處理，整數值是指此字元對應的 ASCII 值，例如：'a'的 ASCII 值為 97；'A'的 ASCII 值為 65。因此字元常數可以參與算術運算。

　　除了上述形式的字元常數外，C 語言還有一類特殊格式的字元常數，通常稱為「脫逸(escape)字元」。這類字元常數是以一個倒斜線(\)開頭的字元串列。例如，在 printf 函數中的"\n"，其中的"n"不代表字母 n，與(\)合起來代表一個換列符號。這種以倒斜線開頭的字元稱為「轉義字元」，主要是用來表示控制字元，脫逸字元如表 2-1 所示。

● 表 2-1　脫逸字元

常數	ASCII 名稱	十六進制值	功能
\n	LF	0x0a	換列
\t	HT	0x09	水平定位
\v	VT	0x0b	垂直定位
\b	BS	0x08	倒退
\r	CR	0x0d	歸位
\f	FF	0x0c	換頁
\\		0x5c	倒斜線
\"		0x22	雙引號
\'		0x27	單引號
\0	NUL	0x00	空白

　　此種擴展標記方式看上去好像兩個字元，但實際上只是一個字元的作用。例如：空字元'\0'和'0'是不同的，'\0'表示的是字元 NULL，其 ASCII 值為 0，而'0'表示的是字元 0。

在 C 語言中，有些不能用符號表示的控制字元，可以使用'\' 加上 1~3 位 8 進制數(\ddd)表示的字元來代表，例如'\33'或'\033'表示 ESC，也可以使用'\' 加上 1~2 位 16 進制數(\xhh)來表示，例如'\x07'即控制字元 BEL，表示響鈴。

例 2.2 字元常數的輸出

```
#include <stdio.h>          /*引入標頭檔*/
int main()
{
    putchar('H');           /*輸出字串常數 H */
    putchar('e');           /*輸出字串常數 e */
    putchar('l');           /*輸出字串常數 l */
    putchar('l');           /*輸出字串常數 l */
    putchar('o');           /*輸出字串常數 o */
    putchar('\n');          /*換行*/
    return 0;
}
```

執行結果：

```
Hello
```

說明

在本例中，使用 putchar 函數輸出單一字元常數，使得輸出的字元常數形成一個單字 Hello 並顯示在螢幕上。

常數是用一對雙引號括起來的一串字元，例如："Have a nice day!"、"GOOD"、"a" 等都是字串常數。在 C 語言中，字串常數的長度沒有限制。如果字串中一個字元都沒有，稱為空字串，此時字串的長度為 0。

C 語言並不提供字串資料類型，而是使用字元類型的陣列來儲存字串，而且系統會在字元陣列的最後位置自動加上一個空字元('\0')，表示字串的結束。因此，由 n 個字元組成的字串佔用 (n+1) bytes 的記憶體空間。

例 2.3 輸出字串常數

```
#include <stdio.h>              /*引入標頭檔*/
int main()
{
    printf("Hello, world!\n");  /*輸出字串*/
```

```
    return 0;                    /*程式結束*/
}
```

執行結果：

```
Hello, world!
```

說明

在本例中，使用 printf 函數將字串常數"Hello, world!"在螢幕輸出顯示。

2.2.4 符號常數

符號常數是指使用一個識別字代表一個常數，例如：

```
#define MAX 10
```

這是使用前置處理(preprocessing)指令定義 MAX 為符號常數，代表常數 10。以後在這個程式中出現的 MAX 都代表 10，可以和常數一樣進行運算。MAX 是固定不變的，可以多次使用，但不能改變，也不能再被指定值（請看第 12 章前置處理巨集定義一節）。

習慣上，符號常數名稱用大寫，變數用小寫，以示區別。

例 2.4 符號常數的使用

```
#include <stdio.h>                    /*引入標頭檔*/
#define PI 3.1416                     /*定義符號常數*/
int main()
{
    double rad;                       /*定義半徑變數*/
    double rst=0;                     /*定義結果變數*/
    printf("請輸入圓的半徑:");          /*提示*/
    scanf("%lf",&rad);                /*輸入資料*/
    rst=rad*rad*PI;                   /*計算圓面積*/
    printf("圓面積為：%lf\n",rst);      /*顯示結果*/
    return 0;                         /*程式結束*/
}
```

執行結果：

```
請輸入圓的半徑:15
圓面積為：706.860000
```

38

說明

本例使用符號常數 PI 來代表 3.1416，然後輸入圓的半徑值，經過計算得到圓的面積，最後將結果輸出。

2.3 → 變 數

在程式執行過程中，其值可以改變的稱為「變數」。在 C 語言中，所有變數必須先定義後使用，在程式中使用沒有定義的變數，編譯時會出現錯誤訊息。變數名稱(name)和變數值(value)是不同的概念。變數名稱是變數的名字，一旦被定義，便在記憶體中佔有固定的記憶體空間；而變數值是存放在該變數記憶體位置中的值，會隨著重新指定變數而改變。

C 語言中的變數類型包括整數變數、實數變數和字元變數。下面分別對這三種變數類型進行介紹。

2.3.1 變數的命名

變數的命名必須符合識別字的命名規則：

1. 使用合法的字元，例如英文字母、數字和底線，但第一個字元不能是數字。
2. 字母大小寫是有區分的，Student 和 student 是不同的變數名稱。
3. 變數名稱長度一般為 8 個字元；若超過 8 個字元，則編譯時只有前面 8 個字元。例如：編譯程式會將 everyday1 和 everyday2 兩個識別字，視為相同的識別字。(在某些系統中，允許變數名稱長達 32 個字元)
4. 變數名稱最好要有意義，這不但便於記憶還能增加程式的可讀性。

sum，average，class，day，month，student_name，_above 等是合法的變數名稱；而 2sum、#abc、$123，＃33，3D64，a>b 則是非法的變數名稱。

2.3.2 整數變數

整數變數通常可分為四類：一般整數(int)類型變數、短整數(short)類型變數、長整數(long)類型變數、不帶號(unsigned)類型變數。其中，不帶號類型變數又有不帶號整數(unsigned int)類型變數、不帶號短整數(unsigned short)類型變數和不帶號長整數(unsigned long)類型變數之分。

變數在記憶體中都佔有一定長度的記憶體空間。隨著儲存長度的不同，所能表示的數值範圍也不同。整數變數的長度和數值範圍如表 2-2 所示。

● 表 2-2　整數變數的長度和數值範圍

識別字	資料類型	長度(Bytes)	數值範圍
int	整數	4	-2147483648~2147483647
unsigned int	不帶號整數	4	0~4294967295
signed int	帶號整數	4	-2147483648~2147483647
short int	短整數	2	-32768~32767
unsigned short int	不帶號短整數	2	0~65535
signed short int	帶號短整數	2	-32768~32767
long int	長整數	4	-2147483648~2147483647
unsigned long int	不帶號長整數	4	0~4294967295
signed long int	帶號長整數	4	-2147483648~2147483647

例 2.5　　各整數類型資料佔用的記憶體空間

```c
#include <stdio.h>
int main()
{
    int a;                      /*定義 a 為整數變數*/
    unsigned int b;             /*定義 b 為不帶號整數變數*/
    signed int c ;              /*定義 c 為帶號整數變數*/
    short int d;                /*定義 d 為短整數變數*/
    unsigned short int e;       /*定義 e 為不帶號短整數變數*/
    signed short int f;         /*定義 f 為帶號短整數變數*/
    long int g;                 /*定義 g 為長整數變數*/
    unsigned long int h;        /*定義 h 為不帶號長整數變數*/
    signed long int i;          /*定義 i 為帶號長整數變數*/
    printf("int: %d\n",sizeof(a));
    printf("unsigned int: %d\n",sizeof(b));
    printf("signed int: %d\n",sizeof(c));
    printf("short int: %d\n",sizeof(d));
    printf("unsigned short int: %d\n",sizeof(e));
    printf("signed short int: %d\n",sizeof(f));
    printf("long int: %d\n",sizeof(g));
    printf("unsigned long int: %d\n",sizeof(h));
    printf("signed long int: %d\n",sizeof(i));
    return 0;
}
```

執行結果：

```
int: 4
unsigned int: 4
signed int: 4
short int: 2
unsigned short int: 2
signed short int: 2
long int: 4
unsigned long int: 4
signed long int: 4
```

說明

1. 本例中，定義 a 為整數變數、c 為長整數變數、e 為不帶號整數變數，在指定這 3 個變數值時，考慮其能容納數值的範圍。若將 3000000000 指定給 a，則會產生溢位(overflow)錯誤。

2. 在 printf( )函數中，使用的%ld 和%u，分別是輸出長整數類型資料和不帶號整數類型資料。除此之外，雙引號括起來的一般字元，輸出時照原樣顯示，如圖 2-3 所示。有時，在一個整數類型常數後面也加上一個字母 l 或 L，把它做為 long int 類型常數，例如：123l、456L 等。

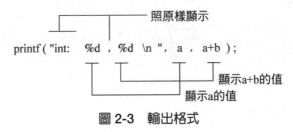

圖 2-3　輸出格式

2.3.3　整數運算的程式設計

在本節中，我們介紹整數運算的簡單程式設計。

例 2.6　直接輸出數值計算結果

```
int main()
{
    printf("%d*%d= %d\n",25,16,25*16);
    return 0;
}
```

執行結果：

```
25*16= 400
```

說明

在 printf 敘述的輸出格式"%d*%d= %d"後，當寫入數值 25, 16, 25*16 時，第一個 %d 輸出數值 25，第二個 %d 輸出數值 16，最後一個 %d 直接輸出 25*16 的數值計算結果，即 400。這種簡單運算，在輸出敘述中就直接完成，省去變數宣告、指定變數值等敘述。

例 2.7 整數變數的四則運算

```c
#include <stdio.h>
int main()
{
    int a,b,sum,diff,prod,quot;    /*整數變數宣告*/
    a=17; b=5;                     /*指定變數值*/
    sum=a+b;                       /*加法運算*/
    diff=a-b;                      /*減法運算*/
    prod=a*b;                      /*乘法運算*/
    quot=a/b;                      /*整數除法求商*/
    printf("%d+%d= %d\n",a,b,sum);
    printf("%d-%d= %d\n",a,b,diff);
    printf("%d*%d= %d\n",a,b,prod);
    printf("%d/%d= %d\n",a,b,quot);
    return 0;
}
```

執行結果：

```
17+5= 22
17-5= 12
17*5= 85
17/5= 3
```

說明

1. 程式中，在第 4 行宣告變數類型，將變數 a、b、sum、diff、prod 和 quot 均定義成整數(int)變數。

2. 第 5 行是指定敘述，將數值 17 指定給變數 a，數值 5 指定給變數 b，其中"="為指定運算子。第 6~9 行計算變數 a 與 b 的和、差、積、商，並分別指定給左邊的變數。

3. 求兩個整數變數的商時，其商為整數類型數值，例如 17/5，商為 3 而不是 3.4。

4. 第 10~13 行顯示結果，其輸出格式轉換如圖 2-4 所示。

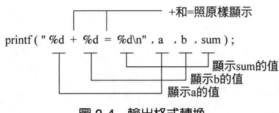

圖 2-4　輸出格式轉換

2.3.4　實數變數

實數變數可分為單精度(float)實數變數和倍精度(double)實數變數。實數變數的長度和數值範圍如表 2-3 所示。

◯ 表 2-3　實數變數的長度和數值範圍

識別字	資料類型	長度	有效位數	數值範圍
float	單精度	4 bytes	7	$-3.4 \times 10^{-38} \sim 3.4 \times 10^{38}$
double	倍精度	8 bytes	15	$-1.7 \times 10^{-308} \sim 1.7 \times 10^{308}$
long double	長倍精度	16 bytes	15	$-1.7 \times 10^{-308} \sim 1.7 \times 10^{308}$

一般來說，double 類型比 float 類型的精確度高。在使用前，要宣告浮點變數，例如：

```
float x;                /*定義 x 為單精度實數變數*/
double y;               /*定義 y 為倍精度實數變數*/
x=123456.789
y=123456.789
```

其中，在第 1~2 行是宣告敘述，將 x 定義為單精度實數變數，將 y 定義為倍精度實數變數，在第 3~4 行將相同的實數常數指定給不同的變數，一個實數常數可以指定給一個 float 類型或 double 類型變數，根據變數的類型截取實數常數中的有效位數，例如 x 只能接收 7 位有效數字，最後兩位小數將無效，而 y 就能全部接收上述 9 位數字（倍精度數可以提供 15 位有效數字）。請注意，實數常數都是倍精度類型，如果要指定其為單精度類型，應該加後置字元 f，例如：123.45f。

2.3.5 實數運算的程式設計

例 2.8　編寫一程式將 523.4562 指定給變數 a，26.2453 指定給變數 b，並求其和與商。

```
int main()
{
    float a=523.4562, b=26.2453,sum,quot;
    sum=a+b;
    quot=a/b;
    printf("%f+%f= %f\n",a,b,sum);
    printf("%f/%f= %f\n",a,b,quot);

    return 0;
}
```

執行結果：

```
523.456177+26.245300= 549.701477
523.456177/26.245300= 19.944759
```

說明

1. 本例的第 3 行中，宣告 a、b、sum、quot 是實數變數，同時還指定 a 與 b 的值，我們把宣告敘述和指定敘述合併成一個敘述的形式叫作對變數「初始化 (initialization)」。該敘述只對變數 a 和 b 初始化。該敘述同義於：

```
float sum;
float quot;
float a=523.4562;
float b=26.2453;
```

2. 在定義變數的敘述中，可以對變數的一部分指定初值。例如：

```
float x,y,z=123.45;     （只對 z 進行初始化，初值為 123.45）
```

3. 也可以對多個變數指定同一個初值，例如：

```
float x=y=z=123.45;
```

4. 在第 6~7 行中，使用的輸出格式字串為%f，f 是 float 的縮寫。注意使用 f 格式字元輸出實數時，以小數形式輸出，在不指定輸出寬度時，系統自動將整數部分全部輸出，小數部分輸出 6 位。因而變數 a、b 儘管在初始化時只有 4 位小數，但輸出時都補足 6 位。千萬不要以為凡是顯示出來的數字都是準確的，前面已經講到，單精度實數只有 7 位有效數字。至於變數 a 在指定值時為 523.4562，在輸出時為 523.456177，這是由於浮點數在記憶體中的儲存誤差引起的，如果怕計算精確度不夠，可以使用倍精度浮點數。

例 2.9 已知圓周率 pi 為 3.14159，半徑 r 為 15.35，編寫程式求其圓面積 a 和圓周長 b。

```c
int main()
{
    float a,b,pi=3.14159,r=15.35;
    a=r*r*pi;                        /*求圓面積*/
    b=2*pi*r;                        /*求圓周長*/
    printf("area= %f\n",a);
    printf("circum= %f\n",b);
    return 0;
}
```

執行結果：

```
area=740.229370
circum=96.446815
```

2.4 → 字元變數

　　C 語言中，使用關鍵字 char 來宣告字元變數。每個字元變數只能存放一個字元。在一般系統中，一個字元變數在記憶體中佔一個位元組。

　　在記憶體中，字元資料與整數資料都是以 ASCII 碼儲存。因此，在 C 語言中，字元資料和整數資料之間可以通用。亦即，可以對字元資料進行算術運算，此時相當於對字元資料的 ASCII 碼進行算術運算。

　　字元變數可以分為一般字元(char)類型變數和不帶號字元(unsigned char)類型變數兩類，其長度和取值範圍如表 2-4 所示。

● 表 2-4　字元變數的長度和取值範圍

識別字	資料類型	長度	數值範圍
char	字元	1 byte	-128~127
unsigned char	不帶號字元	1 byte	0~255

　　一個字元資料可以用字元格式或整數格式輸出。若以字元格式輸出，則需要先將記憶體中的 ASCII 值轉換成對應字元，然後輸出；若以整數格式輸出，則直接將 ASCII 值做為整數輸出。

例 2.10　以字元格式輸出字元資料

```
1    int main()
2    {
3        char c1,c2;
4        c1=97;c2=98;
5        printf("c1= %c, c2= %c",c1,c2);          /*輸出兩個字元*/
6
7        return 0;
8    }
```

執行結果：

c1=□a,□c2=□b

說明

1. 本例中宣告 c1,c2 為字元變數。

2. 第 4 行中，將整數 97 和 98 分別指定給 c1 和 c2，它的作用相當於以下兩個指定敘述：

c1='a'; c2='b';

3. 第 5 行將輸出兩個字元。

注意

　　本例執行結果中"□"是為表示空格加上去的，在螢幕上不會出現該符號，後面的章節中有的也這樣表示，不再說明。

例 **2.11**　將小寫字母轉換成大寫字母

```
int main( )
{
    char c1,c2;
    c1='a'; c2='b';
    c1=c1-32; c2=c2-32;
    printf("c1= %c, c2= %c",c1,c2);          /*輸出兩個字元*/
    return 0;
}
```

執行結果：

c1=□A, c2=□B

說明

1. 字元資料可以用字元格式輸出，也可以用整數格式輸出。

2. 第 5 行將輸出兩個字元。

例 **2.12**　字元變數的應用

```
int main()
{
    char c1,c2;                         /*定義字元變數*/
    c1=65,c2=66;                        /*指定字元變數值*/
    printf("c1= %c, c2= %c\n",c1,c2);            /*輸出兩個字元*/
    printf("c1= %d,   c2= %d\n",c1,c2);          /*輸出兩個變數值*/
    return 0;
}
```

執行結果：

A   B
65   66

說明

1. 第 3 行定義 c1 和 c2 為字元變數。第 4 行將整數 65、66 分別指定給字元變數 c1 和
   c2。因為 65、66 分別是大寫字母 A 和 B 的 ASCII 值，因此，相當於指定敘述
   c1='A'和 c2='B'。

2. 記憶體中存放的是數值 65 和 66，當使用"%d"格式輸出變數 c1、c2 時，就直接將其 ASCII 值 65、66 輸出。

3. 使用"%c"格式輸出變數 c1、c2 時，就將其 ASCII 值 65、66 轉換成對應字元"A"和"B"輸出。

例 2.13 將大寫字母轉換成小寫字母

```
int main()
{
    char c1, c2;
    c1='A', c2='B';
    c1=c1+32, c2=c2+32;          /*大寫字母轉換成小寫字母*/
    printf("%c,%d\n",c1,c1);      /*輸出字元和變數值*/
    printf("%c,%d\n",c2           /*輸出字元和變數值*/
    return 0;
}
```

執行結果：

```
a,97
b,98
```

例 2.14 指定字元變數值

```
int main()
{
    char c1,c2,c3,c4;
    c1='a';                       /*指定字元常數*/
    c2='\x61';                    /*指定轉義字元*/
    c3=0x61;                      /*指定十六進制數*/
    c4=97;                        /*指定整數常數*/
    printf("%c,%c,%c,%c\n",c1,c2,c3,c4);
    printf("%d,%d,%d,%d\n",c1,c2,c3,c4);
    return 0;
}
```

執行結果：

```
a,a,a,a
97,97,97,97
```

說明

本例中分別將字元常數、轉義字元、十六進制數和整數常數指定給字元變數，結果是相同的。

2.5 → 字串變數

C 語言中沒有專門的字串變數，因此，不能把一個字串指定給一個字元變數。如果要把字串存到變數中，可以使用一個字元陣列來儲存，亦即，使用一個字元陣列來存放一個字串。

請注意，假設定義 c 為字元變數，那麼，c='a';是合法的指定敘述，而 c="a";是不合法的。這是因為 C 語言規定在每一個字串的結尾處，都要加一個字串結束字元'\0'，以便系統用來判斷字串是否結束。字串"a"實際上包含 2 個字元：'a'和'\0'（系統自動加上去的）。因此，將"a"指定給一個字元變數 c 顯然是不對的。

在 C 語言中，可以定義一個字元陣列或字元類型指標變數來儲存字串。

2.5.1 字元類型陣列儲存字串

字元類型陣列可按下列形式宣告：

```
char    str[6];
```

該敘述在編譯時，將留出 6 個字元的空間，但它只能儲存 5 個有效的字元，即從 str[0]存到 str[4]，而 str[5]要存放字串的結束字元'\0'。'\0'是系統自動加上的，輸出時並不顯示。

例 2.15 使用字元陣列儲存字串

```
int main()
{
    char mg[10];
    strcpy(mg,"Hello!");
    puts(mg);
    return 0;
}
```

執行結果為：

Hello!

說明

1. 程式在編譯 char mg[10] 敘述時，在記憶體中配置一個 10 位元組的連續位置，並將第一個位元組的位址指定給 mg。

2. strcpy()是複製函數，它將字串"Hello!"一個字元一個字元地複製到 mg 所指的記憶體區域，儲存完'!'後，系統自動加上字串結束字元'\0'（見圖 2-5）。

3. 由 puts(mg)輸出整個字串，在螢幕上顯示，但結束字元'\0'並不顯示。

mg[0]	mg[1]	mg[2]	mg[3]	mg[4]	mg[5]	mg[6]	mg[7]	mg[8]	mg[9]
H	e	l	l	o	!	\0			

圖 2-5   字串在字元陣列 mg 中的儲存狀態

2.5.2　字元類型指標變數儲存字串

可以按下列形式定義字元類型指標變數：

```
char    *a;
```

其中，符號*是指標運算子，表示 a 為指標變數，整個敘述表示指標 a 所指向的資料是字元類型。

例 2.16　使用字元類型指標變數儲存字串

```
int main()
{
    char    *a="C program";
    printf("%s\n",a);
    return 0;
}
```

執行結果：

```
C program
```

說明

1. 使用 char*a="C program";敘述將字串"C program"指定給指標變數 a。

2. 在 printf()函數中，使用%s 輸出字串，s 表示 string。

有關陣列和指標的詳細說明，請見第 7 章和第 10 章。

2.6 → 類型的混合運算

在 C 語言中，字元類型資料與整數類型資料可以通用，其他不同的資料類型可以在同一運算式中進行混合運算。運算時，不同類型的資料要先轉換成同一資料類型，然後進行運算。轉換的方式如圖 2-6 所示。

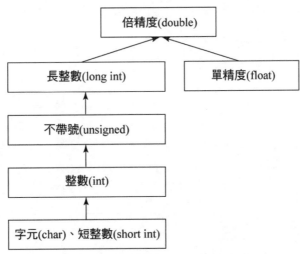

圖 2-6　不同資料類型的轉換方式

轉換方式有兩種：一種是自動轉換，另一種是強制轉換。

2.6.1 類型的自動轉換

在不同資料類型的混合運算時，自動轉換是由編譯系統自動完成。自動轉換的規則是，按照短資料長度類型轉換到長資料長度類型或指定運算子(=)的右邊類型轉換到指定運算子左邊的類型來進行的。例如：

1. 字元類型(char)和短整數類型(short)必定要先轉換成整數類型(int)。

2. 所有的浮點運算都是以倍精度類型(double)進行的。單精度類型(float)必定要先轉換成倍精度類型。

3. 若兩個運算元之一是 double 類型，則另一項也轉換為 double 類型，運算結果為 double 類型；如果兩個運算元之一為 long 類型，則另一項也轉換為 long 類型，結果為 long 類型；如果兩個運算元之一為 unsigned 類型，則另一項也轉換為 unsigned 類型，結果為 unsigned 類型。

4. 指定運算子右邊的類型轉換為指定運算子左邊的類型，結果為指定運算子左邊的類型。當把右邊的實數類型轉換成整數類型時，去掉小數部分；把右邊的倍精度類型轉換成單精度類型時，進行四捨五入處理。

例如：

```
char a;
int b;
long int c;
float d;
double e;
rst=(a+b)*(c-a)/(d/e);
```

其轉換關係如圖 2-7 所示。

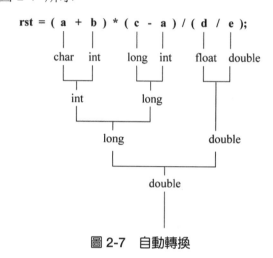

圖 2-7　自動轉換

例 2.17　自動轉換資料類型

```
int main()
{
    char a='x';
    int b=2,c=3;
    long f=32L;
    float d=2.5678;
    double e=5.2345;
    printf("%f\n",a-c+e/d-f*b);
    return 0;
}
```

執行結果為：

```
55.038515
```

說明

1. 本例中，e/d 運算時，將 d 轉換為倍精度類型，結果為倍精度類型。

2. f*b 運算時，將 b 轉換為長整數類型，結果為長整數類型。

3. a-c 運算時，將 a 轉換為整數類型，結果為整數類型。

4. 進行(a-c)+(e/d)-(f*b)運算時，將(a-c)轉換為倍精度類型，+(e/d)計算結果為倍精度類型，再 -(f*b)運算時，將(f*b)的長整數類型轉換為倍精度類型，結果為倍精度類型。

注意

　　%f 輸出格式是輸出實數類型數（單、倍精度均可），以小數形式輸出，結果的整數部分全部輸出，小數部分預設為 6 位，但並不保證所有的數字都是有效數字。前面章節已經講過，如果輸出單精度數提供 7 位有效數字，而本例輸出為倍精度數，可以提供 15 位有效數字，執行結果的所有數字，都為有效數字。

例 2.18　自動轉換資料類型的應用

```c
int main()
{
    char a='a',c='c';
    int i1, i=238;
    unsigned int u1, u=463;
    long l1, l=2147483147;
    float f1, f=73.98;
    double d1, d=23.76;
    i1=i+a;   /* i 為整數類型, a 為字元,結果為整數類型*/
    u1=u-i;   /* i 為整數類型,u 為不帶號整數,結果為不帶號整數類型*/
    f1=f-c;        /* f 為單精度類型,結果為單精度類型*/
    d1=d*f-i;      /* d 為倍精度類型,結果為倍精度類型*/
    printf("i1= %d, u1= %u, f1= %f, d1= %lf\n",i1,u1,f1,d1);
    i1=i-d;        /*運算結果為倍精度數,再轉換為整數類型數指定給 i1*/
    f1=f-d;        /*運算結果為倍精度數,再轉換為單精度指定給 f1*/
    d1=c-d;        /*運算結果為整數類型數,再轉換為倍精度數指定給 d1*/
    printf("i1= %d, %f, d1= %lf\n",i1,f1,d1);

    return 0;
}
```

執行結果為：

```
i1= 335, u1= 225, f1= -25.019997, d1= 1519.764880
i1= 214, 50.220005, d1= 75.240000
```

2.6.2 類型的強制轉換

資料類型強制轉換的一般格式如下：

(資料類型)(運算式)；

例如：

```
(double)a            /*將 a 轉換成 double 類型*/
(int)(x+y)           /*將 x+y 的值轉換成整數類型*/
(int)x+y             /*只將 x 的值轉換成整數類型*/
(float)(25%6)        /*將 25%6 的值轉換成 float 類型*/
```

使用小括號把要轉換的資料類型括起來，並放在要轉換的變數前面，就能把它轉換成為( )內的資料類型。在強制類型轉換時，得到一個所需類型的中間變數，變數的原來類型並未改變。例如：

a=sin((double)x);

如果 x 是 int 類型，在傳給 sin 之前先進行強制類型運算後，得到一個double 類型的中間變數，而 x 的類型不變，仍為 int 類型。

例 2.19 強制類型轉換的應用

```c
int main()
{
    float x;
    int i;
    x=3.6;
    i=(int)x;
    printf("x= %f,i= %d",x,i);   /*x 類型仍為 float，值仍等於 3.6 */
    return 0;
}
```

執行結果為：

x= 3.600000,i= 3

例 **2.20** 強制類型轉換的應用

```c
int main()
{
    int a1,a2;
    float b,c;
    b=38.425,c=12.0;
    a1=(int)(b+c);              /*將(b+c)轉換成整數類型數*/
    a2=(int)b%(int)c;           /*將 b 與 c 轉換成整數類型數後求餘數*/
    printf("a1= %d, a2= %d\n",a1,a2);
    return 0;
}
```

執行結果為：

```
a1= 50, a2= 2
```

說明

　　本例中，第 7 行的運算子%是餘數運算子，該運算子要求它的兩個運算元均為整數數值，因而 b 和 c 都要強制轉換成整數類型數值後，再進行求餘數運算。

例 **2.21** 假設變數 a=12，b=234.5678，求其浮點數的和，並對 a 採用強制轉換方式進行求和運算。

```c
#include <stdio.h>
int main()
{
    int a;
    float b,rst;
    a=12; b=234.5678;
    rst=(float)a+b;                    /*將 a 強制轉換成浮點數*/
    printf("rst= %f\n",rst);
    return 0;
}
```

執行結果為：

```
rst= 246.567795
```

習題

一、選擇題

1. C 語言中的簡單資料類型包括　(A)整數類型、實數類型、邏輯類型　(B)整數類型、實數類型、字元類型　(C)整數類型、字元類型、邏輯類型　(D)整數類型、實數類型、邏輯類型、字元類型

2. 以下選項中屬於 C 語言的資料類型是　(A)複數類型　(B)邏輯類型　(C)倍精度類型　(D)集合類型

3. 在 C 語言中，下列資料類型的記憶體空間大小的排列順序為　(A) char<int<long int<=float<double　(B) char=int<long int<=float<double　(C) char<int<long int=float=double　(D) char=int=long int<=float<double

4. 在 C 語言中，int、char 和 short 三種類型資料在記憶體中所佔用的位元組數為　(A)由使用者自己定義　(B)均為 2 個位元組　(C)是任意的　(D)由所用機器的字組(word)長度決定

5. C 語言中的識別字只能由字母、阿拉伯數字和底線組成，且第一個字元　(A)必須為字母　(B)必須為底線　(C)必須為字母或底線　(D)可以是字母、數字和底線中任一種字元

6. 下列可以正確定義資料類型的關鍵字是　(A) long　(B) singed　(C) shorter　(D) integer

7. 下列何者是不正確的字串常數？　(A) 'abc'　(B) "12'12"　(C) "0"　(D) "　"

8. 在 C 語言中，整數 -8 在記憶體中的儲存形式是　(A) 1111 1111 1111 1000　(B) 1000 0000 0000 1000　(C) 0000 0000 0000 1000　(D) 1111 1111 1111 0111

9. 在 C 語言中，一個 char 類型資料在記憶體中所佔的位元組數為＿＿；一個 int 類型資料在記憶體中所佔的位元組數為＿＿。　(A) 2，4　(B) 2，8　(C) 1，2　(D) 1，4

10. 在 C 語言中，一個 float 類型資料在記憶體中所佔的位元組數為＿＿；一個 double 類型資料在記憶體中所佔的位元組數為＿＿。　(A) 2，4　(B) 2，8　(C) 4，8　(D) 4，10

11. 已知字母 A 的 ASCII 碼為 $65_{(10)}$，且 ch 為 char 類型，則執行 ch='A' +'6'-'3'；敘述後，ch 的值為　(A) D　(B) 68　(C) C　(D)不確定值

12. 已知字母 a 的 ASCII 碼為 97_(10)，且設 ch 為字元變數，則運算式 ch ='a'+'8'-'3' 的值為 (A) 102 (B) 101 (C) f (D) g

13. 在 C 語言中，數字 029 是一個 (A)八進制數 (B)十六進制數 (C)十進制數 (D)非法數

14. 以下何者為不合法的整數常數？ (A) 12 (B) 023 (C) 078 (D) 0x2A

15. 以下何者為不合法的整數常數？ (A) 65536 (B) 0 (C) 037 (D) 0xAF

16. 在 C 語言中，十進制的 47 可以寫為 (A) 2f (B) 02f (C) 57 (D) 057

17. 以下何者為不合法的浮點常數？ (A) 12.345e9 (B) 3.21f (C) 3.14E-5 (D) .e5

18. 以下何者為不合法的字元常數？ (A) 'A' (B) '\t' (C) 'AB' (D) '\\'

19. 以下何者為不合法的字元常數？ (A) '\x32' (B) '\062' (C) "3A" (D) '\0'

20. 設變數 a 是整數，f 是實數，i 是倍精度，則運算式 5+'a'+i*f 值的資料類型為 (A) int (B) float (C) double (D)不確定

21. 已知字母 A 的 ASCII 值為 65_(10)，且 c2 為 char 類型，則執行敘述 c2='A' +'6'-'3'; 後，c2 的值為 (A) D (B) 68 (C) C (D)不確定值

22. 若宣告敘述如下：

```
char ch='\72';
```

則變數 ch 包含 (A) 1 個字元 (B) 2 個字元 (C) 3 個字元 (D) 不合法

23. 已知：char a; int b; float c; double d; 執行敘述 c=a+b+c+d; 後，變數 c 的資料類型是 (A) int (B) char (C) float (D) double

24. 在 C 語言中，char 型資料在記憶體中的儲存形式是 (A) 2's 補數 (B) 1's 補數 (C) BCD 碼 (D) ASCII 碼

25. 設變數宣告如下：

```
char w; int x; float y; double z;
```

則運算式 w*x+z-y 值的資料類型為 (A)float (B)char (C)int (D)double

二、填空題

1. 執行下列程式片段的輸出為＿＿＿＿。

```
printf("%f\n",3.14159);
```

2. 執行下列程式片段的輸出為＿＿＿＿。

```
short i=-1;
printf("%x\n", i);
```

3. 下列程式片段的輸出結果為_____。
```
char ch='a';
printf("%o\n", ch);
```

4. 下列程式片段的輸出結果為_____。
```
short i;
i=-4;
printf("%d\n",i);
```

5. 下列程式片段的輸出結果為_____。
```
int a,b,c,d;
a=215,b=9;
c=a/b;
d=a%b;
printf("%d/%d=%d 餘 %d\n",a,b,c,d);
```

6. 下列程式片段的輸出結果為_____。
```
char a='a', b='b';
printf("%d\t\b%c",a,b);
```

7. 下列程式片段的輸出結果為_____。
```
int a=2,b=3;
float c=5.0,d=2.5;
printf("%f",(a+b)/2+c/d);
```

8. 下列程式片段的輸出結果為_____。
```
float a=3.14;
printf("a=%f\n",a);
```

9. 下列程式片段的輸出結果為_____。
```
int a=256;
printf("%x",a);
```

10. 下列程式片段的輸出結果為_____。
```
char ch='a';
printf("%d\n", ch);
```

11. 下列程式片段的輸出結果為_____。
```
char ch='a';
printf("%c\n", ch);
```

12. 下列程式片段的輸出結果為_____。
```
printf("%e\n", 568.1);
```

13. 運算式 (int)(12.3+4.56)/3 的結果為_____。

14. 下列程式片段的輸出結果為_____。
```
int a,b,c,d;
unsigned u;
a=12;b=-24;u=10;
c=a+u; d=b+u;
printf("a+u=%d,b+u=%d\n",c,d);
```

15. 下列程式片段的輸出結果為_____。
```
printf("%f\n",56.1);
```

16. 執行下列程式片段的輸出為_____。
```
char c='\101';
printf("c=%c \n", c);
```

17. 執行下列程式片段的輸出為_____。
```
char c='\x61';
printf("c=%c \n", c);
```

18. 執行下列程式片段的輸出為_____。
```
char c;
c='\n';
printf("c=%d%c", c, c);
```

19. 執行下列程式片段的輸出為_____。
```
float x;
double y;
x=47.304;
y=-35.10025436e5;
printf("x=%f y=%f \n", x, y);
printf("x=%e y=%e \n", x, y);
```

20. 執行下列程式片段的輸出為_____。
```
float x;
int i;
x=2.5;
i=(int)x;
printf("x=%f,i=%d",x,i);
```

三、程式設計題

1. 將變數 a 和 b 分別指定為 10 和 3，然後求兩變數之和差積和商。

2. 試編寫程式求底邊為 300mm，高為 60mm 的三角形面積。

3. 試編寫程式求上底為 9m，下底為 15m，高為 4m 的梯形面積。

4. 試編寫程式求半徑為 15m 的圓面積。

5. 假設變數 a、b、c、d 均為 int 類型，且 a=8、b=7、c=2、d=3，試編寫程式求 $\dfrac{3ae}{bc}$。

6. 假設變數 a 和 b 均為 double 類型，且 a=3.12345，b=56.789，試編寫程式求 $\dfrac{1}{2}(ab + \dfrac{a+b}{4a})$。

7. 假設圓周率 pi 和變數 s、r 均為 double 類型，且 pi=3.14159，半徑 r=123456789，試編寫程式求圓面積 s。

8. 假設變數 a 和 x 均為 long 類型，且 x=2，試編寫程式求 $a = x^{18}$ 並輸出 2^{18} 值。

9. 編寫一個程式，將華氏溫度（用 F 表示）轉換成攝氏溫度（用 C 表示）。攝氏溫度與華氏溫度的關係式為

$$C = \frac{5}{9}(F - 32)$$

求華氏溫度 60 度時的攝氏溫度。

10. 假設變數 a、b、c 均為 int 類型，編寫一個程式，輸出三角形的面積。計算三角形面積的公式如下：

$$s = \frac{a+b+c}{2} \; ; \; area = \sqrt{s(s-a)(s-b)(s-c)}$$

03

CHAPTER

運算子與運算式

C 語言程式中的資料運算主要是透過對「運算式(expression)」的計算完成的。運算式是由一個或一個以上的運算元(operand)與運算子(operator)所組成。「運算元」是被運算的對象，可以是常數、變數或函數。「運算子」則是對運算元加以運算。例如，運算式"a+b"中，a 和 b 是運算元，而 + 號是運算子。

由於運算元可以是不同的資料類型，每一種資料類型都規定特有的運算或操作，這就形成對應於不同資料類型的運算子。C 語言的運算子包括算術運算子、關係運算子、邏輯運算子、遞增／遞減運算子、指定運算子、逗號運算子、條件運算子、位元運算子等。每種運算子有不同的運算優先順序。如我們所熟悉的「先乘除後加減」就反映乘除運算的優先順序比加減運算高。不同類型的運算式有不同的作用，例如算術運算式實現算術運算、關係運算式和邏輯運算式用來判斷條件式成立與否。

3.1 → 運算子

C 語言中的運算子包括算術運算子、關係運算子、邏輯運算子、遞增／遞減運算子、指定運算子、逗號運算子、條件運算子、位元運算子、指標運算子等。其分類如表 3-1 所示。

● 表3-1　C 語言運算子

分類	運算子
指定運算子	=
算術運算子	+、-、*、/、%、++、--
關係運算子	>、>=、==、!=、<、<=
位元運算子	>>、<<、~、&、|、^
邏輯運算子	!、&&、||
條件運算子	?:
指標運算子	&、*
複合指定運算子	+=、-=、*=、/=、%=、&=、^=、|=、<<=、>>=
逗號運算子	,
資料大小運算子	sizeof
強制轉換運算子	（類型名稱）（運算式）
其他	下標[]、成員(->、·)、函數()

上面的運算子按參與運算的運算元個數可以分為：一元運算子(Unary operator)、二元運算子(Binary operator)和三元運算子(Ternary operator)。例如：＋（正號）、-（負號）、++、--和!等是一元運算子，"/"和"&&"等是二元運算子，條件運算子"?:"是三元運算子。

3.1.1　指定運算子和指定運算式

在程式中常常看到的等號"="就是指定運算子，其作用就是將一個資料指定給一個變數。例如：

> i=10;

這是將常數 10 指定給變數 i。同樣也可以將一個運算式的值指定給一個變數。例如：

> sum=sum+i;

下面進行詳細的說明。

（一）指定變數初值

在宣告變數時，可以指定變數的初值，也就是將一個常數或者一個運算式的結果指定給一個變數，變數中儲存的內容就是該常數或者指定敘述中運算式的值。在宣告變數的同時直接指定初值的操作稱為變數的「初始化(initialization)」。

1. 將常數指定給變數

將常數指定給變數的一般形式如下：

> 類型 變數名稱=常數;

其中的變數名稱也稱為變數的識別字。例如：

```
char c='A';
int i=10;
float f=2.718282;
```

2. 透過指定運算式指定變數的初值

將一個運算式的值指定給一個變數的一般形式如下：

> 類型 變數名稱=運算式;

其一般形式與常數指定的形式是相似的，例如：

```
int i=10+20;
```

```
float f=f1+2*c;
```

先宣告變數,再進行變數的指定操作也是可以的。例如:

```
int i;                    /*宣告變數*/
i=22;                     /*指定變數的值*/
```

例 3.1 指定變數初值

```
#include <stdio.h>
int main()
{
    int hour=8;          /*定義變數,指定變數的初值。表示工作時間*/
    int rate;                    /*宣告變數,表示時薪*/
    int pay;                     /*宣告變數,表示所得的薪資*/
    rate=180;                    /*指定變數的值*/
    pay=hour*rate;               /*將運算式的結果指定給變數*/
    printf("工作時數: %d\n",hour); /*輸出工作時間變數*/
    printf("時薪: %d\n",rate);    /*輸出時薪*/
    printf("薪資: %d\n",pay);     /*輸出工作所得的薪資*/
    return 0;                    /*程式結束*/
}
```

執行結果為:

```
工作時數: 8
時薪: 180
薪資: 1440
```

說明

1. 在本例中,模擬工讀的計費情況,使用指定敘述和運算式得到工作 8 個小時後所得的薪水。

2. 薪資是一個小時的時薪×工作時數,因此在程式中需要 3 個變數來表示薪資的計算過程。hour 表示工作的時間,在這裡指定初值為 8,表示工作 8 個小時。rate 表示時薪。pay 表示工作 8 個小時後所得的薪資。

3. 宣告 rate 變數之後,設定時薪為一個小時為 180。根據 2 中得到薪資的運算式,將運算式的結果保存在變數 pay 中。

4. 透過輸出函數 printf,將變數的值和計算的結果輸出。

（二）指定運算式

由指定運算子將一個變數和一個運算式連接起來的式子，稱為「指定運算式」。其一般格式如下：

> **變數 = 運算式**

例如：a=5+10，其中，a 為變數，"＝"為指定運算子，5+10 為運算式。指定運算式的計算過程是：首先計算運算式的值(15)，然後將該值指定給左側的變數 a。

指定值運算的作用是將一個值指定給一個變數。例如：

```
a=10        /* 將 10 指定給變數 a */
b=20        /* 將 20 指定給變數 b */
c=a+b       /* 計算 a+b 得 30，將 30 指定給變數 c */
d=2*sqrt(16)  /*計算 2*sqrt(16)得 8，將 8 指定給變數 d */
```

以上均為正確的指定值運算（注意：以上僅僅是指定運算式，並不是指定敘述）。

3.1.2　資料大小運算子 sizeof

C 語言提供整數類型、實數類型、字元類型等基本類型，而這些基本類型在電腦中所佔用的記憶體空間會因系統而異。C 語言提供一個一元運算子 sizeof，讓使用者能夠瞭解所使用系統中各類型的長度。

sizeof 運算給出指定類型在記憶體中所佔的位元組數。其一般呼叫格式如下：

> **sizeof(類型名稱或變數名稱）**

其中，類型名稱可以是基本類型名稱，也可以是其他的構造類型名稱。

例 3.2　測試各類型的長度

```
#include <stdio.h>
int main()
{
    char ch;
    int x;
    float y;
    printf("char=%d\n",sizeof(char));
    printf("char(ch)=%d\n",sizeof(ch));
    printf("int=%d\n",sizeof(int));
```

```
        printf("int(x)=%d\n",sizeof(x));
        printf("float=%d\n",sizeof(float));
        printf("float(y)=%d\n",sizeof(y));
        return 0;
}
```

執行結果如下：

```
char=1
char(ch)=1
int=4
int(x)=4
float=4
float(y)=4
```

3.2 → 運算式

在 C 語言中，使用運算子將常數、變數、函數呼叫等連接起來的式子稱為運算式(expressions)。C 語言的運算式分為指定運算式、算術運算式、關係運算式、邏輯運算式、逗號運算式和條件運算式等。

（一）運算式的值

使用運算式的目的是求運算式的值。算術運算式的值為數值，而數值的類型是由參與運算的資料類型決定。例如，算術運算式 200+150，其值為 350，由於參與運算的兩個資料均為整數類型，因此，運算式的值也是整數類型。關係運算式的值為對兩個運算元的比較結果。如果關係運算式成立，則結果為 1，代表「真(true)」；否則，結果為 0，代表「假(false)」。

（二）指定運算式

1. 指定運算子"＝"不同於數學中的等號，它沒有「相等」的含義。

例如，數學中 x=y*y 成立，那麼 y*y=x 也成立；但 C 語言中的 x=y*y 並不表示 x 等於 y*y，而是將 y*y 的值送入 x 中。因此指定運算子兩邊的內容不能交換，上式不能寫成 y*y=x。

在 C 語言中，常常可以看到下面這種運算式形式：

```
n=n+1
```

在數學中，n=n+1 很難理解，因為 n 不等於 n+1；但是在 C 語言中卻不難理解，它表示將 n 原有的值加 1，再送回 n 中去，此時 n 的原有值被新值替換了。

2. 指定運算子左邊只能是變數，不允許出現常數、函數呼叫或運算式。

3. 指定運算式中的「運算式」，又可以是另一個指定運算式。

例如：

```
x=(y=3*a)
```

4. 指定運算子的優先順序低於算術運算子、關係運算子和邏輯運算子，但高於逗號運算子；指定運算子的結合性是「由右至左」。

例如：

```
x=y=z=10
```

其運算順序是由右至左結合，即先執行 z=10，然後再把結果指定給 y，最後把 y 的結果值 10 指定給 x。

又如：設 a 的值為 10：

```
a+=a-=a*a
```

首先計算 a-=a*a，它相當於 a=a-a*a=10-100=-90；再計算 a+=-90，它相當於 a=a+(-90)=-90+(-90)=-180。即，上式相當於：

```
a=a+(a=a-a*a)
```

5. 當指定運算子兩邊的資料類型不同時，一般由系統自動進行類型轉換。其原則是，指定運算子右邊的資料類型轉換成與左邊的變數相同的資料類型。例如：

```
a=10+(b=6)      / *b 的值為 6，a 的值為 16，運算式的值為 16   */
a=(b=4)+(c=16)  /* b 的值為 4，c 為 16，a 為 20，運算式的值為 20   */
a=(b=20)/(c=10) /* b 的值為 20，c 為 10，a 為 2，運算式的值為 2   */
```

（三）複合指定運算

在指定運算子 "=" 之前加上其他二元運算子可構成複合指定運算子 (Compound assignment operator)。例如：

```
a+=b;       / * 同義於 a=a+b  */
a*=b+3;     /* 同義於 a=a*(b+3)  */
a%=b;       /* 同義於 a=a%b  */
```

指定運算式也可以包含複合指定運算子。例如：a+=a-=a*a 相當於 a+=(a-=a*a)。假設 a=10，則指定運算式 a+=a-=a*a 的 a 值為：

```
先求   a-=a*a        /* a=a-a*a=10-100=-90 */
再求   a+=-90        /* a=a+(-90)=(-90)+(-90)=-180 */
```

例 3.3 複合指定運算子的使用

```c
#include<stdio.h>
int main()
{
    int a, b, c;                /*宣告變數*/
    a=12; b=23; c=34;           /*指定變數的值*/

    /*使用複合指定運算子*/
    a+=b;                       /*計算變數 a 的值*/
    b*=c;                       /*計算變數 b 的值*/
    printf("變數 a 的值為: %d\n",a);     /*輸出變數 a 的值*/
    printf("變數 b 的值為: %d\n",b);     /*輸出變數 b 的值*/
    return 0;
}
```

執行結果為：

```
變數 a 的值為: 35
變數 b 的值為: 782
```

說明

敘述 a+=b;中使用複合指定運算子，表示 a 的值等於 a+b 的結果。而 b*=c 表示 b 的值等於 b*c 的結果。

（四）運算式與敘述

C 敘述(statement)是 C 程式的最基本成分，用它可以描述程式的流程控制，對資料進行處理。運算式與敘述有很密切的關係。在運算式後面加上分號";"就構成一條敘述。分號係用來標記敘述的結束。例如：

```
x=a+b;                  /* 指定運算式敘述 */
printf("a=%d,b=%d",a,b);        /* 函數呼叫敘述* /
```

從形式上來分，C 語言中的敘述主要有以下五類：運算式敘述、函數呼叫敘述、空(null)敘述、複合(compound)敘述和控制敘述。不管什麼敘述都必須由分號";"結尾。只有一個分號的敘述叫「空敘述」；用大括號"{ }"括起來的多個敘述構成「複合敘述」，例如：{a=12;b=15;}是一個合法的複合敘述。

1. 運算式敘述

由一個運算式和一個分號構成的敘述。運算式敘述的一般形式為：

> 運算式;

一個敘述必須以分號做為結尾，分號是敘述中不可缺少的一部分。例如：

```
a=3      /*指定運算式*/
a=3;     /*指定敘述*/
```

最典型的運算式敘述是由一個指定運算式加一個分號構成的指定敘述。注意：分號是 C 語言的敘述中不可缺少的一部分，因此 a=5 和 a=5;是不同的。前者是一個指定運算式，而後者才是一個指定敘述。

2. 函數呼叫敘述

由一個函數呼叫和一個分號組成的敘述。函數呼叫敘述的一般形式為：

> 函數名稱(實際參數清單);

例如：

```
printf("This is a C statement.");
```

3. 空敘述

只有一個分號的敘述，稱為空敘述。空敘述的一般形式為：

> ;

這條敘述表示什麼也不做。凡是在 C 程式中出現敘述的地方都可以用一個分號來代替一條敘述。

4. 複合敘述

使用大括號{}把一些敘述括起來成為複合敘述。複合敘述的一般形式為：

> {敘述 1; 敘述 2; …;}

例如：

```
{
    a=b+c;
    s=a*10;
```

```
        printf("%f",s);
    }
```

注意：複合敘述中最後一個敘述末尾的分號不能省略。在 C 程式中，凡是允許出現一條敘述的地方，都可以用一個複合敘述來代替。複合敘述在語法上只被認為是一條敘述。

5. 控制敘述

(1) 條件敘述：if( )~else~

(2) 迴圈敘述：for( )~，while( )~，do~while( )

(3) 結束本次迴圈敘述：continue

(4) 中止執行 switch 或迴圈敘述：break

(5) 多分支選擇敘述：switch

(6) 轉向敘述：goto

(7) 從函數返回敘述：return

在以後各章節中將對各敘述加以詳細介紹。

3.3 → 算術運算子與算術運算式

C 語言中有兩個一元算術運算子和五個二元算術運算子。在二元運算子中，乘法、除法和餘數運算子比加法和減法運算子的優先次序高。一元正(+)和一元負(−)運算子的優先次序最高。

3.3.1 算術運算子

算術運算子包括兩個一元運算子（正"+"和負"−"）和五個二元運算子（乘法、除法、加法、減法和餘數）。表 3-2 列出 C 語言的所有算術運算子。

● 表3-2 算術運算子

運算子	功能	應用舉例
+	取正數（一元運算子）	+a
-	取負數（一元運算子）	-a
+	加法運算子	a+b
-	減法運算子	a-b
*	乘法運算子	a*b
/	除法運算子	a/b
%	餘數運算子	a%b

上面大多數運算子都是大家所熟悉的，下面僅就除法、取餘數、取負數運算加以說明。

（一）除法運算

當兩個運算元都是整數類型數值時，除法運算視為整除運算，運算結果將只保留整數部分，捨去小數部分。例如，對於整數運算，8/5 的結果為 1。

（二）取餘數運算

餘數運算子(%)無法用在 float 及 double 的運算元，只可用在 int 及 char 類型。亦即，"%"兩側均必須為整數資料。如：12%5 的值為 2。

取餘數運算又稱取模運算，運算結果為一個整數值，這個餘數的符號與被除數符號相同。例如，8%5 的結果為 3，8%(−5)的結果為 3，(−8)%5 的結果為−3，(−8)%(−5)的結果為−3。

例 **3.4** 餘數運算子的使用

```
int main()
{
    printf("5%%3= %d, 5%%-3= %d\n",5%3,5%-3);
    printf("-5%%3= %d, -5%%-3= %d\n",-5%3,-5%-3);
    return 0;
}
```

執行結果為：

```
5%3= 2, 5%-3= 2
-5%3= -2, -5%-3= -2
```

說明

為了能顯示"%"，相連的兩個"%"相當於輸出一個"%"。也可以使用"%\%"代替"%%"，結果是相同的。

（三）取負數運算

取負數運算是一元運算，即只有一個運算元參與運算。取負數運算是將參與運算的運算元取負數。例如，將常數 8 變為−8；又如，−(−8)，將−8 取負數，結果為 8。

3.3.2 算術運算式

在運算式中使用算術運算子，則該運算式稱為算術運算式。例如：

```
a*b/c+'a'-100+sqrt(10)
10
a
```

均為合法的算術運算式。

例 3.5 使用算術運算式計算攝氏溫度

```c
#include <stdio.h>
int main()
{
    int cel,fah;                    /*宣告兩個變數*/
    printf("請輸入華氏溫度:\n");      /*顯示提示訊息*/
    scanf("%d 度",&fah);             /*從鍵盤輸入華氏溫度*/
    cel=5*(fah-32)/9;               /*計算攝氏溫度並指定給變數 cel*/

    printf("攝氏溫度為: ");          /*顯示提示訊息*/
    printf("%d 度\n",cel);          /*顯示攝氏溫度*/
    return 0;                       /*程式結束*/
}
```

程式執行結果為：

```
請輸入華氏溫度:
80
攝氏溫度為: 26 度
```

說明

1. 本例中，透過在運算式中使用算術運算子，完成將華氏溫度換算為攝氏溫度，然後顯示出來。

2. 在主函數 main 中宣告兩個整數變數，cel 表示攝氏溫度，fah 表示華氏溫度。

3. 使用 printf 函數顯示提示訊息。之後使用 scanf 函數取得在鍵盤上輸入的資料，其中%d 是格式字元，用來表示輸入帶號的十進制整數，本例輸入 80。

4. 利用算術運算式，將取得的華氏溫度轉換成攝氏溫度。最後將轉換的結果輸出，計算後輸出的攝氏溫度是 26 度。

3.3.3 算術運算子的優先順序與結合性

（一）算術運算子的優先順序

在運算式求值時，是按照運算子的優先順序執行。算術運算子的優先順序如表 3-3 所示：

● 表 3-3　算術運算子的優先順序與結合性

算術運算子	結合性
小括號 ( )	由左至右
取負數 −	由左至右
*、/、%	由左至右
+、−	由左至右

小括號的優先順序最高，而加法"+"和減法"−"運算的優先順序最低。例如，a-b*c 相當於 a-(b*c)。

在 C 語言的運算式中，只可以使用小括號，不允許使用中括號"[]"和大括號"{}"。當出現多層小括號時，先執行最內層小括號，接著執行外一層小括號，直到最後執行最外層小括號。例如，運算式 a*((b+c)/d+e)，首先計算最內層小括號的 b+c，然後計算外層括號的除以 d，並加上 e，最後乘以 a。

（二）算術運算子的結合性

如果運算子的優先順序相同，則按「結合性」處理。算術運算子的結合性為「由左至右」。例如：運算 a+b−c 先計算 a+b，再執行減 c 的運算。

若運算子兩側的資料類型不同，則會先自動進行類型轉換，使二者具有同一種類型，然後再進行運算。

例 **3.6**　算術運算子的優先次序和結合性

```
#include <stdio.h>
int main()
{
    int n1,n2,n3;                /*宣告整數變數*/
    n1=15; n2=3; n3=7;           /*指定變數的值*/
    int rst1,rst2,rst3,rst4,rst5; /*宣告整數變數*/

    rst1=n1+n2-n3;               /*加減法運算式*/
```

```
        printf("rst1= %d\n",rst1);    /*顯示結果*/

        rst2=n1-n2+n3;                /*減加法運算式*/
        printf("rst2= %d\n",rst2);    /*顯示結果*/

        rst3=n1+n2*n3;                /*加法,乘法運算式*/
        printf("rst3= %d\n",rst3);    /*顯示結果*/

        rst4=n1/n2*n3;                /*除乘法運算式*/
        printf("rst4= %d\n",rst4);    /*顯示結果*/

        rst5=(n1+n2)*n3;              /*括號,加法,乘法運算式*/
        printf("rst5= %d\n",rst5);    /*顯示結果*/
        return 0;
    }
```

程式執行結果為：

```
rst1= 11
rst2= 19
rst3= 36
rst4= 35
rst5= 126
```

說明

1. 在本例中，透過不同運算子的優先次序和結合性，使用 printf 函數輸出計算的結果。

2. 程式中先宣告要使用到的變數，其中 rst1~rst5 的作用是儲存計算結果。

3. 使用算術運算子完成不同的運算，根據這些不同運算輸出的結果來觀察優先次序與結合性。

3.4 → 遞增和遞減運算子

在 C 語言中有兩個特殊的運算子：遞增運算子(Increment operator)和遞減運算子(Decrement operator)。遞增運算子(++)和遞減運算子(--)分別是對運算元執行加 1 和減 1 的運算。

3.4.1　遞增和遞減運算

　　遞增運算子和遞減運算子可以放在運算元的前面或後面，放在運算元前面稱為前置(prefix)，放在運算元後面稱為後置(postfix)，其含義是不同的。遞增運算子和遞減運算子均為一元運算子，都具有右結合性，可以有以下形式：

++i	表示在使用 i 之前，先使 i 的值加1。
i++	表示在使用 i 之後，再使 i 的值加1。
--i	表示在使用 i 之前，先使 i 的值減1。
i--	表示在使用 i 之後，再使 i 的值減1。

　　遞增、遞減運算子只能用於整數變數，不能用於常數或運算式。例如，8++或(b+5)++是不合法的，因為 8 是常數，而運算式(b+5)的結果為數值，不是變數。

例 3.7　　遞增、遞減運算子應用

```
int main()
{
    int i,j1,j2,j3,j4;
    i=10;
    j1=++i;          /* i 的值遞增為 11，j1 的值為 11 */
    j2=--i;          /* i 的值遞減為 10，j2 的值為 10  */
    j3=i++;          /* i 的值為 10，j3 的值為 10，i 的值遞增為 11 */
    j4=i--;          /* i 的值為 11，j4 的值為 11，i 的值遞減為 10  */
    printf("%d, %d, %d, %d",j1,j2,j3,j4);
    return 0;
}
```

程式執行結果為：

11, 10, 10, 11

說明

　　對於前置運算，變數 i 先遞增（或遞減），然後再指定與變數 j1 和 j2；而對於後置運算，變數 i 的值先指定給變數 j3 和 j4，然後變數 i 再遞增（或遞減）。

例 **3.8** 比較遞增、遞減運算子前置與後置運算的不同

```c
#include<stdio.h>
int main()
{
    int n1=5;                  /*定義變數並指定初值*/
    int n2=5;                  /*定義變數並指定初值*/

    int rpa,rla;               /*宣告前置和後置遞增變數*/
    int rpd,rld;               /*宣告前置和後置遞減變數*/

    rpa=++n1;                  /*前置遞增運算*/
    rla=n2++;                  /*後置遞增運算*/

    printf("-----遞增運算 -----\n");
    printf("n1: %d\n",n1);          /*顯示遞增運算後 n1 的值*/
    printf("rpa: %d\n",rpa);        /*前置遞增運算式的結果*/
    printf("n2: %d\n",n2);          /*顯示遞增運算後 n2 的值*/
    printf("rla:%d\n",rla);         /*後置遞增運算式的結果*/

    n1=5;              /*恢復變數的值為 5*/
    n2=5;              /*恢復變數的值為 5*/

    rpd=--n1;              /*前置遞減運算*/
    rld=n2--;              /*後置遞減運算*/

    printf("-----遞減運算 -----\n");
    printf("n1: %d\n",n1);          /*顯示遞減運算後 n1 的值*/
    printf("rpd: %d\n",rpd);        /*前置遞減運算式的結果*/
    printf("n2: %d\n",n2);          /*顯示遞減運算後 n2 的值*/
    printf("rld: %d\n",rld);        /*後置遞減運算式的結果*/
    return 0;                       /*程式結束*/
}
```

程式執行結果為：

```
-----遞增運算 -----
n1: 6
rpa: 6
n2: 6
rla:5
-----遞減運算 -----
```

```
n1: 4
rpd: 4
n2: 4
rld: 5
```

説明

1. 本例中，定義 n1 和 n2 兩個變數用來進行遞增、遞減運算。

2. 分別進行前置遞增運算和後置遞增。透過程式的顯示結果可以看到，遞增變數 n1 和 n2 的結果同為 6，但是得到運算式結果的兩個變數 rpa 和 rla 卻不一樣。rpa 的值為 6，rla 的值為 5，因為前置遞增使得 rpa 變數先進行遞增運算，然後進行指定運算；後置遞增運算是先進行指定運算，然後進行遞增運算。因此兩個變數得到運算式的結果是不一樣的。

3. 在遞減運算中，前置遞減運算和後置遞減運算與遞增運算方式是相同的。前置遞減運算是先進行減 1 操作，然後進行指定運算；而後置遞減運算是先進行指定運算，再進行遞減運算。

3.4.2 遞增、遞減運算子的優先順序與結合性

遞增、遞減運算子的優先順序與「取正、負」的優先順序相同，即優先於「乘、除、取餘數」運算。遞增、遞減運算子的結合方向是「由右至左」的「右結合性」。例如：

```
-i++            /*相當於 -(i++) */
```

如果按左結合性，相當於(-i)++，這是不合法的，因為對運算式(-i)不能進行遞增、遞減運算。

書寫運算式時，應注意小括號的運用。例如以下運算式：

```
i+++j           /*相當於(i++)+j */
```

C 語言編譯系統在處理時，由左至右盡可能將多個字元組成一個運算子。因此，運算式 i+++j 相當於(i++)+j 而不是 i+(++j)。

例 3.9   遞增、遞減運算子的使用

```
int main()
{
    int j=2;
```

```
        printf("j= %d, (j++)+(j++)+(j++)= %d\n",j,(j++)+(j++)+(j++));
        j=2;
        printf("j= %d, (++j)+(++j)+(++j)= %d\n",j,(++j)+(++j)+(++j));
        return 0;
}
```

程式的執行結果如下：

```
j= 5, (j++)+(j++)+(j++)= 9
j= 5, (++j)+(++j)+(++j)= 13
```

3.5 → 逗號運算子和逗號運算式

在 C 語言中，可以使用逗號","將多個運算式隔開。其中，用逗號隔開的運算式被分別計算，並且整個逗號運算式的值是最後一個運算式的值。逗號運算式的一般形式如下：

運算式 1, 運算式 2,…, 運算式 n

逗號運算式的計算過程是：先計算運算式 1，再計算運算式 2，依次計算直到運算式 n，運算式 n 的值就是整個逗號運算式的值。

例如：逗號運算式

```
a=2+5, 1+2, 5+7
```

由於指定運算子"="的優先順序比逗號運算子","的優先順序高，因此先執行指定運算。因此，在上面的逗號運算式中，a 所得到的值為 7，而非 12。如果要先執行逗號運算，則可以使用小括號"()"：

```
a=(2+5, 1+2, 5+7)
```

又如：逗號運算式

```
a=10*5, a*40
```

先計算 a=10*5 得到 a=50，再計算 a*40 得到 2000，則逗號運算式的值為 2000。

逗號運算子的結合方向是「由左至右」。下面兩個運算式的運算結果為不同的：

```
b=(a=10, 5*a)           /*指定運算式 b=50 */
b=a=10, 5*a             /*逗號運算式 b=10 */
```

運算式 b=(a=10,5*a)是指定運算式，將一個逗號運算式的值指定給 b，運算式的值為 50，所以 b 的值為 50；運算式 b=a=10,5*a 是逗號運算式，它包含一個指定運算式和一個算術運算式，b 的值為 10，而運算式的值為 50。

例 3.10　逗號運算式的使用

```
#include<stdio.h>
int main()
{
    int x1,x2,x3,rst1,rst2;                /*宣告變數*/
    x1=12; x2=23; x3=34; rst1=rst2=0;      /*指定變數的值*/
    rst1=x1++,--x2,x3+4;                   /*計算逗號運算式*/
    printf("rst1= %d\n",rst1);             /*輸出運算結果 rst1*/
    rst2=(x1++,-x2,x3+4);                  /*計算逗號運算式*/
    printf("rst2= %d\n",rst2);             /*輸出運算結果 rst2*/
    return 0;                              /*程式結束*/
}
```

程式的執行結果如下：

```
rst1= 12
rst2= 38
```

說明

1. 在本例中，透過逗號運算子與其他運算子結合在一起形成逗號運算式，再將逗號運算式的計算結果指定給變數。

2. 將前面使用逗號隔開宣告的變數進行指定。在逗號運算式中，指定的變數進行各自的計算，變數 rst 得到運算式的結果。在第一個運算式中，沒有使用括號運算子，於是變數 rst 先得到 x1 的值，x1 再進行加 1 操作。所以 rst 得到第一個運算式的值為 12。

3. 在第二個運算式中，由於使用括號運算子，因此變數 rst 得到的是第 3 個運算式 x3+4 的值。所以 rst 得到第二個運算式的值為 38。

一個逗號運算式也可以與另一個運算式組成一個新的逗號運算式。例如：

```
(a=30*50, a+10), a/5
```

該逗號運算式先計算 a=1500，再計算 a+10 得 1510（注意 a 仍為 1500），最後計算 a/5 得到 300，即整個運算式的值為 300。再看一個例子：

例 3.11　逗號運算式的使用

```
int main()
{
    int x=10, y=3, z;                    /*宣告變數*/
    printf("z= %d\n", z=(x%y, x/y));      /*輸出運算結果*/
    return 0;                            /*程式結束*/
}
```

程式的執行結果如下：

z= 3

逗號運算式無非是把若干個運算式串接起來。在許多情況下，使用逗號運算式的目的只是想分別得到各個運算式的值，而並非一定需要得到或使用整個逗號運算式的值。

3.6　條件運算子和條件運算式

在 C 語言中，"?："稱為三元運算子(Ternary operator)（或稱條件運算子）。條件運算子有三個運算元，是 C 語言唯一的三元運算子。如果一個判斷式中只有 if 和 else，可以使用三元運算式來簡化。其一般格式如下：

運算式 1？運算式 2：運算式 3

如果運算式 1 的值為非 0（真），則將運算式 2 的值視為此條件運算式的值；若運算式 1 的值為 0（假），則將運算式 3 的值視為條件運算式的值，如圖 3-1 所示。

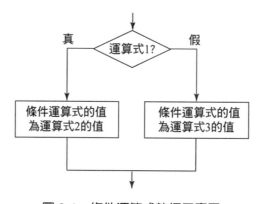

圖 3-1　條件運算式執行示意圖

運算式 1 與運算式 2、運算式 3 的類型可以不同。例如：

> a? 'b': 'c'

運算式 2、運算式 3 的類型也可以不同。例如：

> a>b?2:5.5

該運算式的值的類型取決於 a>b 的結果，如果 a>b 成立，則以運算式 2 的類型為最終類型；否則，以運算式 3 的類型為最終類型。

注意：如果判斷運算式為「真」或「假」時，都只執行一個指定值運算，並且指定給同一個變數時，可以使用條件運算子。例如，如果 x>y 則將 x 的值指定給變數 a，否則將 y 的值指定給變數 a，便可組成條件運算式指定敘述。例如：a=x>y?x:y；相當於

```
if(x>y)
        a=x;
else
        a=y;
```

條件運算子的優先順序比關係運算子和算術運算子都低，但高於指定運算子。例如：

> x=a>0?a*10:a*(-10)

相當於：

> x=(a>0)?(a*10):(a*(-10))

條件運算子具有由右向左的結合性。例如：假設 int a=1, b=2, c=3, d=4;，則條件運算式

> a>b? a:c>d?c:d

的值為 4。條件運算式 a>b? a:c>d?c:d 相當於 a>b? a:(c>d?c:d)。

例 3.12 輸入一個字元，判斷是否為大寫字母，若是大寫字母，則轉換成小寫字母；否則不轉換。

```
#include <stdio.h>
int main()
{
    char ch;
    printf("請輸入英文字母: ");
```

```
scanf("%c",&ch);
ch=(ch>='A'&&ch<='Z')?(ch+32):ch;
printf("輸出的字元: %c",ch);
return 0;
}
```

執行結果為：

> 請輸入英文字母: B
> 輸出的字元: b

例 **3.13** 使用條件運算式求三個數的最大值

```
#include <stdio.h>
int main()
{
    float a,b,c,max;
    printf("請輸入三個數 a,b,c ： ");
    scanf("%f,%f,%f",&a,&b,&c);
    max=a>b?a>c?a:c:b>c?b:c;
    printf("最大值=%f\n",max);
    return 0;
}
```

執行結果為：

> 請輸入三個數 a,b,c ： 2.345,3.456,1.234
> 最大值=3.456000

說明

　　程式中的敘述 max=a>b?a>c?a:c:b>c?b:c;，由條件運算式的「由右向左」的結合性可知，就是 max=a>b?(a>c?a:c):(b>c?b:c);，即若 a 大於 b，則取 a、c 中的大者，否則取 b、c 中的大者。當然，加上小括號更好理解。

3.7 → 運算子的優先順序與結合性

　　C 語言規定運算子的優先順序和結合性。在求運算式值時，是按照運算子的優先順序執行。如果運算子的優先順序相同，則按「結合性」處理。算術運算子的結合性為「由左至右」。例如：運算 a-b+c，先執行 a-b 的運算，再執行加 c 的運算。若運算子兩側的資料類型不同，則會先進行自動類型轉換，使二者具有同一種類型，然後再進行運算。表 3-4 列出 C 語言中運算子的優先順序和結合性。

◯ 表3-4　運算子的優先順序與結合性

優先順序	運算子	含義	結合性
1	()	小括號	由左至右
	[]	下標運算子	
	->	指向結構成員運算子	
	.	結構成員運算子	
2	!	邏輯反運算子（一元運算子）	由右至左
	~	位元反運算子（一元運算子）	
	++	遞增運算子（一元運算子）	
	--	遞減運算子（一元運算子）	
	-	負號運算子（一元運算子）	
	*	指標運算子（一元運算子）	
	&	位址運算子（一元運算子）	
	sizeof	長度運算子（一元運算子）	
3	*、/、%	乘法、除法、餘數運算子	由左至右
4	+、-	加法、減法運算子	
5	<<、>>	左移、右移運算子	
6	<、<=、>、>=	小於、小於或等於、大於、大於或等於運算子	
7	==、!=	等於、不等於運算子	
8	&	位元且運算子	
9	^	位元互斥或運算子	
10	|	位元或運算子	
11	&&	邏輯且運算子	
12	||	邏輯或運算子	
13	?:	條件運算子（三元運算子）	由右至左
14	=、+=、-=、*=、/=、%=、>>=、<<=、&=、^=、|=	指定運算子	
15	,	逗號運算子	由左至右

一、選擇題

1. 下列敘述何者正確？ (A)在 C 程式中，每列中只能寫一條敘述 (B)若 a 是實數變數，C 程式中允許指定 a=10，因此實數變數中允許存放整數 (C)在 C 程式中，無論是整數或實數，都能被準確無誤地表示 (D)在 C 程式中，%是只能用於整數運算的運算子

2. 下列敘述何者不正確？ (A)在 C 程式中，逗號運算子的優先順序最低 (B)在 C 程式中，APH 和 aph 是兩個不同的變數 (C)若 a 和 b 類型相同，在計算了指定運算式 a=b 後，b 中的值將放入 a 中，而 b 中的值不變 (D)當從鍵盤輸入資料時，對於整數變數只能輸入整數數值，對於實數變數只能輸入實數數值。

3. 下列何者為合法的指定運算式？ (A) d=9+e+f=d+9 (B) d=9+e, f=d+9 (C) d=9+e, e++, d+9 (D) d=9+e++=d+7

4. 在 C 語言中，要求運算元必須是整數的運算子是 (A) / (B) ++ (C) != (D) %

5. 若 x、i、j 和 k 都是 int 類型變數，則計算運算式 x=(i=4, j=16, k=32) 後，x 的值為 (A) 4 (B) 16 (C) 32 (D) 52

6. 假設所有變數均為整數，則運算式(a=2, b=5, b++, a+b) 的值為 (A) 7 (B) 8 (C) 6 (D) 2

7. 運算式 18/4*sqrt(4.0) /8 值的資料類型為 (A) int (B) float (C) double (D)不確定

8. 假設以下變數均為 int 類型，則值不等於 7 的運算式是 (A) (x=y=6, x+y, x+1) (B) (x=y=6, x+y, y+1) (C) (x=6, x+1, y=6, x+y) (D) (y=6, y+1, x=y, x+1)

9. 假設 a 是 int 類型變數，且 a=6，則運算式 a%2+(a+1) %2 的值為 (A) 0 (B) 1 (C) 2 (D) 3

10. 若 a 是 int 類型變數，則運算式(a=4*5, a*2) , a+6 的值為 (A) 20 (B) 26 (C) 40 (D) 46

11. 已知各變數的類型宣告如下：

```
int k,a,b;
unsigned long w=5;
double x=1.42;
```

則下列何者為不合法的運算式？ (A) x%(-3) (B) w+=-2 (C) k=(a=2,b=3,a+b) (D) a+=a-=(b=4)*(a=3)

12. 已知各變數的類型宣告如下：

> int i=8,k,a,b;
> unsigned long w=5;
> double x=1.42, y=5.2;

則下列何者為合法的運算式？ (A) a+=a-=(b=4) *(a=3) (B) a=a*3=2 (C) x%(-3) (D) y=float(i)

13. 若有定義：int x=3, y=2;則計算運算式 y+=y-=x*=y 後，y 值為 (A) -4 (B) -8 (C) -16 (D) -20

14. 假設所有變數均為整數，則運算式(a=2,b=5,a++,b++,a+b) 的值為 (A) 7 (B) 8 (C) 9 (D) 10

15. 若有定義：int x=3, y=2; float a=2.5, b=3.5;則運算式 (x+y)%2+(int)a/(int)b 的值為 (A) 1 (B) 2 (C) 3 (D) 4

16. 設變數 n 為 float 類型，m 為 int 類型，則下列何者是用來將 n 中的數值保留小數點後兩位，第三位進行四捨五入？ (A) n=(n*100+0.5)/100.0 (B) m=n*100+0.5,n=m/100.0 (C) n=n*100+0.5/100.0 (D) n=(n/100+0.5)*100.0

17. 若有定義：int k=7, x=12; 則下列何者的值為 3？ (A) x%=(k%=5) (B) x%=(k-k%5) (C) x%=k-k%5 (D) (x%=k)-(k%=5)

18. 若 x 和 a 均是 int 類型變數，則計算運算式(1)後的 x 值為＿＿，計算運算式(2)後的 x 值為＿＿。 (A) 12，4 (B) 12，8 (C) 4，12 (D) 4，8

> (1) x=(a=4, 6*2)
> (2) x=a=4, 6*2

19. 若 a、b 和 c 均是 int 類型變數，則計算運算式 a=(b=4)+(c=2)後，a 值為＿＿，b 值為＿＿，c 值為＿＿。 (A) 2，4，6 (B) 6，4，2 (C) 6，6，6 (D) 6，4，4

20. 若 a 是 int 類型變數，且 a 的初值為 5，則計算運算式 a+=a-=a*a 後，a 的值為 (A) -12 (B) -28 (C) -40 (D) -48

21. 若 a=1、b=2，則運算式 a>b?a:b+1 的值為 (A) 1 (B) 2 (C) 3 (D) 0

22. 若 a=1、b=2、c=3、d=4，則運算式 a>b?a:c>d?c:d 的值為 (A) 1 (B) 2 (C) 3 (D) 4

23. 設 x=1、y=0，則運算式 x>(y+x)?10:12.5>y++?'a':'A' 的值為 (A) 10 (B) 12.5 (C) 97 (D) 'b'

24. 下列程式片段的執行結果為　(A) 1,1　(B) 0,1　(C) 1,-1　(D) -1,1

```
int main( )
{
    int x,y,z;
    x=3;
    y=z=4;
    printf("%d,",(x>=y>=x)?1:0);
    printf("%d\n",z>=y&&y>=x);
    return 0;
}
```

25. 若執行時輸入：-2，則下列程式片段的輸出結果為　(A) b=2　(B) b=-2　(C) a=2
(D) a=-2

```
int main( )
{
    int a,b;
    scanf("%d",&a);
    b=(a>=0)?a:-a;
    printf("b=%d",b);
    return 0;
}
```

二、填空題

1. 將下列數學運算式寫成對應的 C 語言運算式：

(1) $4x^2 - 3y^2$

(2) $\dfrac{y^6}{x^5 - 1}$

(3) $\dfrac{x^2 y^3}{x + 2y}$

(4) $\dfrac{\ln 10}{\sqrt{xy}}$

2. 運算式 (int)(23.4+4.56)/3) 的結果為_____。

3. 若 a 是 int 類型變數，則運算式 35/4%5 的值為_____。

4. 若 x 和 n 均是 int 類型變數，且 x 和 n 的初值均為 3，則計算運算式 x+=n++ 後，x 的值為_____，n 的值為_____。

5. 若有定義：int b=7; float a=3.5, c=6.7;則運算式 a+(int)(b/3*(int)(a+c)/4)%5 的值為_____。

6. 若有定義：int a=1, b=2; float x=3.4, y=5.6;則運算式(float)(a+b)/2+(int)x%(int)y 的值為_____。

7. 若有定義：int x=3, y=2; float a=2.5, b=3.5;則運算式(x+y)%2+(int)a/(int)b 的值為_____。

8. 若 x 和 n 均是 int 類型變數，且 x 的初值為 12，y 的初值為 5，則計算運算式 x%=(y%=2) 後，x 的值為_____。

9. 假設所有變數均為整數，則運算式(a=-1,b=3,a++,b++,a+b)的值為_____。

10. 若有定義：int e=2, f=4, g=3; float m=12.5, n=3.0, k;，則計算指定運算式 k=(e+f)/g+sqrt((double)n)*1.5/g+m;後，k 值為_____。

11. 設有int x=13;則運算式(x++*3/5)的值為_____。

12. 已知a = 10、b=3，則運算式(a=a*b,a-b)的值為_____。

13. 假設所有變數均為整數類型，則運算式(a=2,b=5,a++,b++,a+b)的值為_____。

14. 已定義 int a=6, b=5;，則執行 a%=b-1;之後，m 的值為_____。

15. 已有int a=1,b=2;則執行 b=((a=2*3,a*4),a+5 之後，a, b 的值為_____。

16. 已有int x=2,y=1;則執行x++==y--結果為_____。

17. 設x=2.5、a=7、y=4.7，則算術運算式 x+a%3*(int)(x+y)%2/4 的值為_____。

18. 設 a=2、b=3、x=3.5、y=2.5，則算術運算式(float)(a+b)/2+(int)x%(int)y 的值為_____。

19. 下列程式片段的輸出結果為_____。
```
int x=1;
printf("%d %d %d\n",++x,x++,x);
```

20. 下列程式片段的輸出結果為_____。
```
int x=7,y=5,a,b,c;
a=(--x==y++)?-x:++y;
b=x++%3;
c=13%y--;
printf("a=%d,b=%d,c=%d\n",a,b,c);
```

21. 下列程式片段的輸出結果為_____。
```
int a,b,x=2,y,z=y=3;
a=(z>=y>=x)?1:2;
b=z<=y&&y>=x+1;
printf("a=%d,b=%d\n",a,b);
```

22. 下列程式片段的輸出結果為_____。

```
int n=7;
n+=n=n*=n/3;
printf("n=%d\n",n);
```

23. 下列程式片段的輸出結果為_____。

```
int x,y,z;
x=y=1;z=2;
y=x++-1;
z=--y+1;
printf("x=%d,y=%d,z=%d\n",x,y,z);
```

24. 若 x=1、y=2、z=3，則運算式(x<y?x:y)==z++的值為_____。

25. 設 int a=3, c=5;，則(--a==++c)?--a:c++的值為_____。

26. 執行下列的程式片段後，a、b、c 的值為_____。

```
int x=3,y=5;
int a,b,c;
a=(x--==y++)?x--:y++;
b=x++;
c=y;
```

27. 若輸入 10，則下列程式片段的執行結果為_____。

```
int a;
scanf("%d",&a);
printf("%s",(a%2!=0)?"no":"yes");
```

28. 如果輸入字元'q'，則下列程式片段的執行結果為_____。

```
int main( )
{
    char ch;
    scanf("%c",&ch);
    ch=(ch>='A'&&ch<='Z')?(ch+32):ch;
    ch=(ch>='a'&&ch<='z')?(ch-32):ch;
    printf("%c",ch);
    return 0;
}
```

三、程式設計題

1. 假設 a=30、b=4，試編寫程式求 a 除以 b 的餘數，並輸出其值。

2. 試編寫程式分別對 30 進行加 3、減 3、乘 3、除以 3 及除以 3 取餘數，並輸出其值。

3. 試編寫程式將 8 和 5 分別指定給變數 a 和 b，將 a*b 的積指定給變數 c，並輸出 a、b 和 c 值。

4. 假設 a=3、b=a*5、c=b*2-3，試編寫程式求 a、b 和 c 值。

5. 假設 a=3、b=2、c=3、d=4，試編寫程式求 $\dfrac{(a+b)\times d}{c-b}$ 。

6. 試編寫程式先定義一個變數，指定為 5，經過前置遞增、後置遞增、前置遞減和後置遞減，得到每一次運算的結果。

7. 計算體脂肪(BMI)值的公式為 $BMI = \dfrac{W}{H \prime H}$ ，H 是身高（公尺），W 是體重（公斤），試編寫程式輸入身高和體重後，求 BMI 值。

· MEMO ·

04

CHAPTER

資料的輸入與輸出

　　C 語言本身不提供輸入／輸出敘述，只提供輸入／輸出函數，例如：字元輸入／輸出函數 getchar() 與 putchar()、格式化輸入／輸出函數 scanf() 與 printf() 等。呼叫這些函數就可實現資料的輸入／輸出操作。

　　熟練使用輸入／輸出函數是學習 C 語言必備的。本章主要介紹 C 語言中常用的資料輸入／輸出函數。

4.1 → 字元輸入／輸出函數

　　本節將介紹 C 標準 I/O 函式庫中最簡單的字元輸入／輸出函數 getchar 和 putchar。在使用 C 語言標準 I/O 函數時，應使用前置處理命令"#include"將標頭檔<stdio.h>引入，stdio.h 是 standard input & output 的縮寫，它包含與標準 I/O 函數有關的變數宣告和巨集宣告。

4.1.1　字元輸出函數 putchar()

　　輸出字元資料使用的是 putchar 函數，其作用是對顯示設備輸出一個字元，其一般格式如下：

```
putchar(int ch);
```

　　使用該函數時，要添加標頭檔 stdio.h。其中，參數 ch 為要輸出的字元，可以是字元變數或整數變數，也可以是常數。例如，輸出一個字元 A 的敘述如下：

```
putchar('A');
```

　　使用 putchar 函數也可以輸出轉義字元，例如：

```
putchar('\101');          /*輸出字元 A */
```

例 4.1　使用 putchar 函數實現字元資料輸出

```
#include <stdio.h>
int main()
{
    char ch1,ch2,ch3,ch4;              /*宣告變數*/
    ch1='H';                          /*指定變數的值*/
    ch2='e';
    ch3='l';
```

```
        ch4='o';
        putchar(ch1);                    /*輸出字元變數*/
        putchar(ch2);
        putchar(ch3);
        putchar(ch3);
        putchar(ch4);
        putchar('\n');                   /*輸出轉義字元*/
        return 0;
    }
```

程式執行結果如下：

Hello

說明

1. 要使用 putchar 函數，首先要引入標頭檔 stdio.h。

2. 宣告字元型變數，用來儲存要輸出的字元。

3. 指定字元變數時，因為 putchar 函數只能輸出一個字元，如果要輸出字串，就需要多次呼叫 putchar 函數。

4. 當字串輸出完畢之後，使用 putchar 函數輸出轉義字元"\n"進行換行操作。

4.1.2 字元輸入函數 getchar()

字元資料輸入使用的是 getchar 函數，其作用是從鍵盤輸入一個字元。getchar 與 putchar 函數的區別在於 getchar 函數沒有參數。其一般格式如下：

getchar();

getchar 函數只能接收一個字元，而且必須按 Enter 鍵之後，函數才能接收。該函數得到的字元可以指定給一個字元變數或整數變數，也可以做為運算式的一部分，不指定給任何變數，直接參加運算。它不能單獨做為一個敘述，一般情況下，要先定義一個字元類型的變數，然後再存取 getchar 函數，並將函數值指定給該字元變數。請看程式舉例：

例 4.2 從鍵盤輸入一個字元並輸出該字元及其 ASCII 碼

```
#include <stdio.h>
int main()
{
```

```
    char c;
    c=getchar();
    printf("%c %d",c,c);
    return 0;
}
```

若輸入 a，則輸出結果如下：

```
a 97
```

說明

當程式執行遇到 getchar()函數時，等待接收字元，且輸入字元（在螢幕上顯示）後，按 Enter 鍵程式才能繼續執行。

例 4.3 使用 getchar 函數實現字元資料輸入

```
#include<stdio.h>
int main()
{
    char ch;                    /*宣告變數*/
    ch=getchar();               /*在輸入裝置得到字元*/
    putchar(ch);                /*輸出字元*/
    putchar('\n');              /*輸出轉義字元換行*/
    getchar();                  /*得到歸位字元*/
    putchar(getchar());         /*得到輸入字元，直接輸出*/
    putchar('\n');              /*換行*/
    return 0;                   /*程式結束*/
}
```

輸出結果如下：

```
a
a
A
A
```

說明

1. 在本例中，使用 getchar 函數取得在鍵盤上輸入的字元，再使用 putchar 函數輸出。本例說明將 getchar 函數做為 putchar 函數運算式的一部分，輸入和輸出字元的方式。

2. 要使用 getchar 函數，首先要引入標頭檔 stdio.h。

3. 宣告變數 ch，透過 getchar 函數得到輸入的字元，指定給字元變數 ch，然後使用 putchar 函數將變數輸出。

4. 使用 getchar()函數得到輸入過程中的歸位字元。

5. 在 putchar 函數的參數位置呼叫 getchar 函數，得到字元並將字元輸出。

6. 在本例中，有一處使用 getchar()函數接收歸位字元，這是因為在輸入時，當輸入完字元 A 後，為了確定輸入完畢，要按 Enter 鍵。歸位字元也算是一種字元，如果這裡不加以取得，那麼下次使用 getchar 函數時將得到歸位字元。

例 4.4 使用 getchar 函數實現字元資料輸入（取消取得歸位字元）

```
#include<stdio.h>
int main()
{
    char ch;                    /*宣告變數*/
    ch=getchar();               /*在輸入裝置得到字元*/
    putchar(ch);                /*輸出字元*/
    putchar('\n');              /*輸出轉義字元換行*/

    putchar(getchar());         /*得到輸入字元，直接輸出*/
    putchar('\n');              /*換行*/
    return 0;                   /*程式結束*/
}
```

輸出結果如下：

```
a
a
```

說明

在本例中將 getchar()函數取得歸位字元的敘述去掉。比較例 4.3 和例 4.4 兩個程式的執行結果可以發現，本例程式沒有取得第二次的字元輸入，而是進行兩次歸位操作。

4.1.3 字元的連續輸入/輸出

在進行輸入／輸出中，有時要連續輸入／輸出字元，此時可以利用迴圈敘述 for 和 while 來實現，程式的詳細分析將會在後面的迴圈結構章節中加以說明。

首先，使用 for 敘述的無限迴圈 for(;;)可以達到目的。

例 4.5 字元的連續輸入／輸出應用

```
#include <stdio.h>
int main()
{
    for(;;)
    putchar(getchar());
    return 0;
}
```

輸出結果如下：

abcd	/*輸入*/
abcd	/*輸出*/
1234	/*輸入*/
1234	/*輸出*/

說明

在這個程式裡，可以連續輸入任何字元，而且這些字元都能輸出。這些字元要以「列」為單位進行處理，輸出也是在「列」結束字元(Enter)後進行的。這個程式一直處於執行狀態，也可以強制終止程式的執行。

我們可以利用 while 敘述的條件運算式設定終止 getchar()函數輸入的結束字元。

例 4.6 字元的連續輸入／輸出應用

```
#include <stdio.h>
int main()
{
    int c;
    while((c=getchar())!='x')
        putchar(c);
    return 0;
}
```

輸出結果如下：

ab321x	/*輸入*/
ab321	/*輸出*/

程式一旦發現輸入結束字元 x 便結束執行,當然還有其他方法終止程式執行,在此不再贅述。

4.2 → 字串輸入／輸出函數

putchar 和 getchar 函數都只能對一個字元進行操作,如果要進行一個字串的操作則會很麻煩。C 語言提供兩個字串操作函數,分別是 gets 和 puts 函數。

4.2.1 字串輸出函數 puts

字串輸出函數 puts 是輸出一個字串到螢幕上。其語法格式如下:

>   puts(字元陣列);

例如,使用 puts 函數輸出一個字串:

>   puts("goodluck");   /*輸出一個字串常數 */

puts 函數會在輸出每個字串之後自動加上一個換列字元,使得下次輸出由下一列印出。puts 函數會在字串中判斷"\0"結束字元,遇到結束字元時,後面的字元不再輸出,並且自動換列。例如:

>   puts("good\0luck");   /*輸出一個字串常數 */

在上面的敘述中,加上"\0"字元後,puts 函數輸出的字串就變成"good"。

由於 puts 函數不必做任何資料類型的轉換,而且只輸出字串資料。因此,執行速度較 printf 函數快。

例 4.7 使用字串輸出函數顯示訊息

```
#include <stdio.h>
int main()
{
    char* Ch="goodluck";        /*定義字串指標變數*/
    puts("goodluck");           /*輸出字串常數*/
    puts("good\0luck");         /*輸出字串常數,其中加入結束字元'\0'*/
    puts(Ch);                   /*輸出字串變數的值*/
    Ch="good\0luck";            /*改變字串變數的值*/
```

```
        puts(Ch);                      /*輸出字串變數的值*/
        return 0;                      /*程式結束*/
    }
```

輸出結果如下：

```
goodluck
good
goodluck
good
```

說明

1. 在本例中，使用 puts 函數對字串常數和字串變數進行操作，在這些操作中觀察 puts 函數的使用方式。

2. 字串常數指定給字串指標變數。有關字串指標的內容將會在後面的章節進行介紹，此時可以將其看作整數變數。為其指定後，就可以使用該變數。

3. 第一次使用 puts 函數輸出的字串常數中，由於在該字串中沒有結束字元"\0"，所以會完整輸出整個字串，直到最後編譯器為其添加結束字元"\0"為止。

4. 第二次使用 puts 函數輸出的字串常數中，人為添加了兩個"\"，因此只能輸出第一個結束字元之前的字元，然後進行換行操作。

5. 第三次使用 puts 函數輸出的是字串指標變數，函數根據變數的值進行輸出。因為在變數的值中沒有結束字元，所以會完整輸出整個字串，直至最後編譯器為其添加結束字元，然後進行換行操作。

6. 改變變數的值，在使用 puts 函數輸出變數時，由於變數的值中包含結束字元"\0"，因此將輸出第一個結束字元後之前的所有字元，然後進行換行操作。

4.2.2 字串輸入函數 gets

字串輸入函數 gets 是從鍵盤輸入一個字串至字元陣列，並且得到一個函數值，該函數值是字元陣列的起始位址。gets 函數可以從鍵盤上讀取除了換列字元 ('\n')以外的任何字元。其語法格式如下：

gets(字元陣列);

在使用 gets 函數輸入字串前，要為程式加入標頭檔 stdio.h。

例 4.8　　使用字串輸入函數 gets 取得輸入訊息

```c
#include<stdio.h>
int main()
{
    char str[30];        /*定義一個字元陣列變數*/
    gets(str);           /*取得字串*/
    puts(str);           /*輸出字串*/
    return 0;
}
```

輸出結果如下：

```
Have a nice day!
Have a nice day!
```

說明

1. 因為要接收輸入的字串，所以要定義一個可以接收字串的變數。在程式碼中，定義 str 為字元陣列變數的識別字。關於字元陣列將在第七章中介紹，此處知道此變數可以接收字串即可。

2. 呼叫 gets 函數，其中函數的參數為定義的 str 變數。呼叫該函數後，程式會等待使用者輸入字元，當使用者輸入完畢並按 Enter 鍵時，gets 函數取得字元結束。

3. 使用 puts 字串輸出函數，將取得的字串輸出。

4.3　格式化輸出函數　printf()

　　前面章節的例子中經常使用到格式化輸入／輸出函數　scanf 和　printf。其中，printf 函數就是用於格式化輸出的函數。

4.3.1　printf 函數的語法格式

　　在前面各章節中已用到　printf()函數，它的作用是按格式要求輸出若干任意類型的資料。其語法格式如下：

printf(格式字串,輸出清單);

其中，「格式字串」是用雙引號括起來的字串，用來決定輸出資料的格式。輸出清單是需要輸出的資料項，可以是變數或運算式，其項數必須與轉換控制字元個數相同，如圖 4-1 所示。

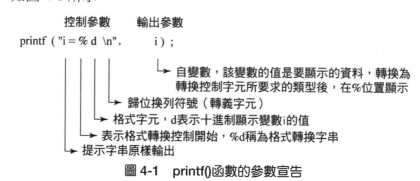

圖 4-1　printf()函數的參數宣告

4.3.2　printf 函數的格式字串

格式字串是用雙引號括起來的字串，用來決定輸出資料的格式，包括一般字元和轉換控制字元。

1. 「一般字元」是需要原封不動輸出的字元，包括雙引號內的逗號、空格、轉義字元（如：“\n”）等等。例如，要輸出一個整數變數 a 時，敘述如下：

```
int a=5;
printf("a is %d", a);
```

說明

使用雙引號括起來的是格式字串，a 是輸出參數，兩者之間必須用逗號隔開。執行上面的敘述，輸出“a is 5”。雙引號中的字元“a is”是一般字元原樣輸出，而“%d”是轉換控制字元，表示輸出的是後面的 int 資料，格式字元 d 與%之間不能留有空格。

2. 「轉換控制字元」是由“%”和格式字元組成，如：%d，%f 等。格式字元用來將輸出的資料轉換為指定的格式。表 4-1 列出 printf 函數的格式字元。

● 表 4-1 　printf 函數的格式字元

格式字元	功能
c	以字元型式輸出一個字元
d	帶正負號的十進制整數（正數不輸出+號）
i	帶正負號的十進制整數（同%d）
e,E	以指數型式輸出浮點數
f	以小數型式輸出浮點數
g,G	選用 %e 和 %f 寬度較小者
o	不帶正負號的八進制整數
s	字串
x	不帶正負號的十六進制整數，使用小寫 a~f
X	不帶正負號的十六進制整數，使用大寫 A~F
u	不帶正負號的十進制整數
p	指標值
%	印出百分比符號

例 **4.9** 　**使用格式化輸出函數** printf **輸出不同類型的變數**

```c
#include <stdio.h>
int main()
{
    int i=10;                  /*定義整數變數*/
    char c='A';                /*定義字元變數*/
    float f=12.34;             /*定義單精度浮點數*/

/*使用 printf 函數輸出不同類型的變數*/
    printf("整數變數 i 為: %d\n",i);        /*輸出整數變數*/
    printf("字元變數 c 為: %c\n",c);        /*輸出字元變數*/
    printf("實數變數 f 為: %f\n",f);        /*輸出實數變數*/
    printf("字串陣列 s 為: %s\n","Good luck!"); /*輸出字串陣列*/
    return 0;
}
```

輸出結果如下：

整數變數 i 為: 10
字元變數 c 為: A

實數變數 f 為: 12.340000
字串陣列 s 為: Good luck!

說明

1. 在程式中定義一個整數變數 i，在 printf 函數中使用格式字元"%"輸出。

2. 將字元變數 c 指定為 A，在 printf 函數中使用轉換控制字元"%c"輸出字元。

3. 轉換控制字元"%f"用來輸出實數變數 f 的值。

4. 在最後一個 printf 輸出函數中，使用"%s"輸出一個字串，字串不包括雙引號。

4.3.3　printf()中格式字元的使用

在轉換控制字元中，可以加入附加修飾字，以指定：欄位寬度、向左對齊及 long 型式。修飾字的格式為：

% [旗標] [最小欄位寬度] [.精確度] [長度修飾詞] 轉換字元

其中，「旗標」用來在輸出時，資料靠左對齊；「最小欄位寬度」用來指定資料的最小欄位寬度；「小數點」用來分隔欄位寬度及有效位數；「精確度」用來指定小數點後的有效位數；「長度修飾詞」用於輸出 long 型資料。如表 4-2 所示。

● 表 4-2　printf 函數的附加修飾字

附加修飾字	說明
l	用於輸出 long 型資料
m	在 d、o、x、u 前面指定資料最小欄位寬度
n	實數資料中，小數點後的有效位數；或截取字串的字元個數
-	輸出時，資料靠左對齊

（一）d 格式字元

格式字元 d 用來輸出十進制整數：

1. **%d**：依照整數資料的實際長度輸出。

2. **%md**：m 代表一個正整數，按 m 指定的寬度輸出。若實際資料的位數小於 m，則左端補空格；若大於 m，則按實際位數輸出。當 m 前有"-"號時，表示按 m 指定寬度向左對齊，右邊補空格。

3. **%ld**：輸出長整數資料。對長整數資料應當用%ld 格式輸出。%mld 輸出指定寬度的長整數類型資料。但 int 型資料可以用%d 或%ld 格式輸出。

例 4.10　d 格式字元的應用

```
int main()
{
    int a,b;
    long c,d;
    a=32767; b=1;
    c=2147483647;d=1;
    printf("%4d,%4d\n",a,b);
    printf("%d,%d\n",a,b);
    printf("%ld,%ld\n",c,d);
    printf("%10ld,%10ld\n",c,d);
    return 0;
}
```

輸出結果如下：

```
32767,□□□1　（□代表一個空格）
32767,1
2147483647,1
2147483647,□□□□□□□□□1
```

說明

　　此程式使用的 printf 函數和下面要介紹的 scanf 函數是格式輸出／輸入函數，與字元輸出／輸入函數應用一樣，應在程式前引入標頭檔 #include<stdio.h>，但因 printf 和 scanf 函數使用頻繁，系統允許不加上此前置處理指令。

（二）o 格式字元

　　格式字元 o 是以八進制數形式輸出不帶號整數。也可以使用%lo 輸出長整數類型，使用%mo 輸出指定寬度 m 的八進制整數。

例 4.11　格式字元 o 的應用

```
int main()
{
    int a=-1;
    long b=2;
    printf("%d, %o\n",a,a);
```

```
        printf("%9o, %lo",a,b);
        return 0;
    }
```

輸出結果如下：

```
-1, 37777777777
37777777777, 2
```

說明

負整數在記憶體中是以 2's 補數的形式儲存。－1 的 2's 補數是 11111111111111111111111111111111，轉換為八進制數為 37777777777，不會輸出帶負號的八進制整數。

（三）x（或 X）格式字元

格式字元 x（或 X）是以十六進制形式輸出不帶號整數。也可以使用%lx 輸出長整數類型，使用%mx 輸出指定寬度 m 的十六進制整數。

例 4.12　格式字元 x 的應用

```
int main()
{
    int a=-1;
    long b=-2;
    printf("%x, %o, %d\n",a,a,a);
    printf("%lx, %lx\n",a,b);
    printf("%8x",a);
    return 0;
}
```

輸出結果如下：

```
ffffffff, 37777777777, -1
ffffffff, fffffffe
ffffffff
```

（四）u 格式字元

格式字元 u 是輸出不帶號十進制整數。不帶號型資料也可用%d、%o 或%x 格式輸出，帶號 int 型資料也可使用%u 格式輸出。

例 4.13　格式字元 u 的應用

```
int main()
{
    unsigned int a=65535;
    int b=-2;
    printf("%d, %o, %x, %u\n",a,a,a,a);
    printf("%d, %o, %x, %u\n",b,b,b,b);
    return 0;
}
```

輸出結果如下：

```
65535, 177777, ffff, 65535
-2, 37777777776, fffffffe, 4294967294
```

說明

1. 不帶號整數 65535 在記憶體中的儲存形式為 1111111111111111，轉換為十進制數為 65535，轉換為八進制數為 177777，轉換為十六進制數則為 ffff。

2. −2 的 2's 補數是 11111111111111111111111111111110，轉換為八進制數為 37777777776，轉換為十六進制數為 fffffffe，轉換為不帶號十進制數則為 4294967294。

（五）c 格式字元

格式字元 c 是輸出一個字元。對於 0~255 的整數值，可以使用字元形式輸出。一個字元資料也可以轉換成對應的整數類型資料（ASCII 值）輸出。%mc 用來輸出指定寬度 m 的字元類型資料。

例 4.14　格式字元 c 的應用

```
int main()
{
    char c='b';
    int i=98;
    printf("%c, %3c, %d\n",c,c,c);
    printf("%c, %3c, %d\n",i,i,i);
    return 0;
}
```

輸出結果如下：

```
b,□□b,98
b,□□b,98
```

（六）s 格式字元

格式字元 s 是用來輸出一個字串。

1. %s：原樣輸出字串（不包括雙引號）。

2. %ms：輸出指定寬度 m 的字串，若字串長度大於 m，則將字串全部輸出；若字串長度小於 m，則左邊補上空格。

3. %-ms：如果字串長度小於 m，則字串向左對齊，右邊補上空格。

4. %m.ns：從指定寬度 m 中取左端 n 個字元輸出。若 n<m 則左邊補足空格，若 n>m 則按 n 個字元輸出。

5. %-m.ns：從指定寬度 m 中取左端 n 個字元輸出。若 n<m 則右邊補足空格，若 n>m 則按 n 個字元輸出。

例 4.15 格式字元 s 的應用

```c
int main()
{
    char *a="Hello, World!";
    printf("%10s\n",a);
    printf("%-10s\n",a);
    printf("%20s\n",a);
    printf("%-20s\n",a);
    printf("%20.10s\n",a);
    printf("%-20.10s\n",a);
    printf("%.10s\n",a);
    printf("%s\n","good luck!");
    return 0;
}
```

輸出結果如下：

```
Hello, World!
Hello, World!
        Hello, World!
Hello, World!
          Hello, Wor
Hello, Wor
```

Hello, Wor
good luck!

說明

%.10s 指定 n，未指定 m，則此時 n=m=10；輸出字串"good luck!"不包括雙引號。

（七）f 格式字元

f 格式字元是用來輸出實數資料。

1. **%f**：整數部分全部輸出，小數部分取 6 位。在一般系統下，單精度實數的有效位數為 7 位（即不包括小數點在內的前 7 位準確無誤），倍精度實數的有效位數為 16 位。

2. **%m.nf**：輸出指定寬度為 m（小數點也佔一位寬度）、保留 n 位小數的實數。如果輸出實數實際長度 l<m，則數字向右邊靠齊，左邊補上空格。（當格式字串為%0m.n 時，以 0 填補）若 l>m，則按實際長度輸出，並保留 n 位小數。

3. **%-m.nf**：與%m.nf 基本相同，只是使輸出的數值向左靠齊，右端補空格。

4. **%.nf**：按實際長度輸出，保留 n 位小數。

例 4.16 格式字元 f 的應用

```
int main()
{
    float f1=1111.11111;
    double f2=22222.2222222222222;
    printf("%f, %f, %10.2f\n",f1,f2,f1);
    printf("%-10.2f, %010.2f, %.2f\n",f1,f2,f2);
    return 0;
}
```

輸出結果如下：

1111.111084, □22222.222222, □□□1111.11
1111.11□□□, □0022222.22, □22222.22

（八）e 格式字元

格式字元 e 用來以指數形式輸出實數。

1. %e： 按系統規定輸出指數形式的實數。指數部分佔 5 位（例如 e+003 或 e-003），小數點佔 1 位，小數點前只有一個非零數字，小數點後佔 6 位，共計佔寬度 13 位（例如 1.234567e+003）。

2. %me： 輸出指定寬度為 m 的實數，保留 6 位小數。若實際長度 l>m，則按實際長度輸出。

3. %m.ne： 輸出指定寬度為 m，保留 n 位小數的實數。若實際寬度 l<m，則數字向右邊靠齊，左端補空格（若為%-m.ne，則右端補空格，數字向左邊靠），若實際長度 l>m，則按實際長度輸出且保留 n 位小數。

4. %.ne： 按實際長度輸出，保留 n 位小數。

例 4.17　格式字元 e 的應用

```
int main()
{
    float x=654.321;
    printf("%e, %10e, %10.2e, %.2e, %-10.2e",x,x,x,x,x);
    return 0;
}
```

輸出結果如下：

```
6.543210e+002, 6.543210e+002, □6.54e+002, 6.54e+002, 6.54e+002□
```

（九）g 格式字元

格式字元 g 是用來輸出實數，它根據數值的大小。自動選 f 格式或 e 格式（選擇輸出時佔寬度較小的一種），且不輸出小數點後無意義的 0。

例 4.18　格式字元 g 的應用

```
int main()
{
    float x=654.321;
    printf("%f\n",x);
    printf("%e\n",x);
    printf("%g\n",x);
    return 0;
}
```

輸出結果如下：

654.320984　　（輸出 654.320984 是因為在記憶體中的儲存誤差所引起）
6.543210e+002
654.321

4.4 → 格式化輸入函數 scanf()

格式化輸入函數 scanf 的功能是按照指定的格式從鍵盤上輸入資料，最後將資料儲存在指定的變數中。

4.4.1 scanf 函數的語法格式

格式化輸入函數 scanf 的一般呼叫格式如下：

scanf(格式字串[,參數 1,參數 2,…,參數 n])

其中，「格式字串」的含義和 printf 函數中的格式字串相同；格式字串後面的參數 1~n 應是變數位址或字串的起始位址，不可以是變數名稱。例如，從鍵盤輸入一個整數資料的敘述如下：

scanf("%d",&i);

其中，&i 中的"&"是「位址運算子」，&i 表示 i 在記憶體中的位址。使用者不用關心變數的位址是多少，只要在變數的識別字前加"&"，就可以表示存取變數的位址。

再如：

scanf("%3d%3d",&a,&b);

不可以寫成

scanf("%3d%3d",a,b);

如果在「格式字串」中除了格式說明以外還有其他字元，則在輸入資料時，應輸入與這些字元相同的字元。如：

輸入敘述	正確輸入	不正確輸入
scanf("%d,%d",&a,&b);	1,2	1 2 或 1:2
scanf("%d□%d",&a,&b);	1□2	1,2 或 1:2
scanf("%d:%d:%d",&a,&b,&c);	1:2:3	1,2,3 或 1 2 3
scanf("a=%d,b=%d,c=%d",&a,&b,&c);	a=1,b=2,c=3	a=1 b=2 c=3

4.4.2　scanf 函數的格式字元

　　scanf 函數的格式字元和 printf 函數中的格式字元相似，中間可以加入修飾字元。表 4-3 列出 scanf 函數中常用的格式字元。

● 表 4-3　scanf 函數的格式字元

格式字元	輸入
c	單一字元
d	帶正負號的十進制整數
i	帶正負號的十進制整數（同%d）
f	浮點數，可以用小數形式或指數形式輸入
e，E，g，G	與 f 作用相同，e 與 f、g 之間可以相互替換
o	不帶正負號的八進制整數
s	字串
x，X	不帶正負號的十六進制整數
u	不帶正負號的十進制整數

　　scanf 函數中也有 printf 函數中的附加修飾字，如表 4-4 所示。

● 表 4-4　printf 函數的附加修飾字

附加修飾字	說明
l	輸入長整數資料(%ld、%lo、%lx、%lu、%lf、%le)
h	輸入短整數資料(%hd、%ho、%hx)
n （整數）	指定輸入資料的寬度
*	表示指定的輸入項在讀入後不指定給對應的變數

在輸入資料時，若遇到下列情況，則結束資料的輸入。

1. 空格，或按"return"、"Tab"鍵。

2. 寬度結束，如"%3d"，只取 3 位。

3. 不合法輸入。

例如：

```
scanf("%d%c%f",&c1,&c2,&c3);
```

若輸入 123a456b.78，則系統會將 123 指定給 c1，將字元 a 指定給 c2，將 456 指定給 c3。

例 4.19　輸入十進制整數資料

```
int main( )
{
    int a,b;
    scanf("%d%d",&a,&b);
    printf("%d,%d\n",a,b);
    return 0;
}
```

說明

1. "%d%d"表示按十進制整數形式輸入資料。輸入資料時，在兩個資料之間以一個或多個空格隔開，也可以用 Enter 鍵、Tab 鍵。但不可以使用逗點做為兩筆資料間的分隔符號。

2. "%d,%d"表示按十進制整數形式輸入資料。輸入資料時，在兩個資料之間以一個逗點隔開。

例 4.20　輸入十進制整數和字串資料

```
int main()
{
    int a,b,c;
    char s[4];
    scanf("a=%d b=%d %s",&a,&b,s);
    c=a+b;
    printf("%s=%d+%d=%d\n",s,a,b,c);
```

```
        return 0;
    }
```

執行結果：

```
a=2 b=3 a+b        /*由鍵盤輸入*/
a+b=2+3=5          /*輸出的計算結果*/
```

說明

1. 本例是輸入 2、3 並分別指定給整數變數 a 和 b，將字串"a+b"輸入給字串變數 s，然後輸出計算 a+b 的結果。

2. 在 scanf()函數中，a=、b=是提示字串，它也是輸入的一部分，必須在與其對應的位置從鍵盤輸入資料。

3. &a、&b 和 s 是 scanf()函數的位址清單，"&"是位址運算子，&a 指向 a 在記憶體中的位址，字串變數 s 前不可以加&，s 是字串變數 s 的起始位址。

4. 在輸入多筆資料時，鍵盤輸入的各項資訊之間可以用空格，TAB 或 Enter 鍵做為分隔符號。

例 4.21 使用附加修飾字進行格式化輸入

```
#include<stdio.h>
int main()
{
    long i;                         /*長整數變數 i*/
    short a;                        /*短整數變數 a*/
    int a1=12;                      /*指定整數變數 a1 的值*/
    int a2=23;                      /*指定整數變數 a2 的值*/
    char c[10];                     /*定義字串陣列 c*/
    printf("請輸入長整數:\n");           /*提示訊息*/
    scanf("%ld",&i);                /*輸入長整數數值*/
    printf("請輸入短整數:\n");           /*提示訊息*/
    scanf("%hd",&a);                /*輸入短整數數值*/
    printf("請輸入整數數值:\n");          /*提示訊息*/
    scanf("%d*%d",&a1,&a2);         /*輸入整數數值*/
    printf("請輸入字串資料:\n");          /*提示訊息*/
    scanf("%3s",c);                 /*只接收前 3 個字元*/
    printf("長整數數值為: %ld\n",i);      /*輸出長整數數值*/
    printf("短整數數值為: %hd\n",a);      /*輸出短整數數值*/
    printf("整數 a1 數值為: %d\n",a1);    /*輸出整數 a1 數值*/
```

```
        printf("整數 a2 數值為: %d\n",a2);          /*輸出整數 a2 數值*/
        printf("字串 c 前 3 個字元為: %s\n",c);      /*輸出字串*/
        return 0;
    }
```

輸出結果如下：

```
請輸入長整數:
1234567
請輸入短整數:
1234
請輸入整數數值:
32
請輸入字串資料:
good luck!
長整數數值為: 1234567
短整數數值為: 1234
整數 a1 數值為: 32
整數 a2 數值為: 23
字串 c 前 3 個字元為: goo
```

說明

1. 在本例中，依次使用 scanf 函數的附加修飾字進行格式化輸入，對比輸入前後的結果，觀察附加修飾字的效果。

2. 首先定義所使用的變數。定義的變數類型有長整數、短整數和字元陣列。

3. 使用 printf 函數顯示一串字元，提示輸入的資料為長整數，呼叫 scanf 函數使變數 i 得到輸入的資料。在 scanf 函數的格式控制部分，使用附加修飾字元 l 表示長整數。

4. 再使用 printf 函數提示輸入的資料為短整數。呼叫 scanf 函數時，使用附加修飾字元 h 表示短整數。

5. 使用附加修飾字 "*" 的作用是表示指定的輸入項在讀入後不指定給對應的變數。在 scanf("%d*%d",&a1,&a2); 敘述中，第一個 "%d" 是輸入 a1 變數的值，第二個 "%d" 是輸入 a2 變數的值，但是在第二個 "%d" 前有一個 "*" 附加修飾字元，這樣第二個輸入的值被忽略。

6. "%ns" 是用來表示字串的寬度為 n。在 scanf("%3s",c); 敘述中，指定的資料寬度為 3，那麼在輸入一個字串時，只接收前 3 個字元。

4.4.3 scanf()中格式字元的使用

（一）d 格式字元

格式字元 d 用來輸入十進制整數。輸入時有以下兩種情形：

1. 格式轉換字元之間有非格式字元。例如：

scanf("i=%d",&i);	若輸入 i=123	合法
scanf("%d,%d",&i,&j);	若輸入 123,456	合法
scanf("%d:%d",&i,&j);	若輸入 123:456	合法
scanf("%d□%d",&i,&j);	若輸入 123□456 或 123□□□45	合法

如果格式轉換字元之間有非格式字元（如：,、:），則輸入時，要在與其對應之處輸入此字元；如果該字元是一個空格時，可以輸入一個或多個空格。

2. 格式轉換字元之間沒有非格式字元。例如：

scanf("%d%d",&x,&y);	若輸入：1□□2	合法
	若輸入：1	
	2	合法
	若輸入：1（按 Tab 鍵）2	合法

如果格式轉換字元之間沒有非格式字元，則輸入時，要在兩個資料間輸入一個或一個以上的空格，或按 Enter 鍵或Tab 鍵。

以上的說明對其他格式字元也適用。

（二）o 格式字元

格式字元 o 用來輸入八進制整數。

例 4.22 輸入兩個八進制數，求其乘積並使用八進制數輸出。

```c
int main()
{
    int a,b;
    scanf("%o %o",&a,&b);
    printf("%o*%o=%o\n",a,b,a*b);
    return 0;
}
```

輸出結果如下：

```
12 34
12*34=430
```

（三）x 格式字元

格式字元 x 用來輸入十六進制整數。

例 **4.23** 輸入一個十六進制數，並分別用十六進制數和十進制數輸出。

```
int main()
{
    int a;
    scanf("%x",&a);
    printf("%x\n",a);
    printf("%d\n",a);
    return 0;
}
```

輸出結果如下：

```
abc        （輸入）
abc        （輸出）
2748       （輸出）
```

（四）c 格式字元

格式字元 c 用來輸入單一個字元。在使用"%c"輸入字元時，空格字元和「轉義字元」都做為有效字元輸入，例如：

```
scanf("%c%c%c",&c1,&c2,&c3);
```

若輸入 a□b□c，系統會將字元 a 指定給 c1，將空格字元□指定給 c2，將字元 b 指定給 c3。

例 **4.24** 格式字元 c 的應用

```
int main()
{
    char a;
    scanf("%c",&a);
    printf("%c\n",a);
    return 0;
}
```

輸出結果如下：

```
e       (輸入)
e       (輸出)
```

再一次執行程式後的輸出為：

```
good    (輸入)
g       (僅第一個字元 g 指定給變數 a)
```

例 4.25 格式字元 c 的應用

```
int main()
{
    char a,b,c;
    scanf("%c%c%c",&a,&b,&c);
    printf("%c%c%c\n",a,b,c);
    return 0;
}
```

輸出結果如下：

```
yes     (輸入)
yes     (輸出)
```

再一次執行程式後的輸出為：

```
to p    (輸入)
to      (空格指定給變數 b)
```

例 4.26 格式字元 c 的應用

```
int main()
{
    char a,b;
    scanf("%c     %c",&a,&b);
    printf("%c%c\n",a,b);
    return 0;
}
```

輸出結果如下：

```
we      (輸入)
we      (輸出)
```

再一次執行程式後的輸出為：

```
w    e    (輸入，在這種情況下忽略空格)
we        (輸出)
```

又一次執行程式後的輸出為：

```
w         (輸入)
e
we        (輸出)
```

例 4.27 格式字元 c 的應用

```c
int main()
{
    char a,b;
    scanf("%c",&a);
    scanf("%c",&b);
    printf("%c%c\n",a,b);
    return 0;
}
```

輸出結果如下：

```
ask    (輸入，字元 a 指定給變數 a，字元 s 指定給變數 b)
as     (輸出)
```

再一次執行程式後的輸出為：

```
a      (輸入，字元 a 指定給變數 a，歸位字元指定給變數 b)
a      (輸出)
```

又一次執行程式後的輸出為：

```
a□b    (輸入，字元 a 指定給變數 a，空格字元指定給變數 b)
a      (輸出)
```

（五）s 格式字元

格式字元 s 用來輸入字串，將字串輸入到一個字元陣列中。在輸入時以非空白字元開始，以第一個空白字元結束。字串以字串結束標記 '\0' 做為其最後一個字元，系統對字串常數自動加上一個 '\0' 做為結束標記。例如："abcdefg" 共有 7 個字元，但在記憶體中佔 8 個位元組，最後一個位元組存放 '\0'。

（六）f 格式字元

格式字元 f 用來輸入實數，可以用小數形式或指數形式輸入。

（七）e 格式字元

格式字元 e 與 f 作用相同，e 與 f 可以互相替換。

（八）其他相關宣告

1. 格式字元前面的 l（有 5 種情況：%ld,%lo,%lx,%lf,%le）是表示輸入長整數類型資料或 double 類型資料。例如：

```
long i;
double j;
scanf("%ld,%lf",&i,&j);
```

2. 格式字元前面的數字，指定輸入資料的寬度（但不能像 printf()函數那樣指定小數位數）。當輸入滿足格式要求寬度，或遇到空白字元、非法字元時，將結束資料輸入。例如：

```
scanf("%2d%d",&i,&j);
```

若輸入 123，此時變數 i 存入 12,3 存入 j 中。再如：

```
scanf("%2d%4d",&i,&j);
```

若輸入 123□□□456，此時變數 i 中存入 12，變數 j 中存入 3，456 不能讀入記憶體變數之中。若輸入 123456，此時變數 i 中存入 12，而 3456 存入變數 j 中。

3. 格式字元前面的 h（有 3 種情況，例如：%hd,%ho,%hx），用於輸入短整數類型資料。

4. %後面的*，用來表示跳過它所對應的資料。例如：

```
scanf("%2d %*3d %2d",&a,&b);
```

若輸入 12□345□67，系統會將 12 指定給變數 a，將 67 指定給變數 b。第二筆資料"345"被跳過，並不指定給任何變數。

例 4.28　格式字元的綜合應用

```
int main()
{
    char c;
```

```
    int year,month,day;
    float f;
    double d;
    char s[20];
    printf("輸入一個字元和三個整數(十進制,八進制,十六進制):\t ");
    scanf("%c %d %o %x",&c,&year,&month,&day);
    printf("D=%d,O=%o,H=%x,C=%d\n",year,month,day,c);
    printf("\n 輸入一個單精度實數和一個倍精度實數:   ");
    scanf("%f %lf",&f,&d);
    printf("Float=%e, Double=%lf\n",f,d);
    printf("\n 輸入一個字串:   ");
    scanf("%10s",s);
    printf("String=%s\n",s);
    printf("\n 現在日期:%d %d %d\n",year,month,day);
    return 0;
}
```

輸入資料與輸出結果：

```
輸入一個字元和三個整數(十進制,八進制,十六進制):   a 2024 4 11
D=2024,O=4,H=11,C=97

輸入一個單精度實數和一個倍精度實數:   3.14159 1.23456789
Float=3.141590e+000, Double=1.234568

輸入一個字串:   congratulation
String=congratula

現在日期:2024 4 17
```

例 4.29 格式字元的綜合應用

```
int main()
{
    static char s[]="ABCDEFGHIJKLMN";
    double x=1.2345678;
    printf("r1:%20.10s\n",s);
    printf("r2:%-20.10s\n",s);
    printf("r3:%f\n",x);
    printf("r4:%10.2f\n",x);
    printf("r5:%-10.2f\n",x);
    printf("r6:%010.2f\n",x);
```

```
        printf("r7:%e\n",x);
        printf("r8:%g\n",x);
        return 0;
}
```

輸出結果如下：

```
r1:□□□□□□□□□□ABCDEFGHIJ
r2:ABCDEFGHIJ□□□□□□□□□□
r3:1.234568
r4:□□□□□□□1.23
r5:1.23□□□□□□
r6:0000001.23     /* %0m.n 時，輸出數實際長度小於 m 以 0 填補*/
r7:1.234568e+000
r8:1.23457
```

一、選擇題

1. 下列程式片段的輸出結果為　(A) 10　(B) □□□□10　(C) □□10　(D) □10

```
int x=10;
printf("%6d\n",x);
```

2. 下列程式片段的輸出結果為　(A) 10　(B) □□□□10　(C) □□10　(D) □10

```
int x=10;
printf("%-6d\n",x);
```

3. 執行下列程式片段的輸出結果為　(A) a=+325　(B) a=325　(C) a=+00325　(D) a=+□□325

```
int a=325;
printf("a=%+06d\n", a);
```

4. 執行下列程式片段的輸出結果為　(A) x=+3.1416e+000　(B) x=3.14e+000　(C) x=+3.141593e+000　(D) x=+3.14159e+000

```
double x=3.1415926;
printf("x=%+e\n", x);
```

5. 下列程式片段的輸出結果為　(A) 3.1416　(B) □□3.141600　(C) 3.142□□□　(D) □□3.142

```
float pi=3.1416;
printf("%10f\n", pi);
```

6. 下列程式片段的輸出結果為　(A) 3.1416　(B) □3.141600e+000　(C) 3.142e+000□□□　(D) □3.142000e+00

```
float pi=3.1416;
printf("%14e\n", pi);
```

7. 下列程式片段的輸出結果為　(A) 123.456　(B) 123.4560　(C) □123.4560　(D) □123.457

```
float a=123.456;
printf("%6.4f\n", a);
```

8. 下列程式片段的輸出結果為　(A) -01234　(B) -1234　(C) □-1234　(D) +1234

```
int x=-1234;
printf("%-6ld\n", x);
```

9. 下列程式片段的輸出結果為　(A) -01234　(B) -1234　(C) □-1234　(D) +1234
```
int x=-1234;
printf("%06ld\n", x);
```

10. 下列程式片段的輸出結果為　(A) -01234　(B) -1234　(C) □-1234　(D) +1234
```
int x=-1234;
printf("%+6ld\n", x);
```

11. 下列 C 程式的執行結果為　(A) y=0x5ba0　(B) y=□□□5ba0　(C) y=□□0x5ba0　(D) y=####5ba0
```
int main()
{
    long y=23456;
    printf("y=%#8x\n", y);
}
```

12. 執行下列程式片段的輸出結果為　(A) □□12□□##　(B) □□□□12##　(C) □□12####　(D) □□12##□□
```
#include<stdio.h>
int main()
{
    int x=12;double a=2.7181822;
    printf("%6d##\n",x);
}
```

13. 下列程式片段的輸出結果為　(A) 3.141593　(B) □□3.1415926　(C) 3.1415926000　(D) □3.141592600
```
double a=3.1415926;
printf("%-14.10lf\n", a);
```

14. 下列程式片段的輸出結果為　(A) a=+325　(B) a=325　(C) a=+00325　(D) a=+^^325
```
int a=325;
printf("a=%+06d\n", a);
```

15. 下列程式片段的輸出結果為　(A) x=+3.1416e+000　(B) x=3.14e+000　(C) x=3.1416e+000　(D) x=+3.141593e+000
```
double x=3.1415926;
printf("x=%+e\n", x);
```

16. 下列敘述何者正確？　(A)輸入項可以為一個實數常數，如 scanf("%f", 3.5);　(B) 只有格式控制，沒有輸入項，也能進行正確輸入，如 scanf("a=%d,b=%d");　(C)當輸入一個實數資料時，格式控制部分應規定小數點後的位數，如 scanf("%4.2f", &f); (D)當輸入資料時，必須指明變數的位址，如 scanf("%f", &f);

17. 若變數 x 和 y 均為 int 類型，變數 z 為 double 類型，則下列何者為不合法的 scanf 函數呼叫敘述？

(A) scanf("%d%lx,%le,&x,&y,&z);   (B) scanf("%2d*%d%lf",&x,&y,&z);

(C) scanf("%x%*d%o",&x,&y);   (D) scanf("%x%o%6.2f",&x,&y,&z);

18. 設輸入敘述：scanf("a=%d,b=%d,c=%d",&a,&b,&c);若欲使變數 a 的值為 1，b 為 3，c 為 2，則從下列何者為正確的輸入資料形式？   (A) 132   (B) 1,3,2   (C) a=1 b=3 c=2   (D) a=1,b=3,c=2

19. 下列變數宣告和輸入敘述，若要使 a1,a2,c1,c2 的值分別為 10,20,A 和 B，當從第一列開始輸入資料時，正確的輸入方式是   (A) 10A□20B   (B) 10□A□20□B   (C) 10A20B   (D) 10A20□B

```
int a1,a2;
char c1,c2;
scanf("%d%c%d%c",&a1,&c1,&a2,&c2);
```

20. 當輸入資料為 12345678 時，下面程式執行的結果為   (A) 46   (B) 57   (C) 68   (D) 79

```
int a,b;
scanf("%2d%*2s%2d",&a,&b);
printf("%d\n",a+b);
```

二、填空題

1. 執行敘述 printf("*%f\n",3.14159); 的輸出結果為_____。

2. 執行敘述 printf("%4.3f*\n",3.1415); 的輸出結果為_____。

3. 下列程式片段的執行結果為_____。

```
long y=23456;
printf("y=%#8x\n",y);
```

4. 下列程式片段的執行結果為_____。

```
long y=123;
printf("y=%#8x\n",y);
```

5. 下列程式片段的執行結果為_____。

```
long x=1234;
printf("x=%-6ld\n",x);
```

6. 下列程式片段的執行結果為＿＿＿＿。

```
long x=123;
printf("x=%-06ld\n",x);
```

7. 下列程式片段的執行結果為＿＿＿＿。

```
long x=1234;
printf("x=%06ld\n",x);
```

8. 下列程式片段的執行結果為＿＿＿＿。

```
long x=1234;
printf("x=%+6ld\n",x);
```

9. 下列程式片段的輸出結果為＿＿＿＿。

```
float pi=3.1416;
printf("%10f\n", pi);
```

10. 下列程式片段的輸出結果為＿＿＿＿。

```
float a=123.456;
printf("%8.2f\n",a);
```

11. 下列程式片段的輸出結果為＿＿＿＿。

```
float a=-123.456;
printf("%6.4f\n",a);
```

12. 下列程式片段的輸出結果為＿＿＿＿。

```
double a=1234.5678;
printf("%10.3lf\n",a);
```

13. 下列程式片段的輸出結果為＿＿＿＿。

```
float a=8765.4567;
printf("%.4f\n", a);
```

14. 下列程式片段的輸出結果為＿＿＿＿。

```
int x=12;
printf("%6d##\n",x);
```

15. 下列程式片段的輸出結果為＿＿＿＿。

```
double a=3.1415926;
printf("%-14.10lf\n",a);
```

16. 下列程式片段的執行結果為＿＿＿＿。

```
int main()
{
```

```
        long y=-12345;
        printf("y=%-8ld\n",y);
        printf("y=%-08ld\n",y);
        printf("y=%08ld\n",y);
        printf("y=%+8ld\n",y);
        return 0;
    }
```

17. 下列程式片段的輸出結果為_____。

```
        #include <stdio.h>
        #include <stdlib.h>
        #define STRING "Hello, World!"
        int main()
        {
            printf("%15s\n",STRING);
            printf("%15.10s\n",STRING);
            printf("%-15.10s\n",STRING);
            printf("%.10s\n",STRING);
            printf("%.15s\n",STRING);
            printf("%-.15s\n",STRING);
            return 0;
        }
```

18. 若讀入a=b=5，下列程式片段的輸出結果為_____。

```
        #include <stdio.h>
        #include <stdlib.h>
        int main()
        {
            int a,b,sum;
            printf("type a number please! a=?\n");
            scanf("%d",&a);
            printf("type another please! b=?\n");
            scanf("%d",&b);
            sum=a+b;
            printf("a plus b is %d\n",sum);
            return 0;
        }
```

19. 下列程式片段的輸出結果為_____。

```
        #include <stdio.h>
        #include <stdlib.h>
        int main()
```

```c
{
    int x,y,z;
    long m,n,o;
    unsigned p,q,r;
    x=32766; y=1; z=2;
    m=2147483646; n=1; o=2;
    p=65534; q=1; r=2;
    printf("%d,%d\n",x+y,x+z);
    printf("%ld,%ld\n",m+n,m+o);
    printf("%u,%u",p+q,p+r);
    return 0;
}
```

20. 下列程式片段的輸出結果為＿＿＿＿。

```c
#include <stdio.h>
#include <stdlib.h>
int main()
{
    char c1,c2,c3,c4,a;
    c1='y';c2='e';c3='s';c4=',';
    a="I am a student.";
    printf("%c%c%c%c",c1,c2,c3,c4);
    return 0;
}
```

21. 下列程式片段的輸出結果為＿＿＿＿。

```c
#include <stdio.h>
#include <stdlib.h>
int main()
{
    char x,y;
    x='a'; y='b';
    printf("pq\brs\ttw\r");
    printf("%c\\%c'\n",x,y);
    printf("%o\n",'\123');
    return 0;
}
```

22. 下列程式片段的輸出結果為＿＿＿＿。

```c
#include <stdio.h>
#include <stdlib.h>
int main()
```

```
        {
            float x=58.8873, y=-555.678;
            char c='B';
            long n=7567890;
            unsigned u=76768;
            printf("%f,%f\n",x,y);
            printf("%-12f,%-12f\n,",x,y);
            printf("%8.3f,%8.3f,%.3f,%.3f,%5f,%3f\n",x,y,x,y,x,y);
            printf("%e,%10.2e\n",x,y);
            printf("%c,%d,%o,%x\n",c,c,c,c);
            printf("%ld,%lo,%x\n",n,n,n);
            printf("%u,%o,%x,%d\n",u,u,u,u);
            printf("%s,%5.3s\n","COMPUTER","ABCDEFGHI");
            return 0;
        }
```

23. 下列程式片段的輸出結果為_____。

```
            #include<stdio.h>
            int main()
            {
                long i=123456;
                printf("%ld\n",i);
                printf("%s\n","Good");
                printf("%10s\n","Good");
                printf("%-10s\n","Good");
                printf("%10.3s\n","Good");
                printf("%-10.3s\n","Good");
                return 0;
            }
```

三、程式設計題

1. 編寫程式，輸出"C Programming Language"。

2. 編寫程式，輸出下列訊息：
      ' Good morning. How are you? '
      ' I'm fine. Thank you. '

3. 編寫程式，輸出下列訊息：
      Taipei
      Taipei
      Taipei

4. 編寫程式，輸出下列訊息：
   00000001
   00000012
   00000123
   00001234
   00012345

5. 使用字串輸入函數 gets 取得輸入訊息，使用 puts 函數將字串輸出。

6. 編寫程式將單精度數 2024.0507 靠左對齊輸出和靠右輸出。靠右輸出時，數值左側的空位都補 0（假設寬度為 15 位）。

7. 編寫程式以指數形式輸出浮點類型數值 123.456 除以 2.345 的結果。

8. 編寫程式計算半徑為 15 的圓面積。要求其計算結果的輸出形式為 area=實數類型數值，而在小數點後要保留 5 位有效數字。

9. 編寫程式計算圓周長為 20 的圓之半徑。要求其計算結果的輸出形式為 r=實數類型數值，而在小數點後要保留 3 位有效數字。

10. 編寫程式從鍵盤輸入一個大寫字母，要求改用小寫字母輸出（提示：大寫字母對應的 ASCII 碼比對應的小寫字母的 ASCII 碼小 32）。

11. 編寫程式從鍵盤輸入學生的三門課成績，計算並輸出其總成績(Sum)和平均成績(Ave)。

12. 編寫程式求三角形面積。從鍵盤輸入三角形的三個邊長，計算並輸出三角形的面積。設三角形的三個邊長分別為 a、b 和 c，為簡單起見，輸入的三個邊長是可以組成一個三角形。

05

CHAPTER

選擇結構

關係運算式與邏輯運算式是構成程式控制結構的關鍵元素，控制結構包括選擇結構和迴圈結構等，在這些結構中要靠運算式的值來判斷程式的走向。因此，在理解和熟悉程式設計的常用演算法時，掌握關係運算式與邏輯運算式的用法要比掌握其他運算式更為重要。

C 語言提供三類控制敘述，其中條件判斷敘述用於選擇結構設計，使程式按特定次序執行，是程式設計中演算法實現的重要手段。本章主要介紹各種條件判斷敘述（如 if 敘述、switch 敘述）及相關的運算式。

5.1 → 關係運算子與關係運算

關係運算子（又稱比較運算子）用於比較和判斷其第一個運算式與第二個運算式。如果判斷條件成立（「真」），則運算的結果為 1；如果判斷條件不成立（「假」），則運算的結果為 0。

（一）關係運算子

C 語言提供 6 種關係運算子(Relational operator)：

< 、<= 、> 、>= 、== 、!=

其中，<（小於）、<=（小於或等於）、>（大於）、>=（大於或等於）的優先順序相同，且高於==（等於）、!=（不等於）的優先順序；==、!=的優先順序相同；例如：x==y>z 同義於 x==(y>z)；z>x−y 同義於 z>(x−y)；x=y<z 同義於 x=(y<z)。關係運算子屬於二元運算子，其結合方向為由左至右。

關係運算子的優先順序低於算術運算子，高於指定運算子(=)，使用時要注意==（關係運算子）與=（指定運算子）的區別。

（二）關係運算式

使用關係運算子可以將兩個運算式（包括算術運算式、指定運算式、字元運算式、關係運算式、邏輯運算式）連接起來構成「關係運算式」。這種運算式常用於條件選擇敘述中的判斷條件，其一般格式為：

運算式 1 關係運算子 運算式 2

例如：(x>y)>z−5 和'x'>'y'都是關係運算式。在 C 語言中，若關係運算之結果為「真」時，其值為 1；若運算結果為「假」時，其值為 0。例如：若 x=3、y=2、z=1，則 x>y 的值為 1，代表「真」；(x<y)==z 的值為 0，代表「假」。

例 **5.1**　關係運算式的應用

```c
#include <stdio.h>
int main()
{
    int a=3, b=2, c=1;
    printf("%d\n",(a>b)==c);
    printf("%d\n",b+c<a);
    printf("d= %d\n",a>b);
    printf("f= %d\n",a>b>c);
    return 0;
}
```

輸出結果如下：

```
1
0
d= 1
f=  0
```

5.2 → 邏輯運算子與邏輯運算

（一）邏輯運算子

　　C 語言提供三種邏輯運算子(Logical operator)：&&（邏輯且）、||（邏輯或）、!（邏輯反）。其中，邏輯且(&&)和邏輯或(||)為二元運算子，結合方向為由左至右。邏輯反(!)是一元運算子，結合方向為由右至左。

　　邏輯運算的規則是：邏輯且(&&)運算時，兩個運算元都為「真(1)」，結果才為「真」；邏輯或(||)運算時，只要一個運算元為「真」，結果就為「真(1)」；邏輯反(!)運算時，非「真」即為「假(0)」、非「假」即為「真(1)」。表 5-1 為邏輯運算的真值表(Truth table)。

● 表5-1 邏輯運算的真值表

運算元		邏輯運算			
x	y	!x	!y	x && y	x || y
真（非0）	真（非0）	假(0)	假(0)	真(1)	真(1)
真（非0）	假(0)	假(0)	真(1)	假(0)	真(1)
假(0)	真（非0）	真(1)	假(0)	假(0)	真(1)
假(0)	假(0)	真(1)	真(1)	假(0)	假(0)

在邏輯運算子中，!（反）的優先順序最高，其次是&&（且），而||（或）的優先順序最低。

邏輯運算子中的"&&"和"||"優先順序低於關係運算子，"!"高於算術運算子。

（二）邏輯運算式

除一元運算子"!"以外，邏輯運算式的一般形式為：

> 運算元 1 邏輯運算子 運算元 2

其中，在運算子兩邊的運算元不一定是同一類型，但都必須是基本類型或指標類型，運算結果為整數類型。

由於在電腦內部以"1"表示「真」，"0"表示「假」，所以參與邏輯運算的運算元也可以是其他類型的資料。C 語言編譯系統在判斷一個邏輯值時，以「非 0」代表「真」，以 0 代表「假」。請看下面的邏輯運算使用說明：

運算子	名稱	描述	實例
&&	且	如果 x 為假(0)，x && y 傳回 x 的值，否則傳回 y 的值	5 && 23 23
||	或	如果 x 是真（非 0），傳回 x 的值，否則傳回 y 的值	5 || 23 5
!	反	如果 x 為真（非 0），傳回假(0)。如果 x 為假(0)，傳回真（非 0）	! 23 0（假）

在 C 語言中沒有布林值，而是用"0"代表「假」，「非 0」值代表「真」。

例 **5.2** 邏輯運算式的應用

```c
#include <stdio.h>
int main()
{
    int x=5, y=6;
    printf("%d\n",!x);
    printf("%d\n",x&&y);
    printf("%d\n",x||y);
    printf("%d\n",!x||y);
    printf("%d\n",x&&2||!y);
    printf("%d\n",5>2&&2||6<4-!0);
    return 0;
}
```

輸出結果如下：

```
0
1
1
1
1
1
```

說明

1. x 不為 0 是「真」，非「真」即為「假」，結果為「假」，因此!x 的值為 0。

2. x 不為 0 並且 y 也不為 0，兩者都為「真」，結果為「真」，因此 x&&y 的值為 1。

3. x 或者 y 有一個不為 0，則值不為 0，結果為「真」，因此 x||y 的值為 1。

4. 先求出非 x 的值為 0，再與不為 0 的 y 或運算，結果為「真」，因此!x||y 的值為 1。

5. 非 y 為 0，x 與 2 不為 0，兩者或運算，結果為「真」，因此 x&&2||!y 的值為 1。

6. 運算式 5>2&&2||6<4-!0 的運算順序如下：

   (1) !0 運算得 1（真）

   (2) 4−1 運算得 3

   (3) 5>2 運算得 1（真）

   (4) 6<3 運算得 0（假）

   (5) 1&&2||0 運算得 1（真）。

因此 5>2&&2||6<4-!0 的值為 1。

在程式設計中，常用關係運算式和邏輯運算式表示判斷條件。請看下面的例子。

1. 判斷年份 year 是否為閏年

能被 4 整除，但不能被 100 整除，或者能被 400 整除的西元年都是閏年 (Leap year)。所以 year 年是閏年的條件可用邏輯運算式描述如下：

> (year%4==0 && year%100!=0) || (year%400==0)

2. 判斷 ch 是否為小寫字母

考慮到字母在 ASCII 碼中是連續排列的，ch 中的字元是小寫字母的條件可用邏輯運算式描述如下：

> ch >= 'a' && ch <= 'z'

3. 判斷 m 能否被 n 整除

m 能被 n 整除，即 m 除以 n 的餘數為 0，因此表示條件的運算式為：

> m % n == 0 或 m - m / n * n == 0

4. 判斷 ch 既不是字母也不是數字字元

先寫 ch 是字母（包括大寫或小寫字母）或數字字元的條件，然後將該條件取反，因此表示條件的運算式為：

> !((ch>='A' && ch<='Z')||(ch>='a' && ch<='z')\
> ||(ch>='0' && ch<='9'))

（三）邏輯運算的重要規則

邏輯且(&&)和邏輯或(||)運算分別有如下性質：

1. a&&b：當 a 為假(0)時，不管 b 值為何，結果為假(0)。

2. a||b：當 a 為真（非 0）時，不管 b 值為何，結果為真（非 0）。

C 語言利用上述性質，在計算連續的邏輯且(&&)運算時，若前面的運算元的值為假(0)，則不再計算後續的運算元，並以假(0)做為邏輯且(&&)運算的結果；若前面的運算元的值為真（非 0），則以後續的運算元做為邏輯且(&&)運算的結果。也就是說，對於 a&&b，若 a 為假(0)，則運算式值為假(0)，否則運算式的值為 b。

在計算連續的邏輯或(||)運算時，若前面的運算元的值為真（非 0），則不再計算後續的運算元，並以真（非 0）做為邏輯或(||)運算的結果；若前面的運算元的值為假(0)，則以後續的運算元做為邏輯或(||)運算的結果。也就是說，對於a||b，如果 a 為假(0)，則運算式的值為 b，否則運算式值為真（非 0）。

在進行邏輯運算時，有時需要比較長的邏輯運算式，這個時候就會需要使用小括號"( )"來區分邏輯運算的順序。關係運算子和邏輯運算子也可以同時使用。請看下面的例子。

假設 int x=0, y=10;

(x || y) && y	運算式的值為 1
(x != y) || (x == y)	運算式的值為 1

請再看下面的例子。假設 int x=1, y=2, z=3;

(x>y) && (y<z)	運算式的值為 0
(x>y) && (x<z)	運算式的值為 0
(x>(!y) && (!x<z))	運算式的值為 1

例 5.3 關係運算子和邏輯運算子的混合應用

```c
#include <stdio.h>
int main()
{
    char a[20]="Program";
    printf("%d\n",2 && a);              /*運算式的值為 1*/
    printf("%d\n",2 > 1 && a);          /*運算式的值為 1*/
    printf("%d\n",2 > 1 && 2 > 0 && 10); /*運算式的值為 1*/
    printf("%d\n",2 > 1 && 2 == 0 && 10);/*運算式的值為 0*/
    printf("%d\n",1 == 1 && 5 > 4);     /*運算式的值為 1*/
    return 0;
}
```

輸出結果如下：

```
1
1
1
0
1
```

選擇(selection)結構又稱為分支(branch)結構，它是依據一定的條件選擇程式的執行路徑。例如，輸入一個整數，要判斷它是否為偶數，就需要使用選擇結構來實現。根據程式執行路徑或分支的不同，選擇結構又分為單向選擇、雙向選擇和多向選擇三種類型。例如，輸入學生的成績，需要統計及格學生的人數、統計及格和不及格學生的成績、統計不同分數區間的學生人數，這就需要使用到單向選擇、雙向選擇和多向選擇的選擇結構。

C 語言提供 if 敘述和 switch 敘述來實現選擇結構。C 語言提供關係運算和邏輯運算來描述程式控制中的條件，這是一般程式設計語言都有的方法。本節介紹 C 語言中表示條件的方法、if 敘述以及選擇結構程式設計方法。

5.3.1 單向選擇結構

在 C 語言中，使用 if 敘述實現單向選擇結構，其一般格式為：

> **if(運算式)**
> 　　**敘述區段**

其中，運算式一般為邏輯運算式或關係運算式，用來判斷控制條件的真或假。首先計算運算式的值，若運算式值為「真」，則執行敘述區段，然後執行 if 敘述的後續敘述；若運算式值為「假」，則直接執行 if 敘述的後續敘述。其執行過程如圖 5-1 所示。

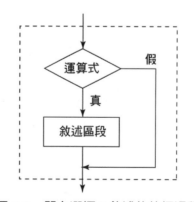

圖 5-1　單向選擇 if 敘述的執行過程

「運算式」可以是任意的資料類型（整數類型、實數類型、字元類型、指標類型）。系統對表示條件的運算式的值進行判斷，若為 0，則按「假」處理，若為「非 0」，則按「真」處理，執行指定的敘述。例如：

```
if (a>b && a>c)
    printf("%d",a);
```

其中表示條件的運算式是邏輯運算式。

因為 C 語言把「非 0」視為「真」，"0"視為「假」，所以表示條件的運算式不一定必須是結果為"1"或"0"的關係運算式或邏輯運算式，也可以是任意運算式。例如，下列敘述是合法的：

```
if ('a')
    printf("%d",'b');
```

其中表示條件的運算式的類型為字元類型，輸出結果為字元'b'的 ASCII 值 98。

如果敘述區段中只有一條敘述，if 敘述也可以寫在同一列上。例如：

```
int a=10;
if (a==10)   printf("Value is 10.\n");
printf("Good luck!");
```

程式輸出結果如下：

```
Value is 10.
Good luck!
```

如果敘述區段中包含兩列或兩列以上的敘述時，敘述區段中的敘述必須用大括號"{}"括起來。例如：

```
if(a>b)
    {x=a; y=b;}
printf("Good luck!");
```

例 **5.4**　輸入三個整數變數的值，然後由小到大輸出。

```
#include <stdio.h>
int main()
{
    int x,y,z,temp;
    printf("請輸入 x, y, z 的值: ");
    scanf("%d, %d, %d",&x,&y,&z);              /*輸入 x,y,z 的值*/
    if(x>y)                    /*如果 x>y，則 x 和 y 的值互換*/
        {temp=x; x=y; y=temp;}
    if(x>z)                    /*如果 x>z，則 x 和 z 的值互換*/
        {temp=x;   x=z; z=temp;}
    if(y>z)                    /*如果 y>z，則 y 和 z 的值互換*/
```

```
        {temp=y;   y=z; z=temp;}
    printf("%d, %d, %d",x,y,z);
    return 0;
}
```

程式輸出結果如下：

```
請輸入 x, y, z 的值: -5, 20, 9
-5, 9, 20
```

> 說明

1. 本例中將兩個變數的值互換，通常設一個中間變數(temp)，透過三個指定敘述來實現。

2. 首先輸入 x，y，z 三個變數的值，經過前兩個 if 敘述的比較，x 中儲存的是三個數中的最小數，最後比較 y 和 z 的值，小數放到 y 中，大數儲存到 z 中。

5.3.2 雙向選擇結構

在 C 語言中，使用 if...else 敘述實現雙向選擇結構，其一般格式為：

if(運算式)
　　　敘述區段 **1**
else
　　　敘述區段 **2**

執行過程是：計算條件運算式的值，若為 True，則執行敘述區段 1，否則執行 else 後面的敘述區段 2。敘述區段 1 或敘述區段 2 執行後再執行 if 敘述的後續敘述。其執行過程如圖 5-2 所示。

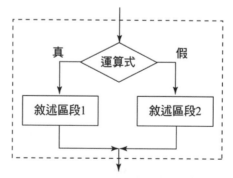

圖 5-2　雙向選擇結構的執行過程

例如，敘述區段中只有單一敘述：

```
if(a>b)
        printf("%d",a);
else
        printf("%d",b);
```

再如，敘述區段中具有多列敘述：

```
if(i%2==1)
        {x=i/2;y=i*i;}
else
        {x=i;y=i*i*i;}
```

注意：選擇結構程式執行時，每次只能執行一條分支，所以在檢查選擇結構程式的正確性時，設計的原始資料應包括每一種情況，保證每一條分支都檢查到。

例 5.5 輸入一個變數的值，然後判斷是否大於 0。

```
#include <stdio.h>
int main()
{
   int a;
   printf("請輸入 a 的值: ");
   scanf("%d",&a);                 /*輸入 a 的值*/
   if (a>0)
         printf("%d 大於 0",a);    /*印出 a 大於 0 的訊息*/
   else
         printf("%d 小於 0",a);    /*印出 a 小於 0 的訊息*/
   return 0;
}
```

輸入 5 的輸出結果如下：

```
請輸入 a 的值: 5
5 大於 0
```

輸入 -10 的輸出結果如下：

```
請輸入 a 的值: -10
-10 小於 0
```

例 5.6 輸入一個正整數,然後判斷該數是否為偶數。

```c
#include <stdio.h>
int main()
{
    int a;
    printf("請輸入正整數 a: ");
    scanf("%d",&a);                    /*輸入 a 的值*/
    if (a%2 == 0)
            printf("%d 為偶數.",a);    /*印出 a 為偶數*/
    else
            printf("%d 為奇數.",a);    /*印出 a 為奇數*/
    return 0;
}
```

程式執行結果如下:

```
請輸入正整數 a: 16
16 為偶數.
```

再次執行程式,結果如下:

```
請輸入正整數 a: 23
23 為奇數.
```

例 5.7 輸入西元年,然後判斷是否為閏年。

```c
#include <stdio.h>
int main()
{
    int year;
    printf("請輸入西元年: ");
    scanf("%d",&year);                 /*輸入西元年*/
    if ((year%4==0 && year%100!=0)||(year%400==0))
            printf("%d 是閏年.",year);
    else
            printf("%d 不是閏年.",year);
    return 0;
}
```

程式執行結果如下：

> 請輸入西元年: 2023
> 2023 不是閏年.

再次執行程式，結果如下：

> 請輸入西元年: 2024
> 2024 是閏年.

例 **5.8** 輸入三角形的三個邊長，求三角形的周長。

```c
#include <stdio.h>
int main()
{
    int a,b,c;
    printf("請輸入三個邊長 a,b,c = ");
    scanf("%d,%d,%d",a,b,c);        /*輸入三個邊長*/
    if ((a+b>c) && (a+c>b) && (b+c>a))
            printf("周長= %d ", a+b+c);
    else
            printf("無法構成三角形!");
    return 0;
}
```

程式執行結果如下：

> 請輸入三個邊長 a,b,c = 12,4,20
> 無法構成三角形!

再次執行程式，結果如下：

> 請輸入三個邊長 a,b,c = 5,6,7
> 周長= 18

說明

設 a、b、c 表示三角形的三個邊長，則構成三角形的充分必要條件是任意兩邊和大於第三邊，即 a+b>c，b+c>a，c+a>b。如果該條件滿足，則輸出三角形的周長：a+b+c。

5.3.3 多向選擇結構

多向選擇 if...elseif...else 敘述的一般格式為：

```
if(運算式 1)
    敘述區段 1
else if(運算式 2)
    敘述區段 2
else if(運算式 3)
    敘述區段 3
......
else if(運算式 n)
    敘述區段 n
else
    敘述區段 n+1
```

多向選擇 if 敘述的執行過程如圖 5-3 所示。當運算式 1 的值為 True 時，執行敘述區段 1，否則求運算式 2 的值；當運算式 2 的值為 True 時，執行敘述區段 2，否則求運算式 3 的值，依此類推。若運算式 1~n 的值都為 False，則執行 else 後面的敘述區段 n+1。不論有幾個分支，程式執行完一個分支後，其餘分支將不再執行。

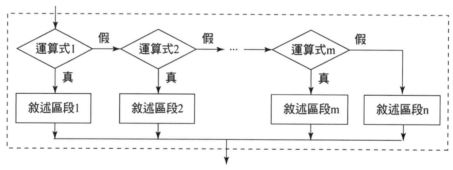

圖 5-3　多向選擇結構的執行過程

該多向選擇 if 敘述的程式片段寫法如下：

```
if(score>89)
    grade='A';
else   if(score>74)
    grade='B';
else   if(score>59)
    grade='C';
else
    grade='D';
```

例 **5.9**　輸入學生的成績，根據成績進行分級。

```
#include <stdio.h>
int main()
{
    int score;
    printf("請輸入學生成績:    ");
    scanf("%d",& score);        /*輸入學生成績*/
    if(score < 60)
        printf("D");
    else if(score < 70)
        printf("C");
    else if(score < 85)
        printf("B");
    else
        printf("A");
    return 0;
}
```

程式的一次執行結果為：

請輸入學生成績: 82
B

程式的另一次執行結果為：

請輸入學生成績: 45
D

說明

　　將學生成績分為四個等級：85 分以上為等級 'A'，70~84 分為等級 'B'，60~69 分為等級 'C'，60 分以下為等級 'D'。然後根據輸入的學生成績，輸出不同的等級。程式分為四個分支，可以用四個單向選擇結構實現，也可以用多向選擇 if 敘述實現。

例 5.10　輸入購物金額，如果金額大於 5,000 元（含）以上，享有賣場提供的折扣方案：

金額	折扣
5,000 元（含）以上	9.5 折
15,000 元（含）以上	9 折
25,000 元（含）以上	8.5 折
35,000 元（含）以上	7.5 折

```c
#include <stdio.h>
int main()
{
    int bill,amount;
    printf("請輸入購物金額: ");
    scanf("%d",bill);        /*輸入購物金額*/
    if (bill >= 35000)
        amount = bill*0.75;
    else if (bill >= 25000)
        amount = bill*0.85;
    else if (bill >= 15000)
        amount = bill*0.9;
    else if (bill >= 5000)
        amount = bill*0.95;
    else
        amount = bill;
        printf("消費金額未達折扣標準");
    printf("應付金額: %d",amount);
    return 0;
}
```

程式的一次執行結果為：

購物金額: 34560
應付金額: 29376

程式的另一次執行結果為：

購物金額: 10000
應付金額: 9500

程式的另一次執行結果為:

```
購物金額: 3500
消費金額未達折扣標準
應付金額: 3500
```

if 敘述中可以再包含一個或多個 if 敘述,此種架構稱為「巢狀 if 敘述」。根據 C 語言規定,在巢狀 if 敘述中,else 子句總是與前面最近的、不帶 else 的 if 相結合。例如,有以下不同形式的巢狀結構。

架構一:

```
if(運算式 1)
    {if(運算式 2)
        敘述區段 2
      else
        敘述區段 3}
else
    {if(運算式 3)
        敘述區段 4
      else
        敘述區段 5}
```

架構二:

```
if(運算式 1)
    {if(運算式 2)
        敘述區段 2}
else
    {if(運算式 3)
        敘述區段 3
      else
        敘述區段 4}
```

架構三: 若 if 與 else 的個數不一樣,為了程式設計的需要,可以加大括號確定配對
       關係。

```
if(運算式 1)
    {if(運算式 2)
        敘述區段 2}
```

```
else
    敘述區段 3
```

根據對齊格式來決定 if 敘述之間的邏輯關係。在架構一中，else 與第二個 if 配對。在架構二中，else 與第一個 if 配對。

例 5.11　使用巢狀 if 架構來輸出三個數中的最大數

```c
#include <stdio.h>
int main()
{
  int x, y, z, max;
  printf("請輸入三個數 x,y,z:   ");
  scanf("%d, %d, %d",&x, &y, &z);         /*輸入三個數*/
  max=x;
  if(z>y)
      {if(z>x)    max=z;}
  else
      {if(y>x)    max=y;}
  printf("最大數: %d",max);
  return 0;
}
```

程式執行結果如下：

```
請輸入三個數 x,y,z:   -2,13,5
最大數: 13
```

說明

輸入三個數 x、y 和 z，先假定第一個數 x 是最大數，將 x 指定給 max 變數，然後將 max 分別和 y，z 比較，兩次比較後，max 的值即為 x、y 和 z 中的最大數。

例 5.12　使用巢狀 if 敘述實現例 5.10

```c
#include <stdio.h>
int main()
{
  int score;
  printf("請輸入學生成績: ");
```

```
        scanf("%d",&score);        /*輸入學生成績*/
        if (score >= 60)
            if (score >= 70)
                if (score >= 85)
                    printf("A");
                else
                    printf("B");
            else
                printf("C");
        else
            printf("D");
        return 0;
    }
```

程式的一次執行結果為：

請輸入學生成績: 82
B

程式的另一次執行結果為：

請輸入學生成績: 45
D

例 **5.13**　編寫一程式，把三個整數中最大的列印出來。

```
    #include <stdio.h>
    int main()
    {
        int a,b,c,m;
        scanf("%d,%d,%d",&a,&b,&c);
        if(a>b)
            { if(a>c)    m=a;}
        else
            {if(b>c)
                m=b;
              else
                m=c;}
        printf("m=%d",m);
        return 0;
    }
```

執行結果為：

```
2,13,5
m=13
```

說明

　　輸入三個數 x、y 和 z，先假定第一個數 x 是最大數，將 x 指定給 max 變數，然後將 max 分別和 y，z 比較，兩次比較後，max 的值即為 x、y 和 z 中的最大數。

5.5 → switch 敘述

　　switch 敘述是多分支選擇敘述，也叫「開關敘述」。在上一節中介紹了如何使用巢狀 if 結構來解決多向選擇問題，我們還可以利用本節介紹的開關敘述來解決多向選擇問題。

　　開關敘述 switch 的一般格式如下：

```
switch(運算式)
{   case   常數運算式 1：敘述 1；   break;
    case   常數運算式 2：敘述 2；   break;
    …
    case   常數運算式 n：敘述 n；   break;
    default:  敘述 n+1;
}
```

　　switch 敘述的執行流程如下：當運算式的值與某一個 case 後面的常數值相等時，便執行其後的每一個敘述並將流程轉移到下一個 case 繼續執行，直到碰到 break 或 default 敘述才結束執行；若所有的 case 中的常數值都沒有與運算式的值相符，則執行 default 後面的敘述；若無 default 敘述，則跳出 switch 敘述。

　　例如，根據考試成績的等級列印出百分制分數區段，可以寫出下面的程式片段：

```
switch(grade)
{   case    '5'：  printf("90~100\n");
    case    '4'：  printf("75~89 \n");
    case    '3'：  printf("60~74 \n");
    case    '2'：  printf("0 ~59 \n");
```

```
        default： printf("error \n");
    }
```

說明

1. switch 後面的「運算式」，可以是不同類型的運算式，但最常用的是整數類型運算式或字元類型運算式。

2. 執行 switch 敘述，首先計算運算式的值，然後將該值依次與各個 case 常數比較，一旦發現某一 case 常數與運算式的值相等，則執行對應的 case 後面的敘述，若無相等的 case 常數，則執行 default 後面的敘述。

3. 在 case 後面若包含一個以上的執行敘述，可以用大括號括起來，但也可不加，效果是一樣的。

4. 每個 case 的常數運算式的值不能相同。

5. switch 敘述體中可以不包含 default 分支，default 後面只是在找不到匹配的值時才執行，但它的位置並不限定在最後。

6. 執行完一個 case 後面的敘述後，程式繼續執行下一個 case。case 常數運算式並不是在該處進行條件判斷。在執行 switch 敘述時，根據 switch 後面的運算式的值找到匹配的入口標記，就從此標記開始執行下去，不再進行判斷。

    例如，上面程式片段中，若 grade 的值等於'5'，則將連續輸出：

```
    90～100
    75～89
    60～74
    0～59
    Error
```

    因此，若希望在某一點中止執行 switch 敘述，應使用 break 敘述（break 敘述介紹詳見第 6.7 節）使流程跳出 switch 結構。例如，上例程式片段可以改寫為：

```
    switch(grade)
    { case '5'： printf("90~100\n");   break;
      case'4'： printf("75~89\n");   break;
      case'3'： printf("60~74\n");   break;
      case '2'： printf(" 0~59\n"); break;
      default： printf("error\n");
    }
```

如果 grade 的值為'4'，則只輸出"75~89"。流程圖見圖 5-4 所示。

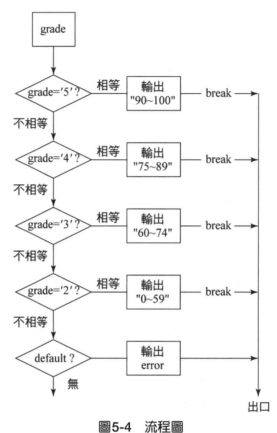

圖5-4　流程圖

7. 多個 case 可以共用一組執行敘述，例如：

```
......
case     '5' :
case     '4' :
case     '3' : printf(">59\n");   break;
......
```

說明

grade 的值為'5'、'4'或'3'時都執行同一組敘述。

例 **5.14** 開關敘述 switch 的應用

```c
#include<stdio.h>
int main( )
{
    int x=1,y=0,a=0,b=0;
     switch(x)
        {case 1:
             switch(y)
             {case 0:a++;break;
               case 1:b++;break; }
        case 2:
        a++;b++;break;
        case 3:
        a++;b++;
        }
    printf("a=%d,b=%d\n",a,b);
    return 0;
}
```

執行結果為：

```
a=2,b=1
```

說明

1. 根據 x 的初值(x=l)執行 case 1 分支中的敘述，該敘述又是一個 switch 敘述。

2. 根據 y 的初值(y=0)執行內層 switch 敘述的 case 0 分支中的敘述，a 值加 1；並跳出本層（內層）switch 敘述（執行了 break 敘述）。

3. 由於在外層 switch 敘述的 case 1 分支中沒有 break 敘述，因此流程將轉向執行 case 2 分支中的敘述：a 值加 1、b 值加 1；並跳出本層（外層）switch 敘述（執行了 break 敘述）。因此跳出外層 switch 敘述後，a 的值為 2、b 的值為 1。

例 **5.15** 編寫一程式，列印某年某一個月的天數。

```c
#include <stdio.h>
int main()
{
    int y,m,length;
    scanf("%d    %d",&y,&m);
```

151

```
    switch(m)
    {
        case 1:
        case 3:
        case 5:
        case 7:
        case 8:
        case 10:
        case 12:
        length=31; break;
        case 4:
        case 6:
        case 9:
        case 11:
        length=30; break;
        case 2:
            if((y%4!=0)||(y%100==0&&y%400!=0))
                length=28;
            else
                length=29; break;
        default:    printf("error，please    again\n"); }
    printf("The length of %d %d is %d\n",y,m,length);
    return 0;
}
```

執行結果為：

```
2024 2
The length of 2024 2 is 29
```

> 說明

　　我們知道，一年中各個月份的天數不盡相同，特別是 2 月份還與該年是否閏年有關。使用 switch 敘述設計多路選擇程式，不但方便而且可讀性也高。

習題

一、選擇題

1. 邏輯運算子的運算元之資料類型為　(A)只能是 0 或 1　(B)只能是 0 或非 0 正數 (C)只能是整數或字元資料　(D)可以是任何類型的資料

2. 下列有關運算子優先順序的敘述，何者正確？　(A)關係運算子<算術運算子<指定 運算子<邏輯運算子　(B)邏輯運算子<關係運算子<算術運算子<指定運算子　(C)指 定運算子<邏輯運算子<關係運算子<算術運算子　(D)算術運算子<關係運算子<指 定運算子<邏輯運算子

3. 下列運算子中，優先順序最高的是　(A) <　(B) +　(C) &&　(D) !

4. 下列運算子 (1) ?:　(2) &&　(3) +　(4) != 中，優先順序最低的是____，優先順序 最高的是____。　(A) ?:，!=　(B) ?:，&&　(C) ?:，+　(D) &&，!=

5. 在 C 語言中，邏輯「真」值用　(A)0 或 1　(B) 非 0　(C) 0　(D) 1　表示。

6. 假設 a=3, b=2, c=1，則運算式(a>b)==c 的值為　(A) 0　(B) 1　(C) True　(D) False

7. 假設 a=1, b=2, c=3, d=4, m=1, n=2，則運算式(m=a>b) && (n=c>d) 的值為　(A) 0 (B) 1　(C) True　(D) False

8. 假設 a=2, b=3，則運算式 !a||b 的值為　(A) 0　(B) 1　(C) True　(D) False

9. 假設 a 為 int 類型變數，下列何者可以用來表示「a 是奇數」？　(A) a%2==1　(B) a%2==0　(C) !(a%2=0)　(D) a%2=1

10. 當 a=3,b=2,c=1 時，運算式 f=a>b>c 的值為　(A) 1　(B) 2　(C) 3　(D) 0

11. 當 a=5,b=4,c=2 時，運算式 a>b!=c 的值為　(A) 1　(B) 2　(C) 4　(D) 5

12. 下列程式的執行結果為　(A) 5,15,5　(B) 5,25,1　(C) 5,15,1　(D) 5,15,20

```
int x=1,y,z;
x*=3+2;
printf("%d,",x);
x*=y=z=5;
printf("%d,",x);
x=y==z;
printf("%d\n",x);
```

13. 下列何者用來判斷 char 類型變數 ch 是否為大寫字母？　(A) 'A'<=ch<='Z'　(B) (ch>='A')&&(ch<='Z')　(C) (ch>='A')&&(ch<='Z')　(D) ('A'<=ch)AND('Z'>=ch)

14. 設 x、y、z 均為 int 類型變數，下列何者可以用來表示「x 或 y 中有一個小於 "z"？   (A) x<z && y<z   (B) x<z || y<z   (C) x<z | y<z   (D) x<z & y<z

15. 設 x、y 和 z 都是 int 類型變數，且 x=3, y=4, z=5，則下列運算式中何者的值為 0？   (A) 'x'&&'y'   (B) x<=y   (C) x||y+z&&y-z   (D) !((x<y)&&!z||1)

16. 已知 x=43，ch='A'，y=0，則運算式(x>=y&&ch<'B'&&!y)的值為   (A) 0   (B)語法錯誤   (C) 1   (D)「假」

17. 下列何者無法表示「當 a 為奇數時，運算式的值為真；a 的值為偶數時，運算式的值為假」？   (A) a%2==1   (B) !(a%2==0)   (C) !(a%2)   (D) a%2

18. 下列何者用來表示「當 x 的值在[1,10]和[200,210]範圍內為真，否則為假」？

    (A) (x>=1)&&(x<=10)&&(x>=200)&&(x<=210)

    (B) (x>=1)||(x<=10)||(x>=200)||(x<=210)

    (C) (x>=1)&&(x<=10)||(x>=200)&&(x<=210)

    (D) (x>=1)||(x<=10)&&(x>=200)||(x<=210)

19. 設 int a=1,b=2,c=3,d=4,m=2,n=2; 則執行 (m=a>b)&&(n=c>d) 後，n 的值為   (A) 1   (B) 2   (C) 3   (D) 4

20. 下列程式的執行結果為   (A) 6,1   (B) 2,1   (C) 6,0   (D) 2,0
```
int a,b,d=241;
a=d/100%9;
b=(-1)&&(-1);
printf("%d,%d",a,b);
```

21. 執行下列敘述後，a 和 b 的值分別為   (A) 1，1   (B) 2，1   (C) 0，1   (D) 1，0
```
int a,b,c;
a=b=c=1;
++a||++b&&++c;
```

22. 執行下列程式片段之結果為   (A) x= 2, y= 3, i= 1   (B) x= 3, y= 2, i= 1   (C) x= 3, y= 3, i= 1   (D) x= 3, y= 3, i= 2
```
int x=2,y=3,i=1;
if ((x++==3) && (y++==4))
    i++;
```

23. 執行下列程式片段之結果為   (A) x= 2, y= 3   (B) x= 3, y= 2   (C) x= 3, y= 3   (D) x= 4, y= 3
```
int x=3,y=2,i=1;
if ((x++==2) || (y++==4))
    i++;
```

24. 已知 x=10、y=20、z=30，執行下列敘述後 x、y、z 的值為　(A) x=10，y=20，z=30　(B) x=20，y=30，z=30　(C) x=20，y=30，z=10　(D) x=20，y=30，z=20

```c
if(x>y)
    z=x;x=y;y=z;
```

25. 下列敘述何者不正確？　(A) if(x>y);　(B) if(x=y)&&(x!=0) x+=y;　(C) if(x!=y) scanf("%d",&x); else scanf("%d",&y);　(D) if(x<y){x++;y++;}

26. 下列何者無法用來表示：當 c 值為 1、3、5 三個數時為「真」，否則為「假」。

　　(A) (c=1)||(c=3)||(c=5)

　　(B) !((c<3)&&(c>1))&&!((c<5)&&(c>3)&&(c<=5)&&(c>=1)

　　(C) (c!=2)&&(c!=4)&& (c>=1)&&(c<=5)

　　(D) (c==1)||(c==3)||(c==5)

27. 下列程式片段的輸出為　(A) a=10 b=50 c=10　(B) a=10 b=30 c=10　(C) a=50 b=30 c=10　(D) a=50 b=30 c=50

```c
int a,b,c;
a=10;b=50;c=30;
if(a>b)
    a=b,b=c;c=a;
printf("a=%d b=%d c=%d\n",a,b,c);
```

28. 執行下面敘述後的輸出為　(A) ****　(B) %%%%　(C) %%%%c　(D)語法錯誤

```c
int i=-1;
if(i<=0)
    printf("****\n")
else printf("%%%%\n");
```

29. 下列程式的執行結果為　(A) T　(B) F　(C) 0　(D)語法錯誤

```c
if(2*2==5<2*2==4)
    printf("T");
else
    printf("F");
```

30. 下列程式的輸出結果為　(A) i=0,j=0,a=6　(B) i=1,j=1,a=5　(C) i=1,j=0,a=6　(D) i=1,j=1,a=6

```c
int i=0,j=1,a=5;
if((++i>0)||(++j>0))
    a++;
printf("i=%d,j=%d,a=%d\n",i,j,a);
```

31. 當 a=1，b=3，c=5，d=2 時，執行下列片段程式後，x 的值為　(A) 2　(B) 3　(C) 6　(D) 7

```
if(a<b)
   if(c<d) x=1;
      else if(a<c)
              if(b<d) x=2;
           else x=3;
        else x=6;
    else x=7;
```

32. 下列程式的執行結果為　(A) 1　(B) 0　(C) -1　(D) 10

```
int a=30,x=10,y=15 ,ok1=5,ok2=0;
if(x<y)
   if(y!=10)
      if(!ok1)
             a=1;
      else
         if(ok2) a=10;
a=-1;
printf("%d\n",a);
```

33. 下列程式的執行結果為　(A) 20　(B) 25　(C) 30　(D) 15

```
int a,b,c,d,x;
a=c=0;
b=1;
d=15;
if (a) d=d-5;
else if(!b)
        if(!c) x=20;
else x=30;
printf("%d\n",d);
```

34. 下列程式的執行結果為　(A) 2 4 5　(B) 2 4 1　(C) 2 5 3　(D) 2 4 6

```
int x,y=1,z;
if(y!=0) x=2;
printf("%d ",x);
if(y==0) x=3;
else x=4;
printf("%d ",x);
x=1;
if(y<0)
   if(y>0) x=5;
```

```
            else x=6;
        printf("%d    ",x);
```

35. 下列程式的執行結果為   (A) -1   (B) 1   (C) 3   (D) 4

```
        int a=1,b=2,c;
        c=a;
        if(a>b) c=3;
        else if(a==b) c=4;
            else c=-1;
        printf("%d\n",c);
```

36. 下列程式片段中，若 grade 的值為'C'，則輸出結果為   (A) 60-69   (B) <60   (C) error!   (D)以上皆是

```
        switch (grade)
        {case 'A':printf("85-100\n");
          case 'B':printf("70-84\n");
          case 'C':printf("60-69\n");
          case 'D':printf("<60\n");
          default :printf("error!\n");
        }
```

37. 下列程式片段的執行結果為   (A) *1*   (B) *1**2*   (C) *2**3*   (D) *1**2**3*

```
        int x=1,y=1;
        switch(x)
        {case 1:
            switch(y)
            {case 0:printf("*1*");break;
              case 1:printf("*2*");break;
            }
          case 2:printf("*3*\n");
        }
```

38. 下列程式的執行結果為   (A) @   (B) &   (C) *@   (D) #@

```
        int a=2,b=5,c=3;
        switch(a>0)
        {case 1:switch(b<0)
            {case 1:printf("~");break;
              case 2:printf("!");break;}
          case 0:switch(c==5)
            {case 0:printf("*");break;
              case 1:printf("#");break;
              default:printf("&");break;}
```

```
            default:printf("@");
        }
        printf("\n");
```

39. 下列程式片段的執行結果為　(A) 5　(B) 10　(C) 15　(D) 20
```
        int x=10,y;
        y=x>10?x+5:x-5;
        printf("%d\n",y);
```

40. 下列程式片段的執行結果為　(A) a= 10,b= 10,c= 10　(B) a= 10,b= 4,c= 10　(C) a= 10,b= 5,c= 10　(D) a= 8,b= 4,c= 8
```
        int x=5,y=8;
        int a,b,c;
        a=(--x==y++)?--x:++y;
        b=x++;
        c=y;
        printf("a= %d,b= %d,c= %d\n",a,b,c);
```

二、填空題

1. 已知　int a=5,b=7.2,c=2.3;，運算式　a>b&&c>a||a<b&&!c>b　的值為＿＿＿。

2. 若　int a=5,b=14,c=22;，則運算式　!(a-b)+c-1&&b+c/2　的值為＿＿＿。

3. 若　int a=2,b=4,x=3,y=-4;，則運算式　!(x=a)||(y=b)&&0　的值為＿＿＿。

4. 假設　int a=2,b=4,c=6;，則運算式　a||b+c&&b==c　的值為＿＿＿。

5. 假設　x=1、y=2、a=2、b=4、c=6，則執行運算式　d=(x=a!=b)&&(y=b>c)　後，x 的值為＿＿＿，y 的值為＿＿＿，d 的值為＿＿＿。

6. 若　x=1、y=2、z=3，則運算式　(x&&y)==(x||z)　的值為＿＿＿。

7. 若　int a=1,b=2,w=3,x=4,y=3,z=2;，則運算式　(a=w>x)&&(b=y>z)　的值為＿＿＿。

8. 若 int x=3,y=-4,z=5;，則運算式　(x&&y)==(x||z)　的值為＿＿＿。

9. 若 int x=-1,y=2,z=-3;，則運算式　!(x>y)+(y!=z)||(x+y)&&(y-z)　的值為＿＿＿。

10. 若 int x=1,y=2,z=3;，則運算式　x++-y+(++z)　的值為＿＿＿。

11. 若 int x=3,y=4,z=5;，則運算式　x||y+z&&y==z　的值為＿＿＿。

12. 若 int x=3,y=4,a,b;，則下列運算式的值為＿＿＿。
```
        !(a=x)&&(b=y)||0
```

13. 若 int x=1,y=2,z=3;，則下列運算式的值為＿＿＿。
```
        !(x+y)+z-1&&y+z/2
```

14. 下列程式的執行結果為____。

```c
int x,y,z;
x=1;y=2;z=3;
x=y--<=x||x+y!=z;
printf("%d,%d",x,y);
```

15. 下列程式的執行結果為____。

```c
int a,b,c,d;
int i=2,j=5,k=1;
a=!k;
b=i!=j;
printf("%d, %d, ",a,b);
c=k&&j;
d=k||j;
printf("%d, %d\n",c,d);
```

16. 下列程式的執行結果為____。

```c
int x,y,z;
x=1;y=2;z=3;
x=x||y&&z;
printf("%d,%d",x,x&&!y||z);
```

17. 下列程式片段的執行結果為____。

```c
int x=1,y,z;
x*=1+2;
printf("%d,",x);
x*=y=z=3;
printf("%d,",x);
x=y==z;
printf("%d\n",x);
```

18. 下列程式的執行結果為____。

```c
int x=5;
if(x++>5) printf("%d\n",x);
else printf("%d\n",x--);
```

19. 下列程式的執行結果為____。

```c
int a=1,b=0,c=0;
if(a=b+c) printf("***\n");
else printf("$$$\n");
```

20. 下列程式片段的執行結果為____。

```
if(1*2==3<2*2==4)
    printf("T");
else
    printf("F");
```

21. 下列程式片段的執行結果為____。

```
int x=-1,y=2,z=3;
if(x<y)
    if(y<0) z=0;
else z+=1;
printf("%d\n",z);
```

22. 下列程式片段的執行結果為____。

```
float a=2.5,b;
if(a<0.0) b=0.0;
else if((a<0.5)&&(a!=2.0)) b=1.0/(a+2.0);
else if(a<10.0) b=1.0/a;
else b=10.0;
printf("%f\n",b);
```

23. 下列程式片段的執行結果為____。

```
int a=1,b=2,c;
c=a;
if(a>b) c=-1;
else if(a==b) c=0;
    else c=1;
printf("%d\n",c);
```

24. 執行下列程式片段後, x 的值為____。

```
int a=2,b=4,c=6,d=3,x;
if(a<b)
    if(c<d) x=1;
    else
        f(a<c)
            if(b<d) x=2;
            else x=3;
    else x=6;
else x=7;
printf("x= %d",x);
```

25. 下列程式的執行結果為____。

```
int a,b,c;
int s,w,t;
s=w=t=0;
a=-1;b=3;c=3;
if(c>0) s=a+b;
   if(a<=0)
   {
        if(b>0)
            if(c<=0) w=a-b;
   }
   else if(c>0) w=a-b;
else t=c;
printf("%d,%d,%d",s,w,t);
```

26. 執行下列程式片段，輸出結果為____。

```
switch ('C')
{case 'A':printf("85-100\n");
 case 'B':printf("70-84\n");
 case 'C':printf("60-69\n");
 case 'D':printf("<60\n");
 default :printf("error!\n");}
```

27. 下列程式片段的執行結果為____。

```
int x=1,y=2;
switch(x)
{
    case 1:
        switch(y)
        {case 0:printf("*1*"); break;
         case 1:printf("*2*"); break;
}
    case 2:printf("*3*\n");}
```

28. 下列程式的執行結果為____。

```
int x=1,y=0,a=0,b=0;
switch(x)
{
    case 1:
        switch(y)
        {case 0:a++;break;
         case 1:b++;break;
```

```
            }
         case 2:
            a++;b++;break;
      }
      printf("a=%d,b=%d",a,b);
```

三、程式設計題

1. 編寫程式判斷輸入整數 x 的正負性和奇偶性。

2. 從鍵盤輸入被除數 a 和除數 b，求商。

3. 編寫一個程式計算運算式：data1 op data2 的值。其中 op 為運算子 +、-、*、/。

4. 從鍵盤輸入三個實數，然後按由小到大順序輸出。

5. 從鍵盤輸入四個整數 a、b、c、d，然後按由大到小的順序輸出

6. 輸入一個字元，判斷是否為大寫字母，若是大寫字母，則將它轉換成小寫字母；否則不轉換。然後輸出最後得到的字元。

7. 編寫程式比較 a、b 兩個整數的大小，且把大者指定給變數 x，小者指定給變數 y。

8. 從鍵盤輸入字元，然後將輸入的字元分為控制字元、數字、大寫字母、小寫字母和其他字元等五類輸出。

9. 已知銀行不同期限的月息利率分別為：

$$月息利率=\begin{cases} 0.63\% & 期限一年 \\ 0.66\% & 期限二年 \\ 0.69\% & 期限三年 \\ 0.75\% & 期限五年 \\ 0.84\% & 期限八年 \end{cases}$$

試輸入存錢的本金和期限，計算到期時能從銀行得到的利息與本息。

10. 編寫一判斷閏年的程式。其中判斷閏年的條件是：能被 4 整除但不能被 100 整除的是閏年，能被 400 整除的年也是閏年。

11. 輸入年份 year 和月 month，求該月有多少天。

12. 編寫程式求一元二次方程式 $ax^2+bx+c=0$ 的解。

13. 輸入三角形的三個邊長，求三角形的面積。

   提示：設 a，b，c 表示三角形的三個邊長，則構成三角形的充分必要條件是任意兩邊之和大於第三邊，即 a+b>c，b+c>a，c+a>b。如果該條件滿足，則可按照海倫公式計算三角形的面積：

$$area = \sqrt{s(s-a)(s-b)(s-c)}$$

其中，$s = (a+b+c)/2$。

14. 輸入 x，求對應的函數值 y。

$$y = \begin{cases} \sin x + |x-1|, & x \le 0 \\ \ln(x), & x > 0 \end{cases}$$

　　提示： 這是一個具有兩個分支的分段函數，可以採用雙向選擇結構來實現求函數值 y。

15. 輸入一個 3 位數整數，判斷它是否為水仙花數。

　　提示： 「水仙花數 (Narcissistic number)」也稱為阿姆斯壯數 (Armstrong number)，用來描述一個 N 位數非負整數，其各位數的 N 次方和等於該數本身。例如 3 位整數 $153=1^3+5^3+3^3$，因此 153 是水仙花數。關鍵的一步是先分別求 3 位整數的個位數、十位數、百位數，再根據條件判斷該數是否為水仙花數。

· MEMO ·

06
CHAPTER

迴圈結構

迴圈結構是結構化程式設計的基本結構之一。它和循序結構、選擇結構共同做為各種複雜程式的基本建構單元。在許多的應用程式都包含迴圈架構，例如，要輸入全班同學的成績、求多個數字之總和、迭代(iteration)運算求方程式的根等。因此熟悉迴圈結構的概念及使用是程式設計的最基本要求。

本章將介紹 while 敘述、do-while 敘述和 for 敘述。透過對這三種迴圈敘述的比較，可以發現三者的共同之處，也可以瞭解它們在使用上的區別。最後將介紹有關轉移敘述的內容。轉移敘述可以使程式設計更為靈活，使用 goto 敘述可以跳轉到函數主體內的任何位置，使用 continue 敘述可以結束本次迴圈操作而不終止整個迴圈，使用 break 敘述可以結束整體迴圈過程。

6.1 → 迴圈敘述

在求解問題的過程中，有許多具有規律性的重複操作，因此在程式中就需要重複執行某些敘述，每次重複操作都有其新的內容。也就是說，雖然每次重複執行的敘述相同，但敘述中變數的值是改變的，而且當重複到一定次數或滿足一定條件後才能結束敘述的執行。在一定條件下重複執行某些操作的控制結構稱為「迴圈(loop)」結構，它由迴圈主體(body)及迴圈條件(condition)兩部分組成，重複執行的敘述稱為迴圈主體，決定是否繼續重複執行的運算式稱為迴圈條件。

C 語言提供下列敘述來實現迴圈結構：

1. while 敘述

2. do-while 敘述

3. for 敘述

4. goto 敘述和 if 敘述構成迴圈

本章將介紹上述 4 種敘述的基本格式、執行規則以及程式設計的方法。

6.2 → while 敘述

while 敘述用來建構前測型迴圈(Pre-test loop)結構。當運算式為非 0 值時，就執行迴圈主體內敘述，其呼叫格式如下：

```
while(運算式)
    敘述區段
```

其中，運算式表示迴圈條件，可以是結果為非 0 或 0 的任何運算式，常用的是關係運算式或邏輯運算式。敘述區段是重複執行的部分，稱為迴圈主體(body)。迴圈主體可以是單一敘述或複合敘述。

執行過程是：首先計算運算式的值，若其值為非 0，則執行迴圈主體之敘述，並重新計算運算式，迴圈一直繼續到運算式的值變成 0 為止。若運算式的值為 0，結束 while 迴圈，執行 while 迴圈後的敘述。其流程圖見圖 6-1 所示。

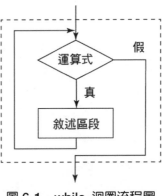

圖 6-1　while 迴圈流程圖

例 6.1　前測型迴圈結構

```c
#include <stdio.h>
int main()
{
    int cnt=1;
    while(cnt<=3)
        printf("cnt= %d\n",cnt++*5);
    return 0;
}
```

執行結果：

```
cnt= 5
cnt= 10
cnt= 15
```

說明

1. 迴圈主體若是複合敘述，需用大括號括起來。不然，while 的作用範圍只到其後的第一個分號。

2. 在迴圈主體中應有使迴圈趨於結束的敘述。

例 6.2　使用 while 敘述求 1~100 之和

```c
#include <stdio.h>
int main( )
{
    int i,sum=0;
```

```
        i=1;
        while(i<=100)
        {
            sum=sum+i;
             i++; }
        printf("1+2+3+...+100= %d",sum);
        return 0;
}
```

執行結果：

```
    1+2+3+...+100= 5050
```

說明

1. 若迴圈主體中包含一個以上的敘述，則必須使用大括號括住，以複合敘述的形式出現。如果不加大括弧，則 while 敘述的範圍只達 while 敘述後之第一個分號。例如，本例中，while 敘述中如無大括號，則只有一條迴圈敘述"sum=sum+i;"。

2. 迴圈主體中必須有結束迴圈的敘述，否則會造成無窮迴圈(Infinite loop)。例如，本例中的迴圈結束條件是"i>100"。因此，在迴圈主體中使用"i++;"敘述以達"i>100"的目的。若無此敘述，則 i 的值不變，將會造成無窮迴圈。

例 6.3 使用 while 迴圈求兩個非 0 整數之和

```
        #include <stdio.h>
        int main()
        {
            int x,y,z;
            scanf("%d,%d",&x,&y);
            while(x!=0&&y!=0)
            {
                z=x+y;
                printf("z=%d\n",z);
                scanf("%d,%d",&x,&y);
            }
            return 0;
}
```

執行結果：

```
    4,5
    z=9
```

```
2,3
z=5
0,0
```

例 6.4 使用 while 迴圈求 2+4+6+...+98+100 之和

```c
#include <stdio.h>
int main()
{
    int x,y;                    /*在迴圈主體之前進行迴圈變數初始化*/
    x=y=0;                      /*迴圈變數 x 初始化為 0*/
    while(x<100)
    {
      ++x; ++x;
        y+=x;
    }
    printf("2+4+6+...+98+100=%d\n",y);
    return 0;
}
```

執行結果:

```
2+4+6+...+98+100=2550
```

例 6.5 使用 while 迴圈求各華氏溫度所對應的攝氏溫度

```c
#include <stdio.h>
int main()
{
    float fah,cel;
    fah=-10;
    while(fah<=200)
    {
        cel=(5.0/9.0)*(fah-32.0);
        printf("華氏: %4.0f   -->   攝氏: %6.1f\n",fah,cel);
        fah=fah+30;
    }
    return 0;
}
```

執行結果：

```
華氏:  -10 --> 攝氏:  -23.3
華氏:   20 --> 攝氏:   -6.7
華氏:   50 --> 攝氏:   10.0
華氏:   80 --> 攝氏:   26.7
華氏:  110 --> 攝氏:   43.3
華氏:  140 --> 攝氏:   60.0
華氏:  170 --> 攝氏:   76.7
華氏:  200 --> 攝氏:   93.3
```

說明

華氏溫度 F 與攝氏溫度 C 的關係是：C=5/9*(F－32)。本例求 F 為-10、20、50、……、200 時，求各華氏溫度所對應的攝氏溫度。

6.3 → do-while 敘述

do-while 敘述用來建構後測型迴圈(Post-test loop)結構。這種結構先執行迴圈主體內敘述，直到迴圈判斷條件為假時，就結束迴圈。其一般格式如下：

do
{迴圈主體敘述}   while(運算式);

其執行過程是：先執行迴圈主體敘述部分，然後判斷運算式，當運算式為真時（非 0），則繼續執行迴圈主體中之敘述，如此反覆，直到運算式的值為假(0)時結束迴圈，執行 do-while 迴圈後的敘述。流程圖見圖 6-2 所示。

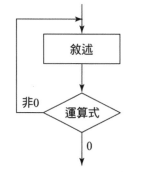

圖6-2　do-while 迴圈流程圖

例 6.6 後測型迴圈結構

```
#include <stdio.h>
int main()
{
    int i=0;
    do
    {printf("%d\n",i++);} while(i<5);
    printf("停止迴圈\n");
    return 0;
}
```

執行結果：

```
0
1
2
3
4
停止迴圈
```

例 6.7 使用 do-while 迴圈求 1~100 之和

```
#include <stdio.h>
int main()
{
    int i,sum=0;
    i=1;
    do
    { sum=sum+i;
      i++;} while(i<=100);
    printf("1+2+3+...+100= %d",sum);
    return 0;
}
```

執行結果：

```
1+2+3+...+100= 5050
```

例 6.8 使用 do-while 迴圈求兩個非 0 整數之和

```c
#include <stdio.h>
int main()
{
    int x,y,z;
    do
    {scanf("%d, %d",&x,&y);
     z=x+y;
     printf("z= %d\n",z);} while(x!=0 && y!=0);
    return 0;
}
```

執行結果：

```
4,5
z=9
2,3
z=5
0,0
z=0
```

說明

1. do-while 敘述至少要執行一次迴圈主體。而 while 敘述先判斷（運算式）內的值，若為 0，則跳出 while 迴圈，因此可能一次也不執行迴圈主體。當 x 和 y 全部輸入 0 時，例 6.3 不執行 x+y 和 printf()兩個敘述跳出迴圈，而本例中則執行上述兩個敘述跳出迴圈，在螢幕上顯示 z=0 後，再終止執行。

2. 這兩種迴圈的迴圈變數初始化一般都在迴圈主體之前進行，但 do-while 結構有時也可以在迴圈主體內進行。

例 6.9 使用 do-while 迴圈求 1~100 的偶數之和

```c
#include <stdio.h>
int main()
{
    int x,y;
    x=y=0;      /*迴圈變數 x 初始化為 0*/
    do
    {++x; ++x;
```

```
    y+=x; } while(x<100);
    printf("2+4+6+...+98+100=%d\n",y);
    return 0;
}
```

執行結果：

```
2+4+6+...+98+100=2550
```

6.4 → for 敘述

　　C 語言中，使用 for 敘述也可以控制一個迴圈，並且在每一次執行迴圈時修改迴圈變數。在迴圈敘述中，for 敘述的應用最為靈活，不僅可以用於迴圈次數已經確定的情況，而且可以用於迴圈次數不確定而只給出迴圈結束條件的情況。

6.4.1　for 敘述的使用

　　for 敘述的一般格式如下：

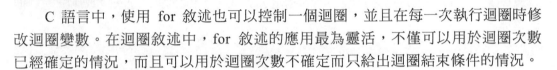

```
for(運算式 1;運算式 2;運算式 3)
    迴圈主體
```

　　每條 for 敘述包含 3 個用分號隔開的運算式。這 3 個運算式用小括號括起來，其後緊跟著迴圈敘述或敘述區段。當執行 for 敘述時，首先計算運算式 1 的值，接著計算運算式 2 的值。如果運算式 2 的值為真（非 0），就執行迴圈主體的敘述區段，並計算運算式 3；然後檢查運算式 2，執行迴圈；如此反覆，直到運算式 2 的值為假(0)，退出迴圈。其流程圖見圖 6-3 所示。

　　透過上面的流程圖和 for 敘述的介紹，總結其執行過程如下：

1. 求解運算式1。

2. 求解運算式 2，若其值不為 0，則執行 for 敘述中的迴圈敘述區段，然後執行步驟 3；若為 0，則結束迴圈，轉到步驟 5。

3. 求解運算式 3。

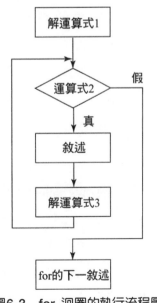

圖6-3　for 迴圈的執行流程圖

4. 回到步驟 2，繼續執行。

5. 迴圈結束，執行 for 敘述的下一個敘述。

其實 for 敘述簡單的應用形式如下：

> **for(迴圈變數指定初值;迴圈條件;迴圈變數增量)**
> **迴圈主體**

說明

1. for 敘述中條件判斷總是在執行迴圈開始時進行。

2. 運算式 1 可以是指定迴圈變數初值的指定運算式，也可以是與迴圈變數無關的其他運算式。例如：

> for(s=0;i<=50;i++)　　s=s+i;

3. 運算式 2 一般含有迴圈控制變數，可以是關係運算式或邏輯運算式，也可以是數值運算式或字元運算式。只要其為非 0 值，就執行迴圈主體。而運算式 3 通常用來改變迴圈變數的值。例如：

> for(i=1;i<=50;i++)　　s=s+i;

其中 i 是迴圈變數，當 i 小於等於 50 時，執行迴圈主體敘述 s=s+i；運算式 3(i++) 每執行一次 s=s+i 就加 1，直到 i 大於 50 結束迴圈。

再如：

> for(m=0;(c=getchar())!='\n';m+=c);

4. 運算式 1、運算式 3 可以是一個簡單的運算式，也可以是逗號運算式。例如：

> for(m=0,n=50;m<=n;m++,j--)　　k=m+n;

或

> for(i=0,j=10;i<=j;i++,j--) k=i+j:

運算式 1 和運算式 3 都是逗號運算式，各包含兩個指定運算式，即同時指定兩個初值，使兩個變數遞增。

逗號運算式按由左至右順序求解，整個逗號運算式的值為其中最右邊運算式的值。例如：

> for(m=1;m<=50;m++,m++)　　s=s+m;

其中運算式 3 的值，相當於 m=m+2。

例 6.10　求 1~100 所有的偶數和

```c
#include <stdio.h>
int main()
{
    int cnt,sum;                                    /*定義變數*/
    /*在 for 迴圈中，指定變數值，對迴圈變數執行兩次遞增運算*/
    for(sum=0,cnt=0;cnt<=100;cnt++,cnt++)
    {
        sum=sum+cnt;              /*執行累加運算*/
    }
    printf("2+4+6+...+98+100= %d\n",sum);       /*輸出結果*/
    return 0;
}
```

執行結果：

```
2+4+6+...+98+100= 2550
```

說明

　　在本例中，指定變數初值的操作都放在 for 敘述中，並且對迴圈變數進行兩次遞增操作，這樣所求出的結果就是所有偶數的和。在 for 敘述中對變數 sum、cnt 進行初始化。每次迴圈敘述執行完後進行兩次 cnt++操作，最後輸出結果。

例 6.11　使用迴圈控制分行輸出 cnt=10、cnt=20、cnt=30

```c
#include <stdio.h>
int main()
{
    intcnt;
    for(cnt=1;cnt<=3;cnt++)
        printf("count=%d\n",cnt*5);
    return 0;
}
```

程式執行結果為：

```
count=10
count=20
count=30
```

說明

在本例中，迴圈條件是 cnt<=3，而迴圈主體是單一敘述 printf 函數呼叫。執行時，迴圈初始化 cnt=1，滿足運算式 2 的迴圈控制條件，輸出 cnt=10，然後執行運算式 3，使 cnt=2，再判斷是否滿足運算式 2，由於 cnt 的值不斷加 1，將不能滿足迴圈控制條件 cnt<=3，最終使迴圈終止。迴圈條件不斷變化這一點非常重要，否則變成無窮迴圈。

例 6.12 計算 sum=1+2+3+⋯+i，輸出當 sum>10000 時的 sum 和 i 值。

```c
#include <stdio.h>
int main()
{
  int i,sum=0;
  for(i=0;i<1000;i++){
      sum+=i;
      if(sum>10000)          /*當 sum>10000 時，退出迴圈*/
          break;}
  printf("i= %d, sum= %d\n",i,sum);
  return 0;
}
```

執行結果：

```
i= 141, sum= 10011
```

說明

1. break 敘述用於終止迴圈的執行，退出迴圈，並繼續執行下一敘述。
2. 本例中有兩個退出迴圈的途徑，其一為當 i 大於等於 1000 時，另一個為 sum 大於等於 10000 時。

例 6.13 使用 for 敘述顯示隨機數

```c
#include<stdio.h>
int main()
{
    int cnt;                                          /*定義變數*/
    /*使用 for 敘述指定變數，執行迴圈*/
    for(cnt=0;cnt<10;cnt++)
    {
```

```
        srand(cnt+1);              /*設定隨機產生器的種子*/
        printf("隨機數 %d: %d\n",cnt,rand());/*產生隨機數*/
    }
    return 0;
}
```

執行結果:

```
隨機數 0: 41
隨機數 1: 45
隨機數 2: 48
隨機數 3: 51
隨機數 4: 54
隨機數 5: 58
隨機數 6: 61
隨機數 7: 64
隨機數 8: 68
隨機數 9: 71
```

> **說明**

1. 在本例中,使用 for 敘述顯示 10 個隨機數。其中,產生隨機數要用到 srand 和 rand 函數,這兩個函數都包含在 stdio.h 標頭檔中。

2. 在程式中,定義變數 cnt。在 for 敘述中先指定 cnt 初值,然後判斷 cnt<10 的條件是否為真,再根據判斷的結果選擇是否執行迴圈主體。

3. srand 和 rand 函數都包含在 stdio.h 檔中,srand 函數的功能是設定一個隨機產生器的種子,rand 函數是根據設定的隨機產生器種子產生特定的隨機數。

4. 在迴圈敘述中使用 srand 函數設定 cnt+1 為設定的種子,然後使用 rand 函數產生特定的隨機數,使用 printf 函數輸出產生的隨機數。

6.4.2　for 迴圈的變體

　　經由上面的說明可知,for 敘述的呼叫格式中有 3 個運算式。在實際編寫程式過程中,這 3 個運算式可以部分或全部省略,但";"不能省略。接下來對不同情況進行說明。

(一) 省略運算式 1

　　此時應在 for 敘述前指定迴圈變數初值。若省略運算式 1,其後的分號不能省略。例如:

```
int s=0,i=0;
:
for(; i<=50;i++)     s=s+i;
```

例 6.14　　省略 for 敘述中的運算式 1

```c
#include <stdio.h>
int main()
{
    int num=1;                   /*定義變數，指定變數初執*/
    int sum=0;                   /*儲存運算後的總和*/
    /*使用 for 迴圈*/
    for(;num<=100;num++)
    {
        sum=num+sum;             /*累加計算*/
    }
    printf("1+2+3+...+100= %d\n",sum);        /*輸出計算結果*/
    return 0;
}
```

執行結果：

```
1+2+3+...+100= 5050
```

說明

在本例中，將 for 敘述中第一個運算式省略，實現 1~100 的累加計算。在程式中可以看到，省略 for 敘述中第一個運算式時，在定義變數 num 時同時指定初值。這樣在使用 for 敘述迴圈時就不用指定變數 num 的初值，從而省略第一個運算式。

（二）省略運算式 2

不判斷迴圈條件，也即預設運算式 2 始終為真，因此迴圈會無終止地執行下去，如圖6-4 所示。例如：

```
for(i=1; ;i++)     s=s+i;
```

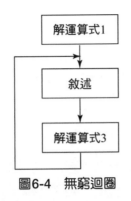

圖6-4　無窮迴圈

在括號中，運算式 1 為指定運算式，而省略運算式 2，這就相當於使用如下 while 敘述：

```
i=1;
while(1)
{
    s=s+i;
    i++;
}
```

例 **6.15**　省略 for 敘述中的運算式 1 和運算式 2

```
#include <stdio.h>
int main()
{
    int num=1;                      /*定義變數，指定變數初執*/
    int sum=0;                      /*儲存運算後的總和*/
    /*使用 for 迴圈*/
    for(;;num++)
    {
        if (num>100) break;
        sum=num+sum;                /*累加計算*/
    }
    printf("1+2+3+...+100= %d\n",sum);          /*輸出計算結果*/
    return 0;
}
```

執行結果：

```
1+2+3+...+100= 5050
```

179

在本例中，將 for 敘述中運算式 1 和運算式 2 省略，實現 1~100 的累加計算。程式中可以使用 break 敘述避免其出現無窮迴圈。break 敘述將在後面章節介紹。

（三）省略運算式 3

此時迴圈無法正常結束，應另外設法保證迴圈能正常結束。例如：

```
for(sum=0,i=l;i<=10;)
  {sum=sum+i;
   i++;   /*把 i++做為迴圈主體的一部分，可以使迴圈正常結束*/
  }
```

（四）同時省略運算式 1 和運算式 3

此種情況與 while 敘述同義。例如：

```
for(;i<=50;)
      {s=s+i; i++;}
```

同義於

```
while(i<=50)
   {s=s+i; i++;}
```

例 6.16　省略 for 敘述中的運算式 1 和運算式 3

```
#include <stdio.h>
int main()
{
   int num=1;                    /*定義變數，指定變數初執*/
   int sum=0;                    /*儲存運算後的總和*/
   /*使用 for 迴圈*/
   for(;num<=100;)
   {
      sum=num+sum;            /*累加計算*/
      num++;
   }
   printf("1+2+3+...+100= %d\n",sum);        /*輸出計算結果*/
   return 0;
}
```

執行結果：

```
1+2+3+...+100= 5050
```

說明

在本例中，將 for 敘述中運算式 1 和運算式 3 省略，實現 1~100 的累加計算。省略 for 敘述中運算式 1 和運算式 3 的功能，相當於 while 敘述的功能。例如：

```c
#include <stdio.h>
int main()
{
    int num=1;                  /*定義變數，指定變數初執*/
    int sum=0;                  /*儲存運算後的總和*/
    /*使用 for 迴圈*/
    while(num<=100)
    {
        sum=num+sum;            /*累加計算*/
        num++;
    }
    printf("1+2+3+...+100= %d\n",sum);      /*輸出計算結果*/
    return 0;
}
```

（五）省略三個運算式

這種情況既不設定初值和判斷條件，迴圈變數也不增（減）值，此時認為運算式 2 為真，因此將無終止地執行迴圈主體。例如：

```c
for(;;)
    迴圈主體
```

這種情況相當於 while 敘述永遠為真：

```c
while(1)
{
    敘述區段
}
```

例 6.17 省略 for 敘述中的運算式 1、運算式 2 和運算式 3

```c
#include <stdio.h>
int main()
{
    int num=1;                      /*定義變數，指定變數初執*/
    int sum=0;                      /*儲存運算後的總和*/
    /*使用 for 迴圈*/
    for(;;)
    {
        if (num>100) break;
        sum=num+sum;                /*累加計算*/
        num++;
    }
    printf("1+2+3+...+100= %d\n",sum);          /*輸出計算結果*/
    return 0;
}
```

執行結果：

1+2+3+...+100= 5050

6.4.3　三種迴圈敘述的比較

前面介紹三種迴圈敘述：while、do-while 和 for 敘述。一般而言，這三種迴圈敘述之間可以相互替換。下面說明這三種迴圈敘述在不同情況下的比較。

1. while 和 do-while 敘述只在 while 後面指定迴圈條件，在迴圈主體中應包含使迴圈結束的敘述（如 i++或 i=i+1 等）。for 敘述可以在運算式 3 中包含使迴圈結束的操作，可以設定將迴圈主體中的操作全部放在運算式 3 中。因此，for 敘述的功能更強，凡使用 while 敘述能完成的功能，用 for 敘述都能實現。

2. 使用 while 和 do-while 敘述時，迴圈變數初始化的操作應在 while 和 do-while 敘述之前完成；而 for 敘述可以在運算式 1 中實現迴圈變數的初始化。

3. while 敘述、do-while 敘述和 for 敘述都可以用 break 敘述跳出迴圈，使用 continue 敘述結束本次迴圈（break 和 continue 敘述將在 6.7 節中介紹）。

6.5 → 巢狀迴圈

　　如果一個迴圈主體又包括一個迴圈結構，就稱為「巢狀迴圈(Nested loop)」，或稱為多重迴圈(Mutiple loop)結構。常用的巢狀迴圈有雙重迴圈和三重迴圈。在巢狀迴圈結構中，處於內部的迴圈稱為內部迴圈(Inner loop)，處於外部的迴圈稱為外部迴圈(Outer loop)。例如下列使用for敘述構成的雙重迴圈：

```
for(i=1; i<=9;i++)                      /*外部迴圈 */
    for(j=1;j<=i;j++)                   /*內部迴圈 */
        printf("%d ",i*j);
```

　　在設計巢狀迴圈時，要特別注意內部迴圈和外部迴圈之間的巢狀關係，以及各敘述放置的位置。以下都是合法的巢狀迴圈：

1.

```
while()
{
    while()
     {  }
}
```

2.

```
do
{
    do
    {    } while();
 } while();
```

3.

```
for( ; ; )
{
     for( ; ; )
       {   }
}
```

4.

```
while()
{
     do
```

```
        {    } while();
    }
```

5.

```
for( ; ; )
{
        while()
            {    }
}
```

6.

```
do
{
        for( ; ; )
            {    }

}    while();
```

例 6.18 使用巢狀敘述輸出金字塔形狀

```
#include<stdio.h>
int main()
{
    int i, j, k;                              /*定義整數變數 i,j,k */
    for (i = 1; i <= 5; i++)                  /*控制列數*/
    {
        for (j = 1; j <= 5-i; j++)            /*空格數*/
            printf(" ");
        for (k = 1; k <= 2 *i - 1; k++)       /*顯示*號的個數*/
            printf("*");
        printf("\n");
    }
    return 0;
}
```

執行結果：

```
    *
   ***
  *****
 *******
*********
```

說明

1. 在本例中，利用巢狀迴圈輸出金字塔形狀。顯示一個三角形要考慮 3 點，首先要透過一個外部迴圈控制輸出三角形的列數，其次控制三角形的空白位置，最後將三角形輸出。

2. 程式中，首先透過一個外部迴圈控制三角形的列數，然後在迴圈主體中使用巢狀 for 敘述控制每一列的空白和"*"號的個數，如此就可以將整個金字塔的形狀輸出。

例 6.19　列印九九乘法表

```c
#include <stdio.h>
int main()
{
    int row, col;               /*row 為列，col 為行*/
    for (row = 1; row <= 9; row++)     /* row 為乘法表中的列數*/
    {
        for (col = 1; col <= row; col++)    /*根據 row 和 col 值迴圈計算*/
        {
            printf("%d*%d=%d ", row,col,row *col);
        }
        printf("\n");
    }
    return 0;
}
```

執行結果：

```
1*1=1
2*1=2 2*2=4
3*1=3 3*2=6 3*3=9
4*1=4 4*2=8 4*3=12 4*4=16
5*1=5 5*2=10 5*3=15 5*4=20 5*5=25
6*1=6 6*2=12 6*3=18 6*4=24 6*5=30 6*6=36
7*1=7 7*2=14 7*3=21 7*4=28 7*5=35 7*6=42 7*7=49
8*1=8 8*2=16 8*3=24 8*4=32 8*5=40 8*6=48 8*7=56 8*8=64
9*1=9 9*2=18 9*3=27 9*4=36 9*5=45 9*6=54 9*7=63 9*8=72 9*9=81
```

說明

1. 本例要求輸出九九乘法表，在乘法表中有列和行項的相乘的結果。根據這個特點，使用巢狀迴圈將其顯示。

2. 在本例中用到兩個 for 迴圈，第一個 for 迴圈可看成乘法表的列數，同時也是每列進行乘法運算的第一個因數；第二個 for 迴圈的最大值是第一個 for 迴圈中變數的值。

例 6.20 顯示輸出九九乘法表的下三角部分

```c
#include <stdio.h>
int main()
{
    int i,j;
    for(i=1; i<=9;i++)
        for(j=1;j<=i;j++)
        {
            printf("%d   ",i*j);
            if(j==i)
                printf("\n"); }   /*每列輸出最後一行後要換行*/
    return 0;
}
```

執行結果：

```
1
2 4
3 6 9
4 8 12 16
5 10 15 20 25
6 12 18 24 30 36
7 14 21 28 35 42 49
8 16 24 32 40 48 56 64
9 18 27 36 45 54 63 72 81
```

說明

　　該乘法表要列出 1×1，2×1，2×2，3×1，3×2，3×3，...，9×9 的值，用外層迴圈控制乘數，i=1~9，輸出 9 列；內層迴圈控制被乘數，使 j 從 1~i，每列輸出 j 行。

例 **6.21**　求 3~100 之間的所有質數，按每列 4 行輸出。

```c
#include <stdio.h>
int main()
{
  int i,m,k,j=0;
  for(m=3;m<=100;m++)
  {      /*控制被驗證的數在 3~100 之間*/
      k=0;                    /*用 k=0 做為質數的標記*/
      for(i=2;i<=m-1;i++)  /*驗證某個數 m 是否為質數*/
        if (m%i==0)
        {k=1;break;}          /*用 k=1 標記某數不是質數*/
        if (k==0)
        {printf("%3d",m);
         j=j+1;
         if (j%4==0)          /*用來控制每列輸出 4 個質數*/
              printf("\n");
        }
  }
  return 0;
}
```

執行結果如下：

```
 3  5  7 11
13 17 19 23
29 31 37 41
43 47 53 59
61 67 71 73
79 83 89 97
```

說明

1. 質數(Prime number)是大於 1，且除了 1 和它本身以外，不能被其他任何整數所整除的整數，例如 3、5、7、11 等。為了判斷整數 m 是否為質數，一個最簡單的辦法用 2，3，4，5，…，m-1 這些數逐一去除 m，看能否整除，如果全都不能整除，則 m 是質數，否則，只要其中一個數能整除，則 m 不是質數。當 m 較大時，用這種方法，除的次數太多，可以有許多改進辦法，以減少除的次數，提高執行效率。

2. 該程式應該用雙重迴圈實現。外迴圈用來控制被驗證的數在 3~100 之間，內迴圈用來驗證某個數 m 是否為質數，並按每行 4 列輸出。

6.6 → 無條件轉移敘述 goto

goto 敘述為無條件轉向敘述。一般來說，goto 敘述可以有兩種用途：

1. 與 if 敘述構成迴圈結構。

2. 從迴圈主體中跳到迴圈主體外。

goto 敘述的一般格式如下：

> **goto** 敘述標記;
> …
> 敘述標記:　　　;

敘述標記可以放在任何敘述的開始處，標記的後面要加冒號(:)。敘述標記用識別字表示，它的命名規則與變數命名相同，不能使用整數做為標記，並且不能用 goto 敘述直接進入迴圈主體。例如：

> goto　　abc_c:　　合法
> goto　　52:　　　不合法(不能使用整數做為標記)

在 C 語言中，由於可以用 break 敘述和 continue 敘述跳出本層迴圈和結束本次迴圈。因此，goto 敘述的使用機會大大減少。

在程式設計時，盡可能少用 goto 敘述。

例 **6.22** 使用 goto 敘述和 if 敘述，求 1~100 的整數和。

```c
#include <stdio.h>
int main()
{
    int i=1,sum=0;
    loop: sum=sum+i;
        i++;
        if(i<=100)      goto loop;
        else
            printf("1+2+3+...+100= %d",sum);
    return 0;
}
```

程式執行結果：

1+2+3+...+100= 5050

迴圈控制敘述用來改變迴圈的執行路徑。C 語言提供以下迴圈控制敘述：break 敘述和 continue 敘述。

6.7.1 break 敘述

break 敘述只能用於迴圈敘述和開關(switch)敘述中，其作用是跳出 switch 敘述或跳出本層迴圈，繼續執行後面的程式。break 敘述還可以用來從迴圈主體內跳出迴圈主體，即提前結束迴圈，接著執行迴圈下面的敘述。

break 敘述的一般格式如下：

break;

break 敘述不能用於迴圈敘述和 switch 敘述之外的任何其他敘述。

例 6.23 使用 break 敘述跳出迴圈

```c
#include<stdio.h>
int main()
{
  int cnt;                    /*迴圈控制變數*/
  for(cnt=0;cnt<10;cnt++)     /*執行 10 次迴圈*/
  {
     if(cnt==5)               /*判斷條件，如果 cnt 等於 5 跳出迴圈*/
     {
        printf("Break here\n");
        break;                /*跳出迴圈*/
     }
     printf("the counter is:%d\n",cnt);     /*輸出迴圈的次數*/
  }
  return 0;
}
```

執行結果：

```
the counter is:0
the counter is:1
the counter is:2
the counter is:3
the counter is:4
Break here
```

說明

1. 使用 for 敘述執行迴圈輸出 10 次的操作，在迴圈主體中判斷輸出的次數。當迴圈變數為 5 時，使用 break 敘述跳出迴圈，終止迴圈輸出操作。

2. 變數 cnt 在 for 敘述中指定為 0，因為 cnt<10，所以迴圈執行 10 次。在迴圈敘述中使用 if 敘述判斷目前 cnt 的值。當 cnt 值為 5 時，if 判斷為真，使用 break 敘述跳出迴圈。

6.7.2 continue 敘述

continue 敘述只能用在 while、for 或 do-while 的迴圈主體中，不適用於 switch 敘述。其作用就是結束本次迴圈，即跳過迴圈主體中尚未執行的部分，直接執行下一次的迴圈操作。

continue 敘述的一般格式是：

```
continue;
```

與 break 敘述不同，當在迴圈中執行 continue 敘述時，並不會退出迴圈，而是立即結束本次迴圈，重新開始下一次迴圈。對於 while 迴圈，執行 continue 敘述後將使控制直接轉向條件判斷部分，從而決定是否繼續執行迴圈。對於 for 迴圈，執行 continue 敘述後並沒有立即測試迴圈條件，而是先將序列的下一個元素指定給目標變數，根據指定情況來決定是否繼續執行 for 迴圈。

continue 敘述和 break 敘述的主要區別是：continue 敘述只結束本次迴圈，而不是終止整個迴圈的執行。break 敘述則是結束所在迴圈，跳出所在迴圈主體。

例 6.24 利用 continue 跳轉的程式

```
#include<stdio.h>
int main()
```

```
{
    int cnt;                         /*迴圈控制變數*/
    for(cnt=0;cnt<10;cnt++)          /*執行 10 次迴圈*/
    {
        if(cnt==5)                            /*判斷條件，如果 cnt 等於 5 跳出*/
        {
            printf("Continue here\n");
            continue;                         /*跳出本次迴圈*/
        }
        printf("the counter is:%d\n",cnt);               /*輸出迴圈的次數*/
    }
    return 0;
}
```

執行結果：

```
the counter is:0
the counter is:1
the counter is:2
the counter is:3
the counter is:4
Continue here
the counter is:6
the counter is:7
the counter is:8
the counter is:9
```

說明

1. 本例與上例使用 break 敘述結束迴圈相似，區別在於將使用 break 敘述的位置改寫成 continue。因為 continue 敘述只結束本次迴圈，所以剩下的迴圈還是會繼續執行。

2. 透過程式的輸出結果可以看到，在 cnt 等於 5 時，呼叫 continue 敘述使得本次的迴圈結束。但是迴圈本身並沒有結束，因此程式會繼續執行。

習題

一、選擇題

1. 在 C 語言中，while 和 do-while 迴圈的主要區別是　(A) do-while 的迴圈主體至少無條件執行一次　(B) while 的迴圈控制條件比 do-while 的迴圈控制條件嚴格　(C) do-while 允許從外部轉到迴圈主體內　(D) do-while 的迴圈主體不能是複合敘述

2. 下列敘述何者正確？　(A)由於 do-while 迴圈中迴圈主體敘述只能是一條可執行敘述，所以迴圈主體內不能使用複合敘述　(B) do-while 迴圈由 do 開始，用 while 結束，在 while（運算式）後面不能加分號　(C)在 do-while 迴圈主體中，一定要有能使 while 後面運算式的值變為零（「假」）的操作　(D) do-while 迴圈中，根據情況可以省略 while

3. 下列關於 for 迴圈的敘述，何者正確？　(A) for 迴圈只能用於迴圈次數已經確定的情況　(B) for 迴圈是先執行迴圈主體敘述，後判斷運算式　(C)在 for 迴圈中，不能用 break 敘述跳出迴圈主體　(D) for 迴圈的迴圈主體敘述中，可以包含多條敘述，但必須用大括號括起來

4. for（運算式 1; ;運算式 3）敘述同義於　(A) for（運算式 1;0;運算式 3）　(B) for（運算式 1;1;運算式 3）　(C) for（運算式 1;運算式 1;運算式 3）　(D) for（運算式 1;運算式 3;運算式 3）

5. 下列敘述何者正確？　(A) continue 敘述的作用是結束整個巢狀迴圈執行　(B)只能在迴圈主體內和 switch 敘述區段內使用 break 敘述　(C)在迴圈主體內使用 break 敘述或 continue 敘述的作用相同　(D)從多層巢狀迴圈中退出時，只能使用 goto 敘述

6. 下列敘述何者正確？　(A) goto 敘述只能用於退出多層迴圈　(B) switch 敘述中不能出現 continue 敘述　(C)只能用 continue 敘述來終止本次迴圈　(D)在迴圈中 break 敘述不能獨立出現

7. 下列何者同義於敘述 while(!a); 中的運算式 !a？　(A) a==0　(B) a!=1　(C) a!=0　(D) a==1

8. 下列程式片段中，(A) while 迴圈執行 10 次　(B)迴圈是無窮迴圈　(C)迴圈主體敘述一次也不執行　(D)迴圈主體敘述執行一次

```
int k=10;
while(k=0) k=k-1;
```

9. 下列程式片段中，(A)執行程式片段後輸出 0　(B)執行程式片段後輸出 1　(C)程式片段中的控制運算式是非法的　(D)程式片段行無窮多次

```
int x=0,s=0;
while(!x!=0) s+=++x;
printf("%d",s);
```

10. 有關下列程式片段的敘述，何者正確？　(A)迴圈控制運算式與 0 同義　(B)迴圈控制運算式與'0'同義　(C)迴圈控制運算式不合法　(D)以上皆非

```
int t=0;
while(printf("*"))
{
    t++;
    if(t<3) break;
}
```

11. 執行下列程式的結果為　(A) 1　(B) 1,2　(C) 1,2,3　(D) 1,2,3,4

```
#include<stdio.h>
int main( )
{
    int num=0;
    while(num<=2)
    {
        num++;
        printf("%d,",num);
    }
    return 0;
}
```

12. 下列程式片段　(A)是無窮迴圈　(B)執行迴圈二次　(C)執行迴圈一次　(D)語法錯誤

```
x=-1;
do
{x=x*x;} while(!x);
```

13. 執行下列程式的輸出結果為　(A) 1　(B) 1 和-2　(C) 3 和 0　(D)無窮迴圈

```
int x=3;
do
{printf("%d\n",x-=2);} while(!(--x));
```

14. 執行下列程式的結果為　(A) -1　(B) 1　(C) 8　(D) 0

```
#include<stdio.h>
int main( )
```

```
{
    int y=10;
    do
    {y--;} while(--y);
    printf("%d\n",y--);
    return 0;
}
```

15. 執行下列程式結果為　(A) a=3,b=11　(B) a=2,b=8　(C) a=1,b=-1　(D) a=4,b=9

```
#include<stdio.h>
int main( )
{
    int a=1,b=10;
    do
    {b-=a;a++;} while(b--<0);
    printf("a=%d,b=%d\n",a,b);
    return 0;
}
```

16. 若 i 為整數變數，則下列迴圈執行多少次？　(A)無窮迴圈　(B) 0　(C) 1　(D) 2

```
for(i=2;i==0;)   printf("%d",i--);
```

17. 下列 for 巢狀迴圈執行多少次？　(A)無窮迴圈　(B) 5　(C) 4　(D) 3

```
for(x=0,y=0;(y=123)&&(x<4);x++);
```

18. 執行下列程式片段的結果為　(A) 1,2,0　(B) 2,1,0　(C) 1,2,1　(D) 2,1,1

```
int a=1,b=2,c=2,t;
while(a<b<c)
    {t=a;a=b;b=t;c--;}
printf("%d,%d,%d",a,b,c);
```

19. 執行下列程式片段的結果為　(A) 20,7　(B) 6,12　(C) 20,8　(D) 8,20

```
int x=0, y=0;
while(x<15)
    {y++,x+=++y;}
printf("%d,%d",x,y);
```

20. 執行下列程式片段的結果為　(A) 2　(B) 3　(C) 4　(D) 5

```
int n=0;
while(n++<=2);
    printf("%d",n);
```

21. 執行下列程式片段的輸出結果為　(A) 1　(B) 1 和 -2　(C) 3 和 0　(D)無窮迴圈

```
int x=3;
do
{printf("%d\n",x-=2);} while(!(--x));
```

22. 執行下列程式片段的結果為　(A) -1　(B) 1　(C) 8　(D) 0

```
int y=10;
do
{y--;} while(--y);
printf("%d\n",y--);
```

23. 執行下列程式結果為　(A) a=3,b=11　(B) a=2,b=3　(C) a=1,b=-1　(D) a=4,b=9

```
int a=1,b=5;
do
{b-=a;a++;} while(b--<0);
printf("a=%d,b=%d\n",a,b);
```

24. 下列程式片段的執行結果為　(A) 126　(B) 254　(C) 265　(D) 267

```
int a,s,n,cnt;
a=2;s=0;n=1;cnt=1;
while(cnt<=6)
    {n=n*a;s=s+n;++cnt;}
printf("%d",s);
```

25. 執行下列程式片段後，k 值為　(A) 46　(B) 54　(C) 48　(D) 26

```
int k=1, n=168;
do
        {k*=n%10;n/=10;} while(n);
```

26. 執行敘述 for(i=1;i++<4;);後，變數 i 的值為　(A) 3　(B) 4　(C) 5　(D) 6

27. 下列程式片段的執行結果為　(A) x=27,y=27　(B) x=12,y=13　(C) x=15,y=14　(D) x=y=27

```
for(y=1;y<10;)
    y=((x=3*y,x+1),x-1);
printf("x=%d,y=%d",x,y);
```

28. 下列程式片段的執行結果為　(A)輸出 ###*　(B)輸出 ##*　(C)無窮迴圈　(D)含有不合法的控制運算式

```
int x=3,y;
do
{
```

```
            y=x--;
            if(!y)
                {printf("*");break;}
            printf("#");
            } while(1<=x<=2);
```

29. 下列程式片段的執行結果為　(A) *#*#*#$　(B) #*#*#*$　(C) *#*#$　(D) #*#*$

```
    int i;
    for(i=1;i<=3;i++)
    {
        if(i%2) printf("*");
        else continue;
        printf("#");
    }
    printf("$\n");
```

30. 下列程式片段的執行結果為　(A) 4　(B) 5　(C) 6　(D) 7

```
    int i,j,a=0;
    for(i=0;i<3;i++)
    {
        for(j=0;j<4;j++)
        {
            if(j%2) break;
            a++;
        }
        a++;
    }
    printf("%d\n",a);
```

二、填空題

1. 在 C 語言中，while 敘述構成的迴圈中，條件運算式為＿＿＿時，結束迴圈。

2. 若 k 為 int 型變數，則下列 while 迴圈執行＿＿＿次。

```
    int k=10;
    while(k=0) k=k-1;
```

3. 若 k 為 int 型變數，則下列 while 迴圈執行＿＿＿次。

```
    int k=2;
    while(k!=0) printf("%d",k),
    k--;printf("\n");
```

4. 在 C 語言中，do-while 敘述構成的迴圈中，運算式條件為＿＿＿時，迴圈結束。

5. 下列程式片段的執行結果為＿＿＿。
```
int y=10;
while(y--);
    printf("y=%d\n",y); }
```

6. 執行下列程式片段後，s 值為＿＿＿。
```
int i=0,s=0;
while(i<=3)
    {s=s+i; i++;}
printf("%d",s);
```

7. 下列程式片段的執行結果為＿＿＿。
```
int a=11,b=12,t;
while(a<b)
    {t=a;a=b;b=t;}
printf("a= %d,b= %d",a,b);
```

8. 下列程式片段的執行結果為＿＿＿。
```
int x=1,y=2;
while(x<5)
    {y++;x+=y;}
printf("x= %d",x);
```

9. 執行下列程式片段後，s 值為＿＿＿。
```
int i=1,s=1;
do
{s=s*i; i++;} while(i<=5);
```

10. 執行下列程式片段後，k 值為＿＿＿。
```
int k=1,n=258;
do
{k*=n%10;n/=10;} while(n);
```

11. 若 for 迴圈用下列形式表示：
    for(運算式 1;運算式 2;運算式 3)　迴圈主體敘述
    則執行敘述 for(i=0;i<3;i++) printf("*"); 時，運算式 3 執行＿＿＿次。

12. 下列程式片段的執行結果為＿＿＿。
```
for(a=1,i=-1;-1<=i<1;i++)
    {a++; printf("%2d",a);}
printf("%2d",i);
```

13. 下列程式片段的執行結果為＿＿＿。

```
int x,y,i=1;
for(y=0,x=1;x>++y;x=i++)
    {y++; x+=++y;}
i+=x++;
printf("%d\n",i);
```

14. 下列程式片段的執行結果為＿＿＿。

```
int x,y;
for(y=1;y<5;)
    y=((x=2*y,x-3),x+1);
printf("x=%d,y=%d",x,y);
```

15. 下列程式片段的執行結果為＿＿＿。

```
int i,s=0;
for(i=1;i<=50;i++)
    if(i%7==0) s+=i;
printf("%d",s);
```

16. 下列程式片段的執行結果為＿＿＿。

```
int i,x,y;
i=x=y=0;
do
{
    ++i;
    if(i%3!=0)
        {x=x+i;i++;}
    y=y+i++;
} while(i<=5);
printf("x=%d,y=%d\n",x,y);
```

17. 執行以下程式時，若從鍵盤輸入 -2,3，則執行結果為＿＿＿。

```
int a,b,m,n;
m=n=1;
scanf("%d,%d",&a,&b);
do
{
    if(a>0) {m=2*n;b++;}
    else {n=m+n;a+=2;b++;}
} while(a==b);
printf("m=%d,n=%d",m,n);
```

18. 下列程式片段的執行結果為＿＿＿。

```
int i,t,s=0;
for(t=i=1;i<=5; )
{
    s+=t; ++i;
    if(i%3==0)
        t=-i;
    else t=i;
}
printf("%d",s);
```

19. 下列程式片段的輸出結果為＿＿＿。

```
int x,i;
for(i=1;i<=100;i++)
{
    x=i;
        if(x%2==0)
            if(x%3==0)
                if(x%7==0)
                printf("%d ",x);
}
```

20. 下列程式片段的執行結果為＿＿＿。

```
int i,b,k=0;
for(i=1;i<=10;i++)
{
    b=i%3;
    while(--b>=0) k++;
}
printf("k=%d,b= %d",k,b);
```

21. 下列程式片段的輸出結果為＿＿＿。

```
int i,j,k=1,m=2;
for(i=0;i<2;i++)
{
    for(j=0;j<3;j++)
        k++; k+=j;
}
m=i+j;
printf("k= %d,m= %d\n",k,m);
```

22. 下列程式片段的執行結果為____。

```
int i=1;
while(i<=10)
    if(++i%3!=2) continue;
    else printf("%d ",i);
```

23. 下列程式片段的輸出結果為____。

```
int k=0;char c='A';
do
{switch(c++)
   {case 'A':   k++;break;
    case 'B':   k--;
    case 'C':   k+=1;break;
    case 'D':   k=k%2;continue;
    case 'E':   k=k*5;break;
    default:    k=k/3;}
   k++;
} while(c<'G');
printf("k=%d\n",k);
```

24. 下列程式片段的執行結果為____。

```
int i, j=3;
for(i=j;i<=2*j;i++)
    switch(i/j)
    {case 0:
      case 1:printf("*"); break;
      case 2:printf("#");}
```

25. 下列程式片段的執行結果為____。

```
int i;
for(i=1;i<=5;i++)
    switch(i%5)
    { case 0:    printf("*");break;
      case 1:    printf("#");break;
      default: printf("\n");
      case 2:    printf("&");}
```

26. 執行下列程式片段，若從鍵盤輸入 12，則執行結果為____。

```
int c;
while((c=getchar())!='\n')
    switch(c-'1')
    {case 0:
```

```
                case 1: putchar(c);
                case 2: putchar(c+1);break;
                case 3: putchar(c+2);
                default: putchar(c+3);break;}
```

27. 下列程式片段的執行結果為＿＿＿。

```
            int i,j,k=10;
            while(i=k-1)
            {
                k-=2;
                if(k%3==0)
                    {i++; continue;}
                else if(k<5) break;
                i++;
            }
            printf("i=%d,k=%d\n",i,k);
```

28. 下列程式片段的輸出結果為＿＿＿。

```
            int i,j,x=2;
            for(i=0;i<2;i++)
            {
                x++;
                for(j=0;j<=3;j++)
                    {
                        if(j%2) continue;
                        x++;
                    }
                x++;
            }
            printf("x= %d\n",x);
```

29. 下列程式片段的執行結果為＿＿＿。

```
            int a,b;
            for(a=1,b=1;a<=15;a++)
            {
                if(b>=10) break;
                if(b%3==1)
                    {b+=3; continue;}
                b-=5;
            }
            printf("a= %d\n",a);
```

30. 下列程式片段的執行結果為____。

```
int i,j,x=0;
for(i=0;i<2;i++)
{
    x++;
    for(j=0;i<=3;j++)
    {
        if(j%2) break;
        x++;
    }
    x++;
}
printf("x= %d\n",x);
```

三、程式設計題

1. 使用 if 敘述和 goto 敘述求 $\sum\limits_{n=1}^{100} n$ 之值。

2. 使用 while 敘述求 $\sum\limits_{n=1}^{100} n$ 之值。

3. 使用 do-while 敘述求 $\sum\limits_{n=1}^{100} n$ 之值。

4. 使用 for 敘述求 $\sum\limits_{n=1}^{100} n$ 之值。

5. 從鍵盤輸入 n 位數正整數，然後將百位數是 3 的數輸出，當輸入 0 時結束迴圈。

6. 假設等比級數的第一項 a=1，公比 q=2，求滿足前 n 項之和小於 100 的最大 n 值。

7. 在輸入的正整數中求出最大者，若輸入 0，則結束迴圈。

8. 編寫程式求費布那西(Fibonacci)數列：1,1,2,3,5,8,.....的前 20 個數。

　　提示： 假設待求項（即 f_n）為 f，待求項前面的第一項（即 f_{n-1}）為 f_1，待求項前面的第二項（即 f_{n-2}）為 f_2。首先根據 f_1 和 f_2 推出 f，再將 f_1 做為 f_2，f 做為 f_1，為求下一項做準備。如此一直遞推下去。

	1	1	2	3	5
第一次：	f_2 +	f_1 →	f		

第一次：　f_2　+　f_1　→　f

$\qquad\qquad\qquad\downarrow\qquad\quad\downarrow$

第二次：　　　　　f_2　+　f_1　→　f

$\qquad\qquad\qquad\qquad\quad\downarrow\qquad\quad\downarrow$

第三次：　　　　　　　　f_2　+　f_1　→　f

　　程式使用 if 敘述來控制輸出格式，使得輸出 5 項後換列，每列輸出 5 個數。

9. 輸入一個整數 m，判斷 m 是否為質數(Prime number)。

10. 統計由鍵盤輸入的一組字元中，大寫字母的個數 m 和小寫字母的個數 n，並輸出 m、n 中的較大者。

11. 輸入一個整數 n，計算 n 階乘(factorial)的值

12. 輸入一個整數 n，輸出整數 n 的位數。

13. 求兩個數的最大公因數(Greatest Common Divisor; GCD)。

　　提示：可以使用輾轉相除法求兩個數的最大公因數，基本步驟如下：

　　(1)　求 a/b 的餘數 r。

　　(2)　若 r=0，則 b 為最大公因數，否則執行步驟(3)。

　　(3)　將 b 的值放在 a 中，r 的值放在 b 中。

　　(4)　跳至步驟(1)。

14. 令 i 的初值為 0，測試 i 是否小於 5；若為真，則顯示 i 的值；然後 i 值遞增1，再進行測試，直到 i<5 不成立，顯示：停止迴圈。

15. 輸入 n，求下列運算式的值。

$$1+\frac{1}{1+2}+\frac{1}{1+2+3}+\cdots+\frac{1}{1+2+3+\cdots+n}$$

　　提示：　這是求 n 項之和的問題。先求累加項 a，再用敘述"s += a"實現累加，共有 n 項，所以共執行迴圈 n 次。求累加項 a 時，分母又是求和問題，也可以用一個迴圈來實現。因此整個程式構成一個雙重迴圈結構。

16. 輸入 n，輸出下列圖形。

```
1   2   3   4   5   6   7   8   9
2   4   6   8  10  12  14  16  18
3   6   9  12  15  18  21  24  27
4   8  12  16  20  24  28  32  36
5  10  15  20  25  30  35  40  45
6  12  18  24  30  36  42  48  54
7  14  21  28  35  42  49  56  63
8  16  24  32  40  48  56  64  72
9  18  27  36  45  54  63  72  81
```

17. 輸入 n，印出如下格式的乘法表。

```
1*1= 1  2*1= 2  3*1= 3  4*1= 4  5*1= 5  6*1= 6  7*1= 7  8*1= 8  9*1= 9
1*2= 2  2*2= 4  3*2= 6  4*2= 8  5*2=10  6*2=12  7*2=14  8*2=16  9*2=18
1*3= 3  2*3= 6  3*3= 9  4*3=12  5*3=15  6*3=18  7*3=21  8*3=24  9*3=27
1*4= 4  2*4= 8  3*4=12  4*4=16  5*4=20  6*4=24  7*4=28  8*4=32  9*4=36
1*5= 5  2*5=10  3*5=15  4*5=20  5*5=25  6*5=30  7*5=35  8*5=40  9*5=45
1*6= 6  2*6=12  3*6=18  4*6=24  5*6=30  6*6=36  7*6=42  8*6=48  9*6=54
1*7= 7  2*7=14  3*7=21  4*7=28  5*7=35  6*7=42  7*7=49  8*7=56  9*7=63
1*8= 8  2*8=16  3*8=24  4*8=32  5*8=40  6*8=48  7*8=56  8*8=64  9*8=72
1*9= 9  2*9=18  3*9=27  4*9=36  5*9=45  6*9=54  7*9=63  8*9=72  9*9=81
```

18. 輸入 n，輸出下列圖形。

```
* * * * * * *
* * * * * *
* * * * *
* * * *
* * *
* *
*
```

19. 求 $s = 1 + \dfrac{1}{2} + \dfrac{1}{4} + \dfrac{1}{7} + \dfrac{1}{11} + \dfrac{1}{16} + \dfrac{1}{22} + \dfrac{1}{29} + \cdots$，直到累加項的值小於 10^{-4} 時結束。

　　提示： 這是一個累加求和問題。關鍵是找出規律，就是找出通式。假設各項從 0 開始編號，則從第 1 項（編號 0）開始，其分母均為本項編號與前一項分母之和。

20. 從鍵盤依次輸入學生的成績，並進行計數、累加，當輸入 –1 時，停止輸入，進行輸出學生的個數、總成績和平均成績。

　　提示： 這是一個「終止標記使用」的例題，在處理實際問題時經常會遇到這樣的問題。我們設 –1 為輸入學生成績的結束標記，n 為學生的計數變數，t 為總成績的累加變數，x 為每個學生成績的暫存變數。

21. 輸出 0~100 不能被 3 整除的數。

　　提示： 使用 for 敘述進行迴圈檢查操作，使用 continue 敘述結束不符合條件的情況。

07

CHAPTER

陣 列

在程式設計中，經常會遇到需要使用很多資料量的情況。處理每個資料量都要有一個對應的變數，如果每個變數都要單獨定義，編寫程式過程會變得極其繁瑣。使用陣列就可以很容易地解決這些問題。本章的目的在使讀者能熟悉一維陣列和二維陣列的作用，並且用以解決一些實際問題，了解字元陣列的使用及其相關操作，最後介紹有關字串處理函數的使用。

7.1 → 陣列概述

「陣列」是一群具有相同類型(Data type)的有序(ordered)資料集合，亦即在同一陣列中所儲存的資料是相同類型的資料；而儲存在陣列中的每一個資料稱為「陣列元素(elements)」。一組學生的成績、一串文字等都可以用陣列來表示。

在 C 語言中，陣列名稱是以一個變數來表示，此變數稱為「陣列變數」。陣列名稱後的中括號內之數值稱為「下標(subscript)」，用來定義該陣列要儲存之資料個數。同一陣列中的各個元素具有相同的陣列名稱和不同的下標。

陣列變數中，下標值之個數稱為「維度(dimension)」。陣列依資料結構可區分為：

1. **一維陣列**：只使用一個下標值的陣列；如 int a(5)為一維陣列，共有 5 個陣列元素。

2. **二維陣列**：使用二個下標值的陣列；如 int a[2][3]為二維陣列，共有 2*3 個陣列元素。

3. **多維陣列**：三維以上的陣列。

7.2 → 一維陣列的定義和存取

一維陣列就是一個變數名稱後面接一個中括號的陣列，用以儲存一維數列中資料的集合。

7.2.1 一維陣列的定義

在使用陣列之前必須要先定義。定義一維陣列(One-dimensional array)的一般格式如下：

```
陣列類型 陣列名稱[常數運算式];
```

其中,「陣列類型」表示陣列中所有元素的類型。陣列的類型也是該陣列中各個元素的類型,在同一陣列中,各個陣列元素都具有相同的類型;「陣列名稱」表示該陣列變數的名稱,其命名稱規則與變數相同;「常數運算式」定義陣列中資料元素的個數,即陣列長度。如果陣列的長度為 n,則陣列中第一個元素的下標 (index) 為 0,最後一個元素的下標為 n-1。例如 a[5],表示陣列 a 中有 5 個元素,分別為 a[0]、a[1]、a[2]、a[3]、a[4]。

需要注意的是,常數運算式中可以包含常數或符號常數,但不能包含變數,也就是說,C 語言中不允許對陣列的大小作動態定義。

例如,下面定義陣列的方法是非法的:

```
int n;
scanf ("%d",&n) ;
int a[n] ;
```

7.2.2　一維陣列的初始化

對一維陣列的初始化,可以用以下 3 種方法實現。

(一) 定義陣列時直接指定陣列元素初值

該方法是將陣列中的元素值逐一放在大括號之中。例如:

```
int a[6]={1,2,3,4,5,6};
```

經過上面的定義和初始化之後,陣列中的元素 a[0]=1,a[1]=2,a[2]=3,a[3]=4,a[4]=5,a[5]=6。

例 7.1　初始化一維陣列,並逐一輸出陣列元素。

```
#include <stdio.h>
int main()
{
    int i;                      /*定義迴圈控制變數*/
    int a[6]={0,1,2,3,4,5};     /*指定陣列元素的值*/
    for(i=0;i<6;i++)            /*使用 for 迴圈*/
        printf("%d\n",a[i]);   /*逐一輸出陣列元素*/
    return 0;                   /*程式結束*/
}
```

執行結果如下：

```
0
1
2
3
4
5
```

1. 在本例中，對定義的陣列 a 實現初始化，然後逐一輸出陣列元素。

2. 在程式中，定義一個陣列變數 a，並且對陣列元素初始化。接著使用 for 迴圈輸出陣列元素的值。在迴圈中，控制迴圈變數 i 每次遞增 1，這樣根據下標值實現輸出時就會得到每一個陣列元素的值。

（二）只指定一部分陣列元素的值

如果只指定部分陣列元素的值，其他沒有指定的陣列元素值為 0。例如：

```
int a[6]={1,2,3};
```

陣列 a 包含 6 個元素，不過在初始化時只指定 3 個陣列元素的值。於是陣列 a 中前 3 個元素的值對應大括號中的數值，而在陣列中沒有指定的陣列元素被預設為 0。

例 7.2 指定初值陣列中的部分元素

```c
#include <stdio.h>
int main()
{
    int i;
    int a[6]={1,2,3};                    /*只指定 3 個陣列元素的值*/
    for(i=0;i<6;i++)
        printf("%d\n",a[i]);             /*輸出 6 個陣列元素*/
    return 0;
}
```

執行結果如下：

```
1
2
3
```

```
0
0
0
```

說明

1. 在本例中，定義陣列並且為其實現初始化指定初值，但只為一部分元素指定初值，然後將陣列中的所有元素實現輸出，觀察輸出的元素數值。

2. 在程式中，可以看到為陣列部分元素初始化的操作和為陣列元素全部指定初值的操作是相同的，只不過在括號中給出的元素數值比陣列元素個數少。

（三）不指定陣列的長度

之前在定義陣列時，都在陣列變數後指定陣列的元素個數。C 語言還允許在定義陣列時不必指定長度，例如：

```
int a[]={1,2,3,4,5,6};
```

上述敘述的大括號中有 6 個元素，系統就會根據給定的初始化元素值的個數來定義陣列的長度，因此該陣列變數的長度為 6。

例 7.3　不指定陣列的元素個數

```
#include <stdio.h>
int main()
{
    int i;
    int a[]={1,2,3,4,5,6};          /*初始化時不指定陣列元素的個數*/
    for(i=0;i<6;i++)
        printf("%d\n",a[i]);        /*使用 for 迴圈輸出所有陣列元素*/
    return 0;
}
```

執行結果如下：

```
1
2
3
4
5
6
```

說明

在本例中，定義陣列變數時不指定陣列的元素個數，直接對其實現初始化操作，然後將其中的元素值輸出。

7.2.3　一維陣列的存取

在 C 語言中，使用數值類型陣列時，只能逐一存取陣列元素，而不能一次存取整個陣列。陣列元素的存取是透過下標來實現的。

一維陣列中陣列元素的表示形式如下：

> 陣列名稱[下標]

說明

1. 存取陣列元素時，下標可以是任何整數常數、整數變數或任何傳回整數值的運算式。例如：

   > a[5]; score[3*9];
   > a[n];　（n 必須是一個整數變數，並且必須具有確定的值）
   > a[5]=score[0]+score[1];

2. 如果一維陣列的長度為 n，則存取該一維陣列的元素時，下標的範圍為 0～n-1。例如：

   > int a[10];

   則各個陣列元素順序為：a[0]、a[1]、a[2]、a[3]、...、a[9]，不存在元素 a[10]。

3. 對陣列元素可以指定值，陣列元素也可以參與各種運算，這與簡單變數的使用是一樣的。

例 7.4　一維陣列的存取

```c
#include <stdio.h>
int main()
{
    int i,j;
    int a[5];                      /*宣告陣列 a 包含 5 個整數的陣列元素*/
    for(i=0;i<=4;i++)
        a[i]=i+10;                 /*設定元素 a[i]為 i+10 */
    for(j=0;j<=4;j++)
        printf("a[%d]=%d\n",j,a[j]); /*輸出每個陣列元素的值*/
```

```
    return 0;
}
```

執行結果如下：

```
a[0]=10
a[1]=11
a[2]=12
a[3]=13
a[4]=14
```

例 **7.5**　輸入 5 位學生的成績，求這 5 位學生的總成績和平均成績。

```
#include <stdio.h>
#define N 5
int main()
{
    int i,score[N];
    int sum=0;
    float ave;
    printf("輸入  %d  個學生的成績：\n",N);
    for(i=0;i<N;i++)
    {
        scanf("%d",&score[i]);
        sum+=score[i];
        ave=(float)sum/N;
    }
    printf("總成績為：%d\n",sum);
    printf("平均成績為：%.2f",ave);
    return 0;
}
```

執行結果如下：

```
輸入  5  個學生的成績：
78 89 86 90 88
總成績為：431
平均成績為：86.20
```

例 7.6　　分別輸入 5 位學生的三門課成績，求每位學生的總成績和平均成績。

```c
#include <stdio.h>
#define N 5
int main()
{
    /* 陣列 score1、score2、score3 分別存放三門課程的成績，
       陣列 sum 存放總成績 */
    int score1[N],score2[N],score3[N],sum[N];
    int i;
    for (i=0;i<N;i++)
    {
        printf("第 %d 個學生的三門成績：",i+1);
        scanf("%d%d%d",&score1[i],&score2[i],&score3[i]);
        sum[i]=score1[i]+score2[i]+score3[i];    /* 計算總成績 */
    }
    printf("\n");
    for (i=0;i<N;i++)        /* 輸出總成績和平均成績 */
    {
        printf("第 %d 個學生的總成績和平均成績分別為：\n", i+1);
        printf("%d, %.2f\n",sum[i],sum[i]/3.0);
    }
    return 0;
}
```

執行結果如下：

```
第 1 個學生的三門成績：78 76 89
第 2 個學生的三門成績：85 75 79
第 3 個學生的三門成績：90 85 88
第 4 個學生的三門成績：80 95 78
第 5 個學生的三門成績：76 87 83

第 1 個學生的總成績和平均成績分別為：
243, 81.00
第 2 個學生的總成績和平均成績分別為：
239, 79.67
第 3 個學生的總成績和平均成績分別為：
263, 87.67
第 4 個學生的總成績和平均成績分別為：
253, 84.33
```

第 5 個學生的總成績和平均成績分別為：
246, 82.00

說明

在本例中，分別使用 3 個陣列來存放每個學生的三門課程成績，在 7.2.4 節中，將看到如何使用一個二維陣列來存放所有學生的全部成績資料。

例 7.7 任意輸入 5 筆資料，然後反向輸出陣列中各元素的值。

```c
#include   <stdio.h>
int main()
{
    int a[5]={15,23,32,6,43};
    int i;
    printf("陣列 a 中各元素的值分別為：");
    for(i=0;i<5;i++)
        printf("%2d ",a[i]);
    printf("\n");
    printf("反向輸出的結果為：");
    for(i=4;i>=0;i--)
        printf("%2d ",a[i]);
    printf("\n");
    return 0;
}
```

執行結果如下：

陣列 a 各元素的值分別為：15 23 32 6 43
反向輸出的結果為：43 6 32 23 15

例 7.8 輸入一組整數，輸出其中的最大值。

```c
#include <stdio.h>
int main()
{
    int a[5],i;
    int max;
    printf("輸入 5 個整數：\n");
    for(i=0;i<5;i++)
        scanf("%d",&a[i]);
```

```
        max= a[0];
        for (i=1 ; i<5 ; i++)           /* 求最大值 */
            if (a[i]>max)
                max=a[i];
        printf("最大值為： %d\n",max);
        return 0;
    }
```

執行結果如下：

```
輸入 5 個整數：
23 6 15 39 20
最大值為： 39
```

說明

1. 在本例中，使用陣列 a 存放輸入的 5 個整數，變數 max 存放這 5 個整數的最大值。

2. 首先，將陣列 a 中的第一個元素 a[0]的值指定給變數 max，再透過迴圈敘述，依次把 a[1]~a[4]的值與 max 比較，如果陣列元素的值比 max 的值大，則把該元素的值指定給 max。

7.2.4　一維陣列的排序應用

排序(sort)是將多筆數值資料或字串資料按升冪（由小到大）或降冪（由大到小）的順序加以排列。排序的方式可分為內部排序(Internal sort)和外部排序(External sort)兩大類。其中，「內部排序」又稱為「陣列排序(Sorting of array)」，是指資料量少，可以直接以陣列的方式全部儲存在主記憶體的排序方式。常見的內部排序法有：氣泡排序法(Bubble sort)、選擇排序法(Selection sort)、插入排序法(Insert sort)、快速排序法(Quick sort)等等。

（一）氣泡排序法

氣泡排序法在排序的過程中，所有的比較交換都只是在相鄰的兩個資料之間進行。假設有 n 筆資料，依指定的鍵值由小到大使用氣泡排序法排序，其操作方法為：

step 1： 將相鄰的輸入資料 a(i), a(i＋1)兩兩互相比較。

step 2： 若由小到大排序，則最大的元素便一直互換到底；否則繼續做下兩筆資料之比較。

step 3： 重複 step 1 和 step 2 動作，直到 n-1 次或互換動作停止。

注意：假設輸入資料是已排序好的，則只需要 1 個回合(pass)即可；若輸入資料是相反順序時，需要(n-1)個回合，且每一回合需要比較(n-i)次（註：i 為回合數）。亦即，資料排序時資料間最多需比較次數 Cmax 為：

$$C_{\max} = \sum_{i=1}^{n-1}(n-i) = \frac{n(n-1)}{2}$$

例 7.9 使用氣泡排序法對 5 個整數按升冪排序（從小到大的順序）

```c
#include <stdio.h>
int main()
{
    int a[5] = {9,6,15,4,2};            /*指定陣列元素初值*/
    int i = 0, j = 0;
    int temp = 0;

    for( i = 0; i < 5; i++) {
        for( j = i; j < 5; j++) {
            if( a[j] < a[i] )
            {
                temp = a[j];
                a[j] = a[i];
                a[i] = temp;
            }
        }
    }

    printf("排序結果:\n");
    for( i = 0; i < 5; i++ ) {
        printf("%d ", a[i]);
    }
    return 0;                /*程式結束*/
}
```

執行結果如下：

```
排序結果:
2 4 6 9 15
```

說明

1. 在本例中，宣告一個整數陣列 a 和一個整數變數 temp，其中整數陣列 a 用來儲存使用者輸入的數字，而整數變數 temp 則做為兩個元素交換時的中間變數，透過雙重迴圈實現氣泡排序，最後將排好序的陣列實現輸出。

2. 每次排序後的結果如下表所示。

	a[0]	a[1]	a[2]	a[3]	a[4]
未排序初值	9	6	15	4	2
第 1 回合	6	9	4	2	15
第 2 回合	6	4	2	9	15
第 3 回合	4	2	6	9	15
第 4 回合	2	4	6	9	15
排序結果	2	4	6	9	15

3. 可以發現，在 9、6、15、4、2 五個數字的氣泡排序過程中，共經歷四個回合，每一回合都是由左至右比較。第一回合結束後，最後一個數字(15)一定是最大的。第二回合結束後，倒數第二個數字(9)一定是最大的，依此類推。本例中，第四回合結束後，陣列才完全排序好。

（二）選擇排序法

　　選擇排序法(Selection sort)的排序過程是：首先從 n 個要排序的數中找出最小值，放在陣列的第一個元素位置上，再在剩下的 n-1 個數中找出最小值，放在第二個元素位置上，這樣不斷重複下去，直到只剩下最後一個數為止。

例 7.10　使用選擇排序法對 5 個整數按升冪排序（從小到大的順序）

```c
#include <stdio.h>
int main()
{
  int a[5],temp;
  int i,j;
  printf("輸入 5 個整數：\n");
  for (i=0 ; i<5 ; i++)
      scanf("%d",&a[i]);
  for (i=0 ; i<4 ; i++)
      for (j=i+1 ; j<5 ; j++)
          if (a[j]<a[i])
```

```
            { temp=a[i];      /*元素位置互換的過程藉助中間變數 temp */
              a[i]=a[j];
              a[j]=temp;}
       printf("\n");
       printf("排序後的結果為：\n");
       for (i=0;i<5;i++)
          printf("%d   ",a[i]);
       return 0;
    }
```

執行結果如下：

輸入 5 個整數：
9 6 1 5 4 2

排序後的結果為：
2　4　6　9　15

說明

1. 在本例中，宣告一個整數陣列 a 和一個整數變數 temp，其中整數陣列 a 用於儲存使用者輸入的數字，而整數變數 temp 則做為兩個元素交換時的中間變數，透過雙重迴圈實現選擇排序法，最後將排好序的陣列實現輸出。

2. 將 a[0]的值依次與 a[1]~a[4]（用 a[j]表示）相比較，如果 a[j]比 a[0]小，則交換 a[0]與 a[j]的值。顯然，經過第一回合的比較，5 個數中的最小值(2)就被放在第一個元素(a[0])的位置。第一回合排序的結果為：2 6 1 5 4 9。

3. 將 a[1]的值依次與 a[2]~a[4]（用 a[j]表示）相比較，如果 a[j]比 a[1]小，則交換 a[1]與 a[j]的值。經過第二回合的比較，剩下 4 個數中的最小值(4)被放在第二個元素(a[1])的位置。第二回合排序的結果為：2 4 1 5 6 9。

4. 將 a[2]的值依次與 a[3]~a[4]（用 a[j]表示）相比較，如果 a[j]比 a[2]小，則交換 a[2]與 a[j]的值。經過第三回合的比較，剩下 3 個數中的最小值(6)被放在第三個元素(a[2])的位置。第三回合排序的結果為：2 4 6 1 5 9。

5. 將 a[3]的值與 a[4]（用 a[j]表示）相比較，如果 a[j]比 a[2]小，則交換 a[3]與 a[j]的值。經過第四回合的比較，剩下 2 個數中的最小值(9)被放在第四個元素(a[3])的位置。第四回合排序的結果為：2 4 6 9 15。

6. 可以看出，如果要排序的資料個數為 n，則應該比較 n-1 回合。

在實際應用上，一維陣列在某些情況下難以滿足開發的需求，引入二維陣列的概念之後，問題就變得簡單許多。二維陣列通常也稱為矩陣(matrix)，將二維陣列寫成「列(row)」和「行(column)」的表示形式，可以幫我們解決許多問題。

7.3.1 二維陣列概述

在 C 語言中的二維陣列是由多個一維陣列所構成，亦即，一個二維陣列是一個一維陣列的陣列，架構如圖 7-1 所示。

下標	0	1	2	3	4	5	...
0	1	2	3	4	Bob	David	...
1	5	6	7	8	9	10	...
2	11	12	13	14	John	Mary	...
:				:			

圖 7-1　二維陣列架構圖

比如，要儲存 5 位同學的國文、英文、數學和通識科目等四門課的成績，如圖 7-2 所示。

	陳一	林二	張三	李四	王五
國文	81	92	83	84	93
英文	83	90	81	85	96
數學	78	91	85	86	92
通識	80	94	81	83	95

圖 7-2　二維陣列

這四門學科的成績，需要使用四個一維陣列來儲存，例如：a1[]、a2[]、a3[]、a4[]，而如果使用二維陣列，則只需要建立一個二維陣列 a。在二維陣列中，資料元素的位置由「列下標(Row subscript)」和「行下標(Column subscript)」兩個下標來決定。所以它表示了一個包含列(row)和行(column)的資料的表格(table)。

二維陣列是由多個一維陣列所構成。這裡要強調的是，幾列幾行是從概念模型上來看的，也就是說這樣來看待二維陣列可以更容易理解。實際上，無論是二維陣列還是更多維的陣列，在記憶體中仍然是以線性的方式儲存的。比如，定義

4 列 3 行的二維陣列 a，那麼二維陣列 a 在記憶體中的儲存如圖 7-3 所示。

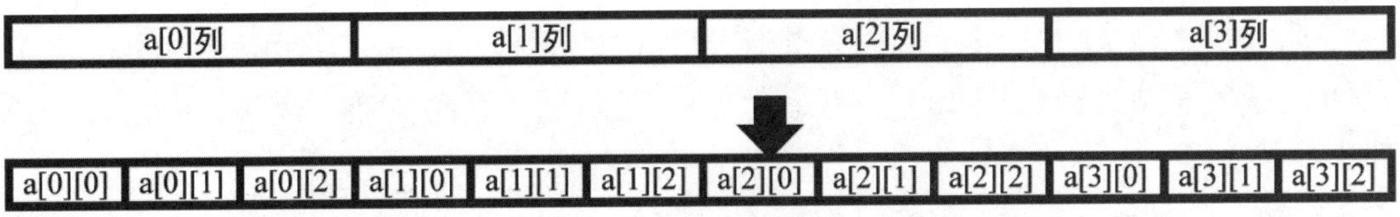

a[0]列	a[1]列	a[2]列	a[3]列

a[0][0]	a[0][1]	a[0][2]	a[1][0]	a[1][1]	a[1][2]	a[2][0]	a[2][1]	a[2][2]	a[3][0]	a[3][1]	a[3][2]

圖 7-3　二維陣列 a 在記憶體中的線性儲存形式

從圖 7-3 中不難看出，二維陣列事實上就是在一維陣列的每個元素中儲存另一個一維陣列，這就是所謂的線性方式儲存。同理，三維陣列、四維陣列甚至五維陣列都是以同樣的方式實現。

7.3.2 二維陣列的建立

一個二維陣列 a[m][n]可以認為是一個含有 m 列和 n 行的表格(table)，如圖 7-4 所示是一個 4 列 3 行的二維陣列。在 C 語言中，二維陣列是「按列排列(Row-major)」的，即按「列(row)」依序存放。例如 4 列 3 行二維陣列是先儲存 a[0]列，再儲存 a[1]列。每列有 3 個元素，也是依序儲存，……，依此類推。

	第 1 行[0]	第 2 行[1]	第 3 行[2]
第 1 列[0]	1	2	3
第 2 列[1]	4	5	6
第 3 列[2]	7	8	9
第 4 列[3]	10	11	12

圖 7-4　4 列 3 行二維陣列

在 C 語言中，使用中括號來建立二維陣列，其呼叫格式如下：

陣列名稱[常數運算式 1][常數運算式 2];

其中，常數運算式 1 稱為「列下標」，常數運算式 2 稱為「行下標」。例如，定義一個 2 列 3 行的二維陣列 a。該陣列 a 共有 2×3 個陣列元素，即 a[0][0]、a[0][1]、a[0][2]、a[1][0]、a[1][1]、a[1][2]。對於二維陣列 a[m][n]，則「列下標」的範圍為 0~(m-1)，「行下標」的範圍為 0~(n-1)。二維陣列 a[m][n]的最大下標值元素是 a[m-1][n-1]。

7.3.3 二維陣列的初始化

「初始化(initialization)」就是指定陣列中的元素值。在定義陣列的同時指定各個元素的值，稱為陣列的「初始化」。可以使用下面的方法來初始化二維陣列：

1. 逐列指定二維陣列元素的初值。例如：

```
int a[3][4]={{1,2,3,4},{5,6,7,8},{9,10,11,12}};
```

第一對大括號內的數值指定給陣列 a 的第一列元素，第二對大括號內的數值指定給陣列 a 的第二列元素，……，依此類推。

2. 也可以把所有的資料都寫在一對大括號內。例如：

```
int a[3][4]={1,2,3,4,5,6,7,8,9,10,11,12};
```

但這種初始化二維陣列的方法不如第一種方法易讀。

3. 可以只對二維陣列的部分元素指定初值。例如：

```
int a[3][4]={{1},{2},{3}};
```

這時，a[0][0]的值為 1，a[1][0]的值為 2，a[2][0]的值為 3。系統預設後面未指定初植的元素值為 0。

```
int a[3][4]={{1},{2,3}};
```

這時，a[0][0]的值為 1，a[1][0]的值為 2，a[1][1]的值為 3。

4. 如果對二維陣列的全部元素指定初值，則定義二維陣列時，第一維的長度可以省略，但第二維的長度不能省略。例如：

```
int a[3][4]={{1,2,3,4},{5,6,7,8},{9,10,11,12}};
```

可以寫成：

```
int a[ ][4]={{1,2,3,4},{5,6,7,8},{9,10,11,12}};
```

系統會根據資料的個數實現分配，共有 12 筆資料，每一列分為 4 行，如此可以確定陣列為 3 列。

例 7.11 二維陣列的初始化

```
#include<stdio.h>
int main()
{
```

```
    int a[2][3];                     /*定義整數陣列 a*/
    int i,j;                         /*定義迴圈控制變數*/
    printf("輸入陣列元素值:\n");
    for(i=0;i<2;i++)
    {
        for(j=0;j<3;j++)
        {
            printf("a[%d][%d]= ",i,j);
            scanf("%d",&a[i][j]); }
    }
    return 0;
}
```

執行結果如下：

```
輸入陣列元素值:
a[0][0]= 11
a[0][1]= 12
a[0][2]= 13
a[1][0]= 14
a[1][1]= 15
a[1][2]= 16
```

例 **7.12** 將下表中的學生成績輸入二維陣列中並列印出來

	陳一	林二	張三	李四
國文	81	92	83	84
英文	83	90	81	85
數學	78	91	85	86

```
#include <stdio.h>
int main()
{
  int score[4][3]={{81,83,78},{92,90,91},{83,81,85},{84,85,86}};
  int i,j;
  printf("%9s%8s%8s\n","國文","英文","數學");
  for(i=0;i<4;i++)
  {
    for(j=0;j<3;j++)
        printf("%8d",score[i][j]);
    printf("\n");
  }
```

```
    return 0;
  }
```

執行結果如下：

國文	英文	數學
81	83	78
92	90	91
83	1	85
84	85	86

7.3.4　二維陣列的存取

二維陣列元素的存取呼叫格式如下：

陣列名稱[列下標值][行下標值];

二維陣列元素的下標可以是任何整數常數、整數變數或傳回整數值的運算式。例如，存取一個二維陣列 a 的陣列元素：

a[2][3];

表示是存取陣列 a 的第 1 列的第 2 行元素。

和一維陣列一樣，要注意下標值越界的問題。例如：

```
int a[2][3];
...
a[2][3]=12;      /*錯誤存取*/
```

上述的存取是錯誤的。由於陣列 a 為 2 列 3 行的整數陣列，它的列下標值的最大值為 1，行下標值的最大值為 2，所以 a[2][3]下標值越界，超過了陣列的範圍。

例 7.13　二維陣列的存取

```
#include <stdio.h>
int main()
{
  int a[3][4];
  int i,j;
  printf("輸入二維陣列中各元素的值：\n");
  for(i=0;i<3;i++)      /* 變數 i 表示第一維下標的變化 */
     for(j=0;j<4;j++)   /* 變數 j 表示第二維下標的變化 */
```

```
            scanf("%d",&a[i][j]);
    printf("輸出二維陣列各個元素的值：\n");
    for(i=0;i<3;i++)      /* 依序輸出二維陣列中各個元素的值 */
    {
        for(j=0;j<4;j++)
            printf("%5d",a[i][j]);
        printf("\n");
    }
    return 0;
}
```

執行結果如下：

```
輸入二維陣列中各元素的值：
67 86 58 65 89 98 72 75 80 89 50 72
輸出二維陣列各個元素的值：
    67    86    58    65
    89    98    72    75
    80    89    50    72
```

例 **7.14** 輸入任意一個 3 列 3 行的二維陣列，求主對角線元素之和。

```
#include <stdio.h>
int main()
{
  int a[3][3];            /*定義一個 3 列 3 行的整數陣列 a*/
  int i,j,sum=0;          /*定義迴圈控制變數和儲存資料變數 sum*/
  printf("請輸入陣列元素的值:\n");
  for(i=0;i<3;i++)        /*使用迴圈指定陣列元素的值*/
      for(j=0;j<3;j++)
          scanf("%d",&a[i][j]);
  /*使用迴圈計算主對角線上元素的總和*/
  for(i=0;i<3;i++)
      for(j=0;j<3;j++)
          if(i==j)
              sum=sum+a[i][j];      /*執行資料的累加計算*/
  printf("\n");
  printf("主對角線元素總和為 :%d\n",sum);      /*輸出結果*/
  return 0;
}
```

執行結果如下：

```
請輸入陣列元素的值:
11 12 13
14 15 16
17 18 19

主對角線元素總和為 :45
```

說明

本例中，使用二維陣列儲存一個 3 列 3 行的陣列元素，利用雙重迴圈存取陣列中的每一個元素。在迴圈中判斷是否是主對角線上的元素，然後實現累加運算。

7.4 字元陣列

如果陣列中的元素為字元類型時，稱為「字元陣列」。字元陣列中的每個陣列元素可以存放一個字元。

7.4.1 字元陣列的定義和初始化

基本上，字元陣列的定義和使用方法與其他資料類型的陣列相似。

（一）字元陣列的定義

定義字元陣列與其他資料類型的陣列定義類似，其呼叫格式如下：

```
char 陣列名稱[常數運算式];
```

因為要定義的是字元類型資料，所以在陣列名稱前所用的是 char 類型，後面括號中表示的是陣列元素的個數。

例如，定義一個字元陣列 a：

```
char a[4];
```

其中，a 表示陣列名稱，4 表示字元陣列 a 中包含 4 個字元類型的陣列元素。

注意，字元陣列中的每一個陣列元素只能存放一個字元。

（二）字元陣列的初始化

對字元陣列初始化，有以下幾種方法：

1. 逐一字元指定給陣列元素

```
char ch[0]={'H'};
char ch[1]={'e'};
char ch[2]={'l'};
char ch[3]={'l'};
char ch[4]={'o'};
```

初始化後，ch 陣列中元素 ch[0] 的值為'H'，ch[1] 的值為'e'，……，ch[4] 的值為 'o'。

2. 定義字元陣列同時初始化

如果初值個數與預定的陣列長度相同，在定義時可以省略陣列長度，系統會自動根據初值個數來決定陣列長度。例如，上例初始化字元陣列可以寫成：

```
char ch[]={'H','e','l','l','o'};
```

由於大括號中有 5 個字元常數，所以系統將決定字元陣列 ch 的長度為 5。初始化後，ch 陣列中元素 ch[0] 的值為'H'， ch[1] 的值為'e'，……，ch[4] 的值為'o'。可見，上面敘述中定義的 ch[] 中省略陣列的大小，但是根據初值的個數可以決定陣列的長度為 5。

3. 指定一個字串給字元陣列

通常使用一個字元陣列來存放一個字串。例如，用字串的方式對陣列作初始化指定初值：

```
char ch[]={"Hello"};
```

或者將"{}"去掉，寫成：

```
char ch[]="Hello";
```

雖然字串"Hello"中只包含 5 個字元，但系統卻將確定字元陣列 ch 的長度為 6。這是因為在編譯過程中，系統會自動在字串的末端加上一個空字元'\0'，來做為字串的結束標記。經過初始化之後，ch 陣列的前 5 個元素的值分別為'H'、'e'、'l'、'l'、'o'，ch[5]元素的值為'\0'。

例 7.15　使用字元陣列輸出一個字串

```c
#include <stdio.h>
int main()
{
    char a[5]={'H','e','l','l','o'};        /*初始化字元陣列*/
    int i;                                   /*迴圈控制變數*/
    printf("輸出字元陣列  a:\n");
    for(i=0;i<5;i++)                         /*執行迴圈*/
    {
        printf("%c",a[i]);                   /*輸出字元陣列元素*/
    }
    printf("\n");
    return 0;
}
```

執行結果如下：

```
輸出字元陣列  a:
Hello
```

說明

1. 在本例中，定義一個字元陣列 a，透過初始化儲存一個字串，然後透過迴圈存取每一個陣列元素並輸出。

2. 在初始化字元陣列時要注意，每一個字元都是使用一對單引號（' '）括起來的。在迴圈中，因為輸出的是字元類型，所以在 printf 函數中使用格式字元"%c"。透過迴圈變數 i， a[i] 是用來存取陣列中每一個陣列元素。

例 7.16　使用二維字元陣列輸出一個鑽石形狀

```c
#include <stdio.h>
int main()
{
    int row,col;                    /*定義迴圈控制變數*/
    /*初始化二維字元陣列*/
    char a[][5]={{' ',' ','*'}, {' ','*',' ','*'},{'*',' ',' ',' ','*'},{' ','*',' ','*'},{' ',' ','*'} };

    /*使用迴圈輸出陣列*/
    for(row=0;row<5;row++)
```

```
    {
        for(col=0;col<5;col++)
        {
            printf("%c",a[row][col]);          /*輸出陣列元素*/
        }
    }
    printf("\n");
    return 0;
}
```

執行結果如下：

```
    *
   * *
  *   *
   * *
    *
```

說明

1. 在本例中定義一個二維陣列，並且利用陣列的初始化設定鑽石形狀。

2. 在初始化時，雖然沒有設定列下標值，但是透過初始化可以確定其每一列中的元素個數為 5，最後使用雙重迴圈將所有的陣列元素輸出。

7.4.2 字元陣列的存取

與數值型陣列相同，字元陣列的存取也可以透過對陣列元素的存取來實現。

例 7.17 字元陣列的存取

```
#include <stdio.h>
int main()
{
    char ch[ ] = {'G' , 'o' , 'o' , 'd' , ' ' , 'l' , 'u' , 'c' , 'k' , '!'};
    int i;
    for(i = 0 ; i<10 ; i++)
        printf("%c",ch[i]);
    return 0;
}
```

執行結果如下：

Good luck!

例 7.18 輸出一個上三角形

```c
#include <stdio.h>
int main()
{
    char a[3][7]={{' ',' ',' ','*'},{' ',' ','*','*','*'},{' ','*','*','*','*','*'}};
    int i,j;
    for (i=0;i<3;i++) {
        for (j=0;j<7;j++)
            printf("%c",a[i][j]);
    printf("\n");}
    return 0;
}
```

執行結果如下：

```
  *
 ***
*****
```

　　C 語言中，字元陣列一個最重要的作用就是用來處理字串。C 語言中有字串常數，卻沒有字串變數，字串的輸入、儲存、處理和輸出等操作，都必須透過字元陣列來實現。

7.5.1 字串的輸入和處理

　　用於字串輸入的常用函數有兩個：scanf()和gets()。若有下列宣告：

```c
char ch[5];
```

則可以使用下面的方法將一個字串輸入到字元陣列 ch 中：

1. 使用迴圈敘述

```c
for(i = 0 ; i<5 ; i++)
    scanf("%c",&ch[i]);
```

這裡，透過運用迴圈敘述，依序輸入陣列的每一個元素值。"%c"表示以字元的形式輸入資料。

2. 使用輸入函數 scanf()

```
scanf("%s",ch);
```

其中，"%s"表示以字串的形式輸入資料。注意，不能在陣列名稱 ch 的前面加上位址運算子&，因為陣列名稱 ch 代表陣列的起始位址。

以這種方法輸入字串時，除了輸入的字串本身的內容被存入陣列 ch 中，字串末端的結束標記'\0'也會被存入到陣列中。

需要注意的是，使用 scanf()函數以"%s"的形式輸入字串時，存入字元陣列中的內容開始於輸入字元中的第一個非空白字元，而終止於下一個空白字元（包括：'\n'、'\t'、''）。例如：

```
char ch[6];
scanf("%s" , ch) ;
```

若輸入：

```
How are you
```

則陣列 ch 中的實際內容如下：

ch[0]	ch[1]	ch[2]	ch[3]	ch[4]	ch[5]
H	o	w	'\0'		

3. 使用 gets()函數

gets()函數的作用是輸入一個字串，其呼叫的一般格式如下：

```
gets(字元陣列名稱);
```

與 scanf()函數使用"%s"輸入字串不同的是，gets 函數可以將輸入的換行符號之前的所有字元（包括空格）都存入到字元陣列中，最後加上字串結束標記'\0'。在程式中使用 gets 函數時，需要包含標頭檔"stdio.h"。

7.5.2 字串的輸出和處理

用於字串輸出的常用函數有兩個：printf()和 puts()。若有下列宣告：

```
char ch[ ] = "How are you" ;
```

則可以用下面的方法輸出字元陣列 ch 中的內容：

1. 使用迴圈敘述

```
for(i = 0 ; i<11 ; i++)
    printf("%c",ch[i]);
```

這種方法是分別存取字元陣列中的每一個元素，一個一個地輸出陣列元素中的字元。

2. 使用輸出函數 printf()

```
printf("%s",ch);
```

這種方法是以字串的形式(%s)，一次輸出整個字元陣列中的所有字元。

3. 使用 puts()函數

puts()函數的作用是輸出一個字串，其一般格式如下：

puts(字元陣列名稱或字串常數);

與 printf()函數不同的是，puts()函數輸出字串時，會自動在字串的末端輸出一個換行符號'\n'。在程式中使用 puts 函數時，需要包含標頭檔"stdio.h"。

例 7.19 輸出一個字串

```
#include <stdio.h>
int main()
{
    char ch[]="I am a student.";
    printf("%s",ch);
    return 0;
}
```

執行結果如下：

```
I am a student.
```

說明

1. 敘述：printf("%s",ch);中的"%s"表示以字串的形式輸出字元陣列 ch 的資料。這裡，只給出陣列名稱 ch，而沒有使用下標，這是因為 C 語言中把陣列名稱做為該陣列的起始位址，即陣列中第一個元素的位址，當以字串的形式輸出字元陣列 ch 中的內容時，系統會根據 ch 陣列的起始位址，自動從 ch[0]元素開始，依序輸出各個元素的值（字元形式），直到遇到字串的結束標記'\0'為止。

2. 這種直接使用陣列名稱，把字元陣列當作一個整體來處理的做法，只適用於字元類型陣列，而不適用於數值型陣列。

例 **7.20** 輸入和輸出字串

```c
#include <stdio.h>
int main()
{
    char str1[]="Hello",str2[20];
    printf("請輸入你的姓名：\n");
    gets(str2);
    printf("%s        %s !",str1,str2);
    return 0;
}
```

執行結果如下：

```
請輸入你的姓名：
Johan Yao
Hello        Johan Yao !
```

例 **7.21** 使用兩種方式輸出字串

```c
#include <stdio.h>
int main()
{
    int i;                          /*迴圈控制變數*/
    char a[12]="Hello World";       /*定義字元陣列用於儲存字串*/
    for(i=0;i<12;i++){
        printf("%c",a[i]);}         /*逐一輸出字元陣列中的字元*/
    printf("\n%s\n",a);             /*直接將字串輸出*/
    return 0;
}
```

執行結果如下：

```
Hello World
Hello World
```

1. 在本例中,將定義的字元陣列進行初始化,在輸出字元陣列的資料時,可以逐一將陣列中的元素輸出,也可以直接將字串輸出。

2. 在程式中,對陣列中的元素逐一輸出時,是使用 for 迴圈的方式。而直接輸出字串時,是使用 printf 函數中的格式字元"%s"。注意,直接輸出字串時,不能使用格式字元"%c"。

7.6 → 常用字串處理函數

字串的處理是程式設計中常遇到的問題,C 語言提供多個專門用於處理字串的函數,下面介紹最常用的 strlen 函數、strcat 函數、strcmp 函數和 strcpy 函數。使用這些函數時,需要包含標頭檔"string.h"。

(一) strlen()函數

strlen()函數是用來計算字串的長度(不含字串結束字元'0'),其呼叫格式如下:

strlen(字元陣列名稱或字串常數);

該函數的傳回值即為字串的長度。注意,字串的長度並不包括字串的結束標記'\0'。

例 7.22　strlen()函數的應用

```c
#include <stdio.h>
#include <string.h>
int main()
{
    int i;
    char str[80];
    printf("輸入一個字串：\n");
    gets(str);                      /*輸入字串 str */
    i=strlen(str);                  /*計算字串 str 的長度*/
    printf("字串的長度為: %d\n",i);   /*輸出字串 str 的長度*/
    return 0;
}
```

執行結果如下：

輸入一個字串：
How are you!
該字串的長度為：12

（二）strcat()函數

字串的連接(concatenation)就是將一個字串連接到另一個字串的末端，使其組成一個新的字串。strcat()函數用來實現字串的連接，其呼叫格式如下：

strcat(目的字串 s1,來源字串 s2);

strcat()函數將來源字串連接到目的字串的後面，並刪掉目的字串中原有的字串結束標記'0'。需要注意的是，定義目的字串 s1 時，其長度應該足夠大，否則就沒有多餘的空間來存放連接後產生的新字串。

例 7.23 strcat()函數的應用

```c
#include <stdio.h>
#include <string.h>
int main()
{
    char str1[30],str2[20];
    printf("請輸入目的字串  str1: ");
    gets(str1);                    /*輸入目的字串*/
    printf("請輸入來源字串  str2: ");
    gets(str2);                        /*輸入來源字串*/
    strcat(str1,str2);                /*呼叫 strcat 函數實現字串的連接*/
    printf("連接後的字串為：%s", str1);
    return 0;
}
```

執行結果如下：

請輸入目的字串 str1: Have a nice
請輸入來源字串 str2: day!
連接後的字串為：Have a nice day!

（三）strcmp()函數

字串的比較就是將一個字串與另一個字串從第一個字元開始，逐一比較兩個字串的 ASCII 值，並傳回比較結果。

strcmp()函數用來實現字串的比較，其呼叫格式如下：

strcmp(字串 1, 字串 2);

如果字串 1 = 字串 2，則傳回 0；如果字串 1 > 字串 2，則傳回 1；如果字串 1 < 字串 2，則傳回 -1。

例 **7.24** strcmp()函數的應用

```c
#include <stdio.h>
#include <string.h>
int main()
{
    char str1[80],str2[80];
    int i;
    printf("輸入第一個字串 str1：");
    gets(str1);
    printf("輸入第二個字串 str2：");
    gets(str2);
    i=strcmp(str1,str2);                    /*比較字串 str1 和 str2 的大小*/
    printf("i= %d\n",i);
    return 0;
}
```

執行結果如下：

```
輸入第一個字串 str1：Hello
輸入第二個字串 str2：World
i= -1
```

再次執行結果如下：

```
輸入第一個字串 str1：Happy
輸入第二個字串 str2：Birthday
i= 1
```

又一次執行結果如下：

```
輸入第一個字串 str1：good
輸入第二個字串 str2：good
i= 0
```

（四）strcpy()函數

strcpy()函數是用來將一個字串複製到另一個字串中，其呼叫格式如下：

strcpy (目的字串 s1,來源字串 s2);

strcpy()函數把來源字串 s2 複製到目的字串 s1 中，字串結束標記'0'也一同複製。這裡，來源字串 s2 可以是字元陣列名稱，也可以是字串常數，而目的字串 s1 則只能是字元陣列名稱。注意，不能使用指定敘述將一個字串常數或字元陣列直接指定給一個字元陣列。

例 7.25 strcpy()函數的應用

```c
#include <stdio.h>
#include <string.h>
int main()
{
    char str1[20],str2[20],temp[20];
    printf("輸入字串 str1：");
    gets(str1);                          /*輸入目的字串*/
    printf("輸入字串 str2：");
    gets(str2);                          /*輸入來源字串*/
    strcpy(str1,str2);
    printf("複製後 str1 的內容為：%s\n",str1);
    return 0;
}
```

執行結果如下：

```
輸入字串 str1：good
輸入字串 str2：morning
複製後 str1 的內容為：morning
```

（五）字串大小寫轉換

在 C 語言中，使用 strupr 函數來將小寫字母轉換成大寫字母，其他字母不變。而使用 strlwr 函數來將大寫字母轉換成小寫字母，其他字母不變。其中，strupr 函數的呼叫格式如下：

strupr (字串);

strlwr 函數的呼叫格式如下：

strlwr (字串);

下面舉例介紹 strupr 函數和 strlwr 函數的使用。

例 7.26 字串大小寫字母的轉換

```c
#include <stdio.h>
#include <string.h>
int main()
{
    char str1[20], str2[20];                /*定義字元陣列*/
    printf("請輸入字串  str1: ");           /*提示訊息*/
    gets(str1);                              /*輸入字串 str1*/
    strupr(str1);                            /*將小寫字母轉換成大寫字母*/
    printf("轉換後的字串  str1: ");         /*提示訊息*/
    puts(str1);                              /*輸出轉換後的字串*/

    printf("請輸入字串  str2: ");           /*提示訊息*/
    gets(str2);                              /*輸入字串 str2*/
    strlwr(str2);                            /*將大寫字母轉換成小寫字母*/
    printf("轉換後的字串  str2: ");         /*提示訊息*/
    puts(str2);                              /*輸出轉換後的字串*/
    return 0;                                /*程式結束*/
}
```

執行結果如下：

```
請輸入字串  str1: Have a nice day!
轉換後的字串  str1: HAVE A NICE DAY!
請輸入字串  str2: GOOD LUCK!
轉換後的字串  str2: good luck!
```

一、選擇題

1. 在 C 語言中，存取陣列元素時，其陣列下標的資料類型允許是　(A)整數常數　(B)整數運算式　(C)整數常數或整數運算式　(D)任何類型的運算式

2. 假設陣列宣告如下：int a[10]; 下列何者可以正確存取陣列 a 的元素？　(A) a[10]　(B) a[3.5]　(C) a(5)　(D) a[10-10]

3. 下列對一維陣列 a 進行初始化的敘述，何者正確？　(A) int a[10]=(0,0,0,0,0);　(B) int a[10]={ };　(C) int a[]={0};　(D) int a[10]={10*1};4.針對下列 C 語言宣告：
        int a[10]={6,7,8,9,10};

4. 下列敘述何者正確？　(A)將 5 個初值依次指定給 a[1]至 a[5]　(B)將 5 個初值依次指定給 a[0]至 a[4]　(C)將 5 個初值依次指定給 a[6]至 a[10]　(D)因為陣列長度與初值的個數不同，所以此宣告敘述不正確

5. 在 C 語言中，二維陣列元素在記憶體中的儲存方式為　(A)以列為主(Row-major)　(B)以行為主(Column-major)　(C)兩者並用　(D)以上皆非

6. 下列程式片段的執行結果為　(A) -4　(B) 3　(C) 2　(D) -1
        int a[5]={-1,2,3,-4,-5};
        printf("%2d", a[2]);

7. 下列程式片段的執行結果為　(A) -4 0 4 0 4　(B) -4 0 4 0 3　(C) -4 0 4 4 3　(D) -4 0 4 4 0
        int a[6], i;
        for(i=1; i<6; i++)
            {a[i]=9*(i-2+4*(i>3))%5;
             printf("%2d", a[i]); }

8. 下列程式以每列 4 筆資料的方式輸出陣列 a，則空格處應填入　(A) &a[i]　(B) &a[i]+1　(C) &a[j]　(D) a[i]
        #define N 20
        int main( )
        {
            int a[N],i;
            for(i=0;i<N;i++)
                scanf("%d",_____);
            for(i=0;i<N;i++)
            {

```
                    if(i%4==0) printf("\n");
                    printf("%3d",a[i]);
                }
                printf("\n");
                return 0;
            }
```

9. 假設陣列宣告如下：int a[3][4]; 則下列用來存取陣列 a 元素的敘述，何者不正確？

   (A) a[0][2*1]　(B) a[1][3]　(C) a[4-2][0]　(D) a[0][4]

10. 下列何者可以對二維陣列 a 進行初始化？

    (A) int a[2][]={{1,0,1},{5,2,3}};　　(B) int a[][3]={{1,2,3},{4,5,6}};

    (C) int a[2][4]={{1,2,3},{4,5},{6}};　(D) int a[][3]={{1,0,1}{},{1,1}};

11. 假設陣列 a 宣告為：int a[3][4]={{1,2},{0},{4,6,8,10}}; 則初始化後，a[1][2]的初值為_____，a[2][1]的初值為_____。　(A) 0，5　(B) 0，6　(C) 1，6　(D) 1，5

12. 假設陣列 a 宣告為：double x[3][5]; 則陣列 a 中列下標的下限為____，行下標的上限為_____。　(A) 0，5　(B) 0，4　(C) 1，4　(D) 1，5

13. 下列何者是正確的 C 語言定義敘述？　(A) int a[1][4]={1,2,3,4,5};　(B) float x[3][]={{1},{2},{3}};　(C) long b[2][3]={{1},{1,2},{1,2,3}};　(D) double y[][3]={0};

14. 若二維陣列 a 有 m 行，則計算任一元素 a[i][j] 在陣列中位置的公式為　(A) i*m+j　(B) j*m+i　(C) i*m+j-1　(D) i*m+j+1 （假設 a[0][0]位於陣列的第一個位置上）

15. 陣列宣告如下：int a[3][4]={0};下列敘述何者正確？　(A)只有元素 a[0][0]可得到初值 0　(B)此宣告敘述不正確　(C)陣列 a 中各元素都可得到初值，但其值不一定為 0　(D)陣列 a 中每個元素均可得到初值 0

16. 陣列宣告如下：int a[][4]={0,0};下列敘述何者不正確？　(A)陣列 a 的每個元素都可得到初值 0　(B)二維陣列 a 的第一維大小為 1　(C)因為二維陣列 a 中第二維大小的值除以初值個數的商為 1，故陣列 a 的行數為 1　(D)只有元素 a[0][0]和 a[0][1]可得到初值 0，其餘元素均得不到初值 0

17. 陣列宣告如下：int a[3][4]; 則陣列 a 中各元素　(A)可在程式的執行階段得到初值 0　(B)可在程式的編譯階段得到初值 0　(C)不能得到確定的初值　(D)可在程式的編譯或執行階段得到初值 0

18. 下列程式片段的執行結果為　(A) 3 5 7　(B) 3 6 9　(C) 1 5 9　(D) 1 4 7

```
            #include <stdio.h>
            int main( )
            {
                int k;
```

```
            int a[3][3]={1,2,3,4,5,6,7,8,9};
            for(k=0; k<3; k++)
                  printf("%2d", a[k][2-k]);
            printf("\n");
            return 0;
      }
```

19. 下列對 s 的初始化，何者不正確？

    (A) char s[5]={"abc"};　　(B) char s[5]={'a','b','c'};

    (C) char s[5]="";　　　　　(D) char s[5]="abcdef";

20. 下列程式片段的執行結果為　(A) 'a"b'　(B) ab　(C) ab^c　(D) abc
```
            char c[5]={'a','b','\0','c','\0'};
            printf("%s", c);
```
21. 對陣列 a 和 b 進行初始化如下：
```
            char a[]="ABCDEF";
            char b[]={'A','B','C','D','E','F'};
```

21. 下列敘述，何者正確？　(A)a 與 b 陣列完全相同　(B) a 與 b 長度相同　(C) a 和 b 中都是儲存字串　(D) a 陣列長度大於 b 陣列長度

22. 下列何者可以用來判斷字串 a 和 b 是否相等？　(A) if(a==b)　(B) if(a=b)　(C) if(strcpy(a,b))　(D) if(strcmp(a,b))

23. 下列何者可以用來判斷字串 s1 是否大於字串 s2？　(A) if(s1>s2)　(B) if(strcmp(s1,s2))　(C) if(strcmp(s2,s1)>0)　(D) if(strcmp(s1,s2)>0)

24. 下列敘述何者正確？　(A)兩個字串所包含的字元個數相同時，才能比較字串　(B)字元個數多的字串比字元個數少的字串大　(C)字串"STOP"與"STOP"相等　(D)字串"That"小於字串"The"

25. 下列對 C 語言字元陣列的敘述，何者錯誤？　(A)字元陣列可以存放字串　(B)字元陣列的字串可以整體輸入、輸出　(C)可以在指定敘述中，透過指定運算子對字元陣列整體指定　(D)不可以用關係運算子對字元陣列中的字串進行比較

26. 下列程式片段的執行結果為　(A)空格　(B) \0　(C) e　(D) f
```
            char a[7]="abcdef";
            char b[4]="ABC";
            strcpy(a, b);
            printf("%c", a[5]);
```

27. 下列程式片段的執行結果為　(A) It's　(B) a　(C) computer　(D)以上皆非
```
            int i,j;
            char c[]="It's a computer";
```

```
for(i=0;i<=7;i++)
    {j=i+7;printf("%c",c[j]);}
```

28. 下列程式的執行結果為　(A) abcd　(B) aabcd　(C) aabbd　(D) abccd

```
int main( )
{
    int i=5;
    char c[6]="abcd";
    do {c[i]=c[i-1];} while(--i>0);
    puts(c);
    return 0;
}
```

29. 執行下列程式時，從鍵盤輸入 AabD，輸出結果為　(A) AZYD　(B) AabD　(C) AZyD　(D) AzyD

```
int main( )
{
    char s[80];
    int i=0;
    gets(s);
    while(s[i]!='\0')
    {
        if(s[i]<='z' && s[i]>='a')
        s[i]='z'+'a'-s[i];
        i++;
    }
    puts(s);
    return 0;
}
```

二、填空題

1. 下列程式片段的執行結果為_____。

```
int a[5]={-1,2,3,-4,-5};
int s=0, i;
for(i=0; i<5; i++)
{
    if(a[i]>0)
        s=s+a[i];
}
printf("s=%3d", s);
```

2. 下列程式的執行結果為＿＿＿＿＿。

```c
int main( )
{
    int a[10]={1,12,-13,-2,-13,2,-11,-24,-9,10};
    int sum=0,i;
    for(i=0;i<=9;i++)
    {
        if(a[i]<0)
            sum=a[i]+sum;
    }
    printf("sum=%4d",sum);
    return 0;
}
```

3. 下列程式的執行結果為＿＿＿＿＿。

```c
int main( )
{
    int a[10]={1,2,3,4,5,6,7,8,9,10};
    int k,s,i;
    float ave;
    for(k=s=i=0;i<10;i++)
    {
        if(a[i]%2!=0) continue;
            s+=a[i];
            k++;
    }
    if(k!=0)
        {ave=s/k;printf("%d,%f\n",k,ave);}
    return 0;
}
```

4. 下列程式片段的執行結果為＿＿＿＿＿。

```c
int a[5], i;
for(i=0; i<5; i++)
    a[i]=3*(i-4)+5;
printf("%2d\n", a[0]);
printf("%2d\n", a[1]);
printf("%2d\n", a[2]);
printf("%2d\n", a[3]);
printf("%2d\n", a[4]);
```

5. 下列程式片段的執行結果為＿＿＿＿。

```
int main( )
{
    int i, f[10];
    f[0]=f[1]=1;
    for(i=2; i<10; i++)
        f[i]=f[i-2]+f[i-1];
    for(i=0; i<10; i++)
    {
        if(i%5==0) printf("\n");
            printf("%3d", f[i]);
    }
    return 0;
}
```

6. 下列程式片段的執行結果為＿＿＿＿。

```
int a[10]={1,2,2,3,4,3,4,5,1,5};
int n=0, i, j, c, k;
for(i=0; i<10-n; i++)
{
    c=a[i];
    for(j=i+1; j<10-n; j++)
        if(a[j]==c)
        {
            for(k=j; k<10-n; k++)
                a[k]=a[k+1];
            n++;
        }
}
for(i=0; i<(10-n); i++)
    printf("%2d", a[i]);
printf("\n");
```

7. 下列程式片段的執行結果為＿＿＿＿。

```
int a[10]={1,2,3,4,5,6,7,8,9,10};
int k,s,i;
float ave;
for(k=s=i=0;i<10;i++)
{
    if(a[i]%2==0) continue;
        s+=a[i]; k++;
}
```

```
if(k!=0)
{
    ave=s/k;
    printf("%d,%f\n",k,ave);
}
```

8. 執行下列程式片段時，從鍵盤輸入 17，輸出結果為＿＿＿＿。

```
int x, y, i, a[6], j, u, v;
scanf("%d", &x);
y=x; i=0;
do
{
    u=y/2;
    a[i]=y%2;
    i++; y=u;
} while(y>=1);
for(j=i-1; j>=0; j--)
    printf("%d", a[j]);
```

9. 下列程式片段的執行結果為＿＿＿＿。

```
int i=1, n=3, j, k=3;
int a[5]={1,3,5};
while(i<=n && k>a[i]) i--;
for(i=n-1; j>=i; j--)
    a[j+1]=a[j];
    a[i]=k;
for(i=0; i<=n; i++)
    printf("%2d", a[i]);
```

10. 下列程式片段的執行結果為＿＿＿＿。

```
int i=1, j, k=2, n=3;
int a[4]={11,12,13,14};
for(i=n-1; j>=i; j--)
    a[j+1]=a[j];    a[i]=k;
for(i=1; i<=n; i++)
    printf("%3d", a[i]);
```

11. 下列程式片段的執行結果為＿＿＿＿。

```
int a[5]={-12,-2, 22,-11,-9};
int s=0,i;
for(i=0;i<=4;i++)
    {if(a[i]<0)
        s=a[i]+s;}
```

```
printf("s=%4d",s);
printf("\n");
```

12. 下列程式片段的執行結果為_____。

```
int a[5]={1,-2,10,-3,15};
int s=0, i;
for(i=0; i<=4; i++)
{
    if(a[i]<0)
        s=a[i]+s;
}
printf("s=%3d", s);
```

13. 下列程式片段的執行結果為_____。

```
int a[5]={1,3,-4,-5,6};
int s=0, i;
for(i=0;i<=4;i++)
{
    if(a[i]<0)
        s=a[i]+s;
}
printf("s=%3d", s);
```

14. 下列程式片段的執行結果為_____。

```
int a[5]={5,-12,3,-4,25};
int s=0, i;
for(i=0;i<=4;i++)
{
    if(a[i]!=10)
        s=a[i]+s;
}
printf("s=%3d",s);
```

15. 下列程式片段的執行結果為_____。

```
int a[5]={26,13,-24,-35,-13};
int s=0, i;
for(i=0; i<5; i++)
{
    if(a[i]>0)
        s=a[i]+s;
}
printf("s= %3d",s);
```

16. 下列程式的執行結果為_____。

```c
int main( )
{
    int a[10]={1,2,2,3,4,3,4,5,1,5};
    int n=0,i,j,c,k;
    for(i=0;i<10-n;i++)
    {
        c=a[i];
        for(j=i+1;j<10-n;j++)
            if(a[j]==c)
            {
                for(k=j;k<10-n;k++)
                    a[k]=a[k+1];
                n++;
            }
    }
    for(i=0;i<(10-n);i++)
        printf("%d ",a[i]);
    printf("\n");
    return 0;
}
```

17. 執行下列程式時，從鍵盤輸入 18，輸出結果為_____。

```c
int main( )
{
int x,y,i,a[8],j,u,v;
scanf("%d",&x);
y=x;i=0;
do{
    u=y/2;
    a[i]=y%2;
    i++;y=u;
  } while(y>=1);
for(j=i-1;j>=0;j--)
    printf("%d",a[j]);
return 0;
}
```

18. 下列程式片段的執行結果為_____。

```c
int i,f[12];
f[0]=f[1]=1;
for(i=2;i<12;i++)
```

```
            f[i]=f[i-2]+f[i-1];
        for(i=0;i<12;i++)
        {
            if(i%4==0) printf("\n");
            printf("%5d",f[i]);
        }
```

19. 下列程式係要輸出某數列的前 20 項，該數列的第 1、2 項分別為 0 和 1，其後每個奇數項是前兩項之和，而偶數項是前兩項差的絕對值。則空格處應填入_____。

```
        int main( )
        {
            int a[21],i,j;
            a[1]=0;a[2]=1;
            i=3;
            do{
                a[i]=_____;
                a[i+1]=fabs((double)(a[i-1]-a[i]));
                i=i+2;} while(i<=20);
            for(i=1;i<=20;i++)
            {
                printf("%5d",a[i]);
                if(i%4==0)    printf("\n");
            }
            return 0;
        }
```

20. 下列程式片段的執行結果為_____。
```
        int a[][3]={1,2,3,4,5,6,7};
        printf("%2d\n", a[0][2]);
```

21. 下列程式片段的執行結果為_____。
```
        int a[][3]={1,2,3,4,5,6,7};
        printf("%2d\n", a[1][1]);
```

22. 下列程式片段的執行結果為_____。
```
        int a[][3]={1,2,3,4,5,6,7};
        printf("%2d\n", a[2][2]);
```

23. 下列程式片段的執行結果為_____。
```
        int main( )
        {
```

```
        int a[3][3]={1,3,5,7,9,11,13,15,17},sum=0,i,j;
        for(i=0;i<3;i++)
            for(j=0;j<3;j++)
                if(i==j) sum=sum+a[i][j];
        printf("sum=%3d\n",sum);
        return 0;
    }
```

24. 下列程式片段的執行結果為_____。

```
    int main( )
    {
        int a[6][6], i, j;
        for(i=1; i<6; i++)
            for(j=1; j<6; j++)
                a[i][j]=(i/j)*(j/i);
        for(i=1; i<6; i++)
            {for(j=1; j<6; j++)
                printf("%2d", a[i][j]);
                printf("\n");}
        return 0;
    }
```

25. 下列程式片段的執行結果為_____。

```
    int main( )
    {
        int a[5][5], i, j, n=1;
        for(i=0; i<5; i++)
            for(j=0; j<5; j++)
                a[i][j]=n++;
        for(i=0; i<5; i++)
            {for(j=0; j<=i; j++)
                printf("%4d", a[i][j]);
                printf("\n"); }
        return 0;
    }
```

26. 下列程式是用來檢查一個二維陣列是否對稱（即對所有 i 和 j 都 a[i][j]=a[j][i]）。
    則空格處應填入_____。

```
    int main( )
    {
        int a[4][4]={1,2,3,4,2,2,5,6,3,5,3,7,4,6,7,4};
        int i,j,found=0;
```

```
            for(j=0;j<4;j++)
                for(_____;i<4;i++)
                    if(a[j][i]!=a[i][j])
                        {found=1;break;}
            if(found) printf("No");
            else printf("Yes");
            return 0;
        }
```

27. 下列程式片段的執行結果為_____。

```
        int main( )
        {
            int a[2][3]={{1,2,3},{4,5,6}};
            int b[3][2],i,j;
            printf("array a:\n");
            for(i=0;i<=1;i++)
                {for(j=0;j<=2;j++)
                    {
                        printf("%5d",a[i][j]);
                        b[j][i]=a[i][j];
                    }
                 printf("\n");
                }
            printf("array b:\n");
            for(i=0;i<=2;i++)
                {for(j=0;j<=1;j++)
                  printf("%5d",b[i][j]);
                  printf("\n");
                }
            return 0;
        }
```

28. 下列程式片段的執行結果為_____。

```
        char ch[6]={'g','o','o','\0','d','!'};
        printf("%s", ch);
```

29. 下列程式片段的執行結果為_____。

```
        char a[4]="abc";
        char b[4]="123";
        strcpy(a, b);
        printf("%s\n", a);
```

30. 下列程式片段的執行結果為_____。

```
int rst;
char a[7]="123abc";
char b[7]="abc123";
rst=strcmp(a, b);
printf("%d\n", rst);
```

31. 下列程式片段的執行結果為_____。

```
char a[4]="123";
char b[4]="abc";
strcat(a, b);
printf("%s\n", a);
```

32. 下列程式片段的執行結果為_____。

```
int rst;
char a[4]="123";
char b[4]="abc";
rst=strlen(strcat(a, b));
printf("%d\n", rst);
```

33. 下列程式片段的執行結果為_____。

```
int len;
char a[4]="123";
len=strlen(a);
printf("%d\n", len);
```

34. 下列程式片段的執行結果為_____。

```
char a[]="Hello", k;
int i, j=0;
for(i=0; i<5; i++)
    if(a[j]<a[i])
        j=i; k=a[j]; a[j]=a[5]; a[5]=a[j];
printf("%s\n", a);
```

35. 下列程式片段的執行結果為_____。

```
char ch[5]={"abc123"};
int i, s=0;
for(i=0; ch[i]>='a' && ch[i]<='z'; i++)
    s=2*s+ch[i];
printf("%d\n", s);
```

36. 下列程式片段的執行結果為_____。

```
char a[]="congratulation", k;
int i, j=0;
for(i=1; i<14; i++)
    if(a[j]<a[i])
        j=i; k=a[j]; a[j]=a[14]; a[14]=a[j];
puts(a);
```

37. 下列程式片段的執行結果為_____。

```
int i, j;
char c[]="Hello, World!";
for(i=0; i<=7; i++)
    {j=i+7; printf("%c", c[j]);}
printf("\n");
```

38. 下列程式片段的執行結果為_____。

```
char ch[]="168";
int a,s=0;
for(a=0;ch[a]>='0' && ch[a]<='9';a++)
    s=10*s+ch[a]-'0';
printf("%d",s);
```

39. 下列程式片段的執行結果為_____。

```
char a[]="Happy Birthday";
int i=0;
while(a[++i]!='\0')
    if(a[i-1]=='t') printf("%c",a[i]);
```

40. 下列程式的執行結果為_____。

```
int main( )
{
    int i;
    char a[]="Hello",b[]="World";
    for(i=0;a[i]!='\0'&&b[i]!='\0';i++)
        if(a[i]==b[i])
            if(a[i]>='a' && a[i]<='z') printf("%c",a[i]-32);
            else printf("%c",a[i]+32);
        else printf("*");
    return 0;
}
```

41. 下列程式的執行結果為_____。

```c
int main( )
{
    char a[2][9]={"Rocky","Mountain"};
    int i,j,len[2];
    for(i=0;i<2;i++)
    {
        for(j=0;j<9;j++)
            if(a[i][j]=='\0')
                {len[i]=j; break;}
        printf("%6s: %d    ",a[i],len[i]);
    }
    return 0;
}
```

42. 下列程式的執行結果為_____。

```c
int main( )
{
    char s[]="ACBDA";
    int k;char c;
    for(k=1;(c=s[k])!='\0';k++)
        {switch(c)
            {case 'A':putchar('$'); continue;
             case 'B':++k;break;
             default:putchar('*');
             case 'C':putchar('&'); continue;
            }
         putchar('#');
        }
    return 0;
}
```

三、程式設計題

1. 將 5 個朋友的名字儲存在陣列 names 中。然後將每個人的姓名逐一印出。

2. 給定一維陣列 a，求 a 中各元素的平均值。

3. 任意輸入 5 筆資料，然後將這 5 筆資料反向輸出。

4. 分別使用 while 迴圈和 for 迴圈建立一個 1～9 的一維陣列並輸出陣列中各元素。

5. 使用 while 迴圈和 for 迴圈建立一個陣列元素皆為偶數的一維陣列。

6. 輸入一個字串並將字元反向輸出。

7. 輸入一個字串，每次去掉最後面的字元並輸出。

8. 輸入一個字串，統計其中英文字母、空格、數字和其他字元的個數。

9. 輸入 3 個字串，將它們連接成一個字串後輸出。

10. 編寫程式將字串 str2 複製到字串 str1。

11. 從鍵盤輸入 5 個英文單字，輸出其中以母音字母開頭的單字。

12. 下表中的學生成績輸入二維陣列中並列印出來。

	陳一	林二	張三	李四	王五
國文	81	92	83	84	93
英文	83	90	81	85	96
數學	78	91	85	86	92
通識	80	94	81	83	95

13. 建立一個二維陣列 a 並輸出矩陣元素：

$$a = \begin{bmatrix} 1 & 1 & 1 & 1 & 1 \\ 2 & 1 & 1 & 1 & 1 \\ 3 & 2 & 1 & 1 & 1 \\ 4 & 3 & 2 & 1 & 1 \\ 5 & 4 & 3 & 2 & 1 \end{bmatrix}$$

14. 求矩陣 $A = \begin{bmatrix} 1 & 2 & 3 \\ 4 & 5 & 6 \end{bmatrix}$ 的轉置矩陣 $B = \begin{bmatrix} 1 & 4 \\ 2 & 5 \\ 3 & 6 \end{bmatrix}$。

15. 有一個 3 列 4 行的矩陣 a，求矩陣中的最大元素值。

16. 編寫程式找出字串中不重複的字元。

　　提示： 判斷字元是否重複的方法，就是如果每個字元在字串中出現的次數大於 1 表示有重複，就用 re 陣列存放，如果出現次數等於 1 表示沒有重複，就用 nr 陣列存放，如此一來就能夠篩選出重複與不重複的字元。

17. 輸入任意一個 3 列 3 行的二維陣列，求主對角線元素之和。

　　提示： 使用二維陣列儲存一個 3 列 3 行的陣列元素，利用雙重迴圈存取陣列中的每一個元素。在迴圈中判斷是否是主對角線上的元素，然後實現累加運算。

18. 如果一個 n 位數的正整數等於其各位數字的立方和，則該數稱為阿姆斯壯數 (Armstrong number)。例如 153 可以滿足 $1^3+5^3+3^3=153$，153 就是阿姆斯壯數。試編寫一程式求 1000 以內的所有阿姆斯壯數。

19. 分別輸入 4 個學生的微積分成績、物理成績和程式設計成績，求每個學生的總成績和平均成績。

    提示：使用一個二維陣列來存放所有學生的全部成績資料。

20. 已知 m×n 矩陣 A 和 n×p 矩陣 B，試求 C=A×B。

    提示：求兩個矩陣 A 和 B 的乘積可以分為以下 3 步驟。

    (1) 輸入矩陣 A 和 B。

    (2) 求 A 和 B 的乘積並儲存到矩陣 C 中。

    (3) 輸出矩陣 C。其中步驟(2)是關鍵。

    依照矩陣乘法規則，乘積 C 為 m×p 矩陣，且 C 的各元素的計算公式為：

    $$C_{ij} = \sum_{k=1}^{n} A_{ik}B_{kj} \quad (1 \le i \le m,\ 1 \le j \le p)$$

    為計算矩陣 C，需要採用三重迴圈。其中，外層迴圈（設迴圈變數為 i）控制矩陣 A 的列，中層迴圈（設迴圈變數為 j）控制矩陣 B 的行，內層迴圈（設迴圈變數為 k）控制計算 C 的各元素，顯然，求 C 的各元素屬於累加問題。

· MEMO ·

輕鬆學 C 語言程式設計

函　數

程式設計時，如果遇到一個複雜的問題，那麼最好的方法就是將原始問題分解成若干個易於求解的小問題，每一個小問題都用一個相對獨立的程式模組來處理，最後，再把所有的模組像搭積木一樣組合在一起，形成一個完整的程式。這種分而治之(Divide and conquer)的策略，被稱為模組化程式設計方法，這是結構化程式設計中的一條重要原則。顯然，利用函數不僅可以實現程式的模組化，使得程式設計變得更加簡單，同時，也提高程式的可讀性和可維護性。

本章主要介紹函數的定義和呼叫方法，以及與函數有關的一些基本概念。

8.1 → 函數概述

C 語言函數可分成系統提供的函式庫(library)函數和使用者自訂函數(User-defined function)兩大類。函式庫函數是系統已經設計好的函數，程式設計時可以直接呼叫函式庫函數來完成各式各樣的操作。例如，格式化輸入／輸出函數 scanf 和 printf 函數，以及 strcat、strcpy 和 strlen 等字串處理函數，都是函式庫函數。

由於 C 程式係由函數組成，除了 C 語言本身提供的函式庫函數和必須包含的 main()函數外，我們還可以把程式中需要多次執行的計算或操作編寫成使用者自訂函數，然後透過函數呼叫來實現所需的功能。同一個自訂函數不論在程式中被呼叫多少次，在原始程式中只需書寫一次、編譯一次，這樣，就避免大量的重複程式片段，縮短原始程式的長度，也節省佔用的記憶體空間，減少編譯時間。這些自訂函數可以和 main()函數放在一個程式檔中；也可以分放在不同的程式檔中，單獨進行編譯，形成獨立的模組（.obj 檔），然後連結在一起，形成可執行檔（.exe 檔）。

8.2 → 函數的定義

數學上的函數通常形如 $y = f(x)$ 或者 $z = g(x,y)$ 的形式。在 $y = f(x)$ 中，f 是函數名稱，x 是函數的自變數，y 是函數的因變數；而在 $z = g(x,y)$ 中，g 是函數名稱，x 和 y 是函數的自變數，z 是函數的因變數。C 語言中的每個函數都有自己的名稱、自變數和因變數。通常我們把 C 語言中函數的自變數稱為函數的「參數(parameters)」，而因變數稱為函數的「傳回值」。在 C 語言中，函數是一種運

算或處理過程，即將一個程式區段完成的運算或處理放在函數中完成，這就要先
定義函數，然後根據需要呼叫它，而且可以多次呼叫。

8.2.1 函數的定義

函數的宣告是讓編譯器知道函數的名稱、參數、傳回值型態等資訊。函數的
定義是讓編譯器知道函數的功能。函數的定義主要是決定函數的名稱、函數的類
型以及函數的功能。函數定義的一般格式如下：

> 函數類型　函數名稱（形式參數清單）
> [形式參數宣告]
> {
> 　　函數主體
> }

在定義函數時，函數名稱後面括號中的變數名稱為「形式參數(Formal
argument)」，它是用來儲存傳給函數的參數值之變數。在呼叫函數時，函數名稱
後面小括號中的運算式稱為「實際參數(Actual argument)」，它是一個用來將值傳
給一個函數的運算式。先看一個簡單的例子。

例 8.1 函數的定義

```
1   int max(x,y)           /* max(x,y)後面不可以有分號 */
2   int x,y;               /*形式參數宣告*/
3   {
4    int z;                /*函數主體中的宣告部分*/
5    z=x>y?x:y;
6    return(z);
7   }
```

說明

1. 從主函數的實際參數把參數「以值呼叫(Call by value)」傳給被呼叫函數中的形式參
   數 x 和 y。
2. 第 2 列敘述 int x,y; 是宣告形式參數的資料類型，指定 x 和 y 為整數類型。形式參
   數的宣告應在函數主體外。
3. "int z;"必須寫在大括號內，不能寫在大括號外，也不能將第二、四列合併寫成"int
   x,y,z;"。

4. 在函數主體的敘述中求出 z 的值，return 敘述的作用是將 z 的值做為函數值傳回到主函數中。return 後面括號中的 z 值做為函數的傳回值。

5. ANSI 標準允許在列出「形式參數清單」時，同時宣告形式參數資料類型。如；

```
int max(int x,int y);
{...}
```

相當於：

```
int max(x,y)
int x,y;
{...}
```

請再看一個簡單的例子。

例 8.2 定義一個 sum 函數，求兩個整數之和。

```c
#include <stdio.h>
int main()
{
    int a1 , a2 ; int s;
    printf("輸入兩個整數：");
    scanf("%d,%d",&a1,&a2);
    /* 呼叫 sum 函數，並把得到的函數傳回值存入變數 s 中 */
    s=sum(a1,a2);
    printf("兩個數之和為：%d",s) ;
    return 0;
}

int sum(x,y)      /* 定義類型為 int 的函數 sum，形式參數為 x 和 y */
int x,y ;                 /* 宣告形式參數的類型 */
{
    int z;
    z=x+y;
    return (z) ;          /* 傳回變數 z 的值 */
}
```

執行結果如下：

```
輸入兩個整數：10,17
兩個數之和為：27
```

說明

1. 該程式由兩個函數組成，一個是主函數 main()，一個是自定義函數 sum()。sum()函數的功能是求 x 和 y 之和，並傳回求得的和。

2. main()函數呼叫自定義函數 sum()時，將實際參數 a1 和 a2 的值分別傳遞給形式參數 x 和 y。

8.2.2　有關函數定義的說明

（一）函數的類型

定義函數時，函數名稱前的類型識別字(identifier)用來宣告函數的類型，這也是該函數傳回值的資料類型。類型識別字可以是 int、long、float、double、char 中的任何一種，當函數類型為 int 類型時，類型識別字 int 可以省略。例如，上例中的 int sum(x,y)可以寫成：sum(x,y)。

（二）函數名稱

函數名稱是一個識別字，可以按識別字的規則命名。一般命名一個能反映函數功能、有助於記憶的識別字。

（三）形式參數清單

定義函數時，函數名稱後面小括號中的變數名稱為「形式參數(Formal parameter)」。形式參數是按需要而設定的，也可以沒有形式參數，但是函數名稱後面的小括號是必須有的。當函數有多個形式參數時，形式參數之間用逗號隔開。

（四）形式參數的宣告

如果函數有形式參數，則必須宣告形式參數的類型。下面兩種宣告形式參數類型的寫法都是正確的：

```
sum(x , y)
int x , y ;
{ …}
```

和

```
sum(int x , int y)
{ …}
```

注意比較這兩種寫法，在小括號之外宣告形式參數的類型時，如果幾個形式參數都是屬於同一種類型，那麼就可以只用一個類型識別字同時宣告這幾個形式參數。而在小括號之內宣告形式參數的類型時，則不論各個形式參數是否屬於同一類型，每個形式參數之前都必須有一個類型識別字。

（五）函數主體

函數主體是用一對大括號括起來的敘述區段，函數的功能就是由這些敘述完成。所有在函數主體中使用到的形式參數之外的變數，都可以在函數主體的開始部分進行變數的類型宣告。如在例 8.2 的 sum()函數中定義變數 z。

（六）空函數

定義函數時，函數類型、形式參數以及函數主體均可以省略。所以，最簡單的函數定義是：

```
函數名稱( )
{…}
```

這種函數稱為「空函數」。顯然，空函數不執行任何操作，但這並不表示空函數是沒有用處的。在函數定義處，顯示此處要定義某函數。因函數的演算法還未確定，或暫時來不及編寫，或有待擴充程式功能等原因，未給出該函數的完整定義。特別是在程式開發過程中，通常先開發主要的函數，次要的函數或準備擴充程式功能的函數暫寫成空函數，使能在程式還未完整的情況下對部分程式除錯，又能為後續的程式功能擴充建立基礎。所以，空函數在程式開發中經常被採用。

（七）自訂函數在程式中的位置

一個 C 程式由主函數 main()和若干個自訂函數組成，各個函數在程式中的定義是相互獨立的，不能在一個函數主體內部定義另一個函數。

自訂函數可以放在主函數之前，也可以放在主函數之後，但無論自訂函數放在程式中的什麼位置，程式的執行總是從主函數開始。為了提高程式的可讀性，習慣上常把主函數放在所有自訂函數之前。

傳回敘述 return 有兩方面的用途，一方面它能立即從所在的函數中退出，即傳回到呼叫它的程式中；另一方面將函數值傳回到呼叫的運算式中。

函數主體中的 return 敘述用於傳遞函數的傳回值。一般格式為：

> **return (運算式) ;**

或

> **return　運算式 ;**

或

> **return ;**

例如：

```
return (1) ;           傳回值為 1
return (a+b) ;         傳回運算式 a+b 的值
return (x) ;           傳回變數 x 的值
```

一個函數中可以有多個 return 敘述，當執行到某個 return 敘述時，程式的控制流程傳回呼叫函數，並將 return 敘述中的運算式值做為函數值傳回。不含參數的 return 敘述或是函數主體內沒有 return 敘述，則函數預設傳回 None。

（一）傳回敘述 return

在編寫程式的過程中，當要終止函數的執行，並傳回到呼叫它的敘述時，許多時候會靠 return 敘述來實現。使用 return 敘述是為了傳回一個值，或者是為了簡化程式碼，透過設定多個傳回點來提高效率。例如：

```
int s(int i)
{
    int j;
    if (i<=1)
      return 0;
    if (i==2)
      return 1;
    for (j=2;j<i;j++)
    {
      if (i&j==0)
        return 0;
```

```
        else if (i != j+1)
            continue;
        else
            return i;
    }
}
```

從上面的程式可以發現，一個函數中可以有多條傳回敘述 return。

（二）傳回值

除了被定義為 void 類型的函數外，所有函數都傳回一個值。這個值由 return 敘述給出；如果沒有 return 敘述，則傳回 0。

在編寫程式的過程中通常會遇到 3 種形式的函數：

1. 只做單純的計算，它們專門用於對指定的參數進行計算，並將結果傳回。

2. 傳回操作資訊，並且傳回一個表示操作是否成功的簡單值。

3. 沒有傳回值。

下面來看一個傳回值的例子。

例 8.3 求任意兩個整數的乘積

```
#include <stdio.h>
int main()
{
    int x,y,z;
    printf("please input x,y: \n");
    scanf("%d, %d",&x,&y);        /* 輸入兩個整數指定給 x 和 y */
    z=prod(x,y);                  /* 呼叫乘積函數 prod   */
    printf("product= %d",z);
    return 0;
}

int prod(a,b)                     /* 定義乘積函數 prod   */
int a,b;
{
    int c;
    c=a*b;
    return c;                     /* 傳回乘積值 c */
}
```

執行結果如下：

```
please input x,y:
7, 12
product= 84
```

說明

1. 並非每一個自訂函數都必須有 return 敘述，如果一個函數不需要傳回任何資料，那麼可以沒有 return 敘述。

2. 一個沒有 return 敘述的函數，並不表示沒有傳回值。實際上，任何一個不為 void 類型的函數都有一個傳回值，包含 return 敘述的函數將傳回一個確定的值，而沒有包含 return 敘述的函數則傳回一個不確定的值。

3. 可以存取不含 return 敘述的函數所傳回的不確定值，這不會出現任何語法錯誤，但這種做法是毫無意義的，而且，還有可能使程式的執行產生難以預料的後果。因此，為了禁止存取不含 return 敘述的函數的值，可在定義函數時指定函數為 void 類型。例如：

```
void pf ()
{
        ......
}
```

4. 函數中可以有多個 return 敘述，但這並不表示一個函數可以同時傳回多個值。當執行到被呼叫函數中的第一個 return 敘述時，就會立即傳回到主呼叫函數。也就是說，只有一個 return 敘述有機會被執行。

8.4 → 函數參數

函數的參數分為形式參數和實際參數兩種。在本節中，將進一步介紹形式參數、實際參數的特點和兩者間的關係，同時還將說明如何使用陣列來作函數參數。

8.4.1 形式參數和實際參數

形式參數和實際參數的功能是進行資料傳遞。定義函數時，函數名稱後面小括號中的變數名稱為「形式參數」，如例 8.2 中的 x 和 y 就是形式參數。實際參數就是在主呼叫函數中呼叫一個函數時，函數名稱後面小括號中的參數，如例 8.2 中的 a1 和 a2 就是實際參數。

函數定義中的形式參數，在整個函數中都可以使用，離開該函數則不能使用。實際參數出現在主呼叫函數中，進入被呼叫函數後，實際參數變數也不能使用。函數呼叫時，主呼叫函數把實際參數的值傳送給被呼叫函數的形式參數，從而實現主呼叫函數向被呼叫函數的資料傳送。

函數的形式參數和實際參數具有以下特點：

1. 形式參數變數只有在被呼叫時才分配記憶體空間，呼叫結束便釋放所分配的記憶體空間。因此，形式參數只有在函數內部有效。函數呼叫結束返回主呼叫函數後，則不能再使用該形式參數變數。

2. 實際參數可以是常數、變數、運算式、函數等。無論實際參數是何種類型的值，在進行函數呼叫之前，每個實際參數都必須具有確定的值，以便把這些值傳遞給形式參數（如果形式參數是陣列名稱，則傳遞的是陣列起始地址而不是陣列的值，這點會在後面提到）。因此，應預先使用指定值、輸入等方法使實際參數獲得確定值。

3. 實際參數和形式參數的類型應相同。如果將例 8.3 改成如下形式：

```c
#include <stdio.h>
int main()
{
    float x,y,z;
    printf("please input x,y: \n");
    scanf("%f, %f",&x,&y);        /* 輸入兩個整數指定給 x 和 y */
    z=prod(x,y);                  /* 呼叫乘積函數 prod   */
    printf("productuct= %d",z);
    return 0;
}

int prod(int a,int b)            /* 定義求乘積函數 prod   */
{
    int c;
    c=a*b;
    return c;                    /* 傳回乘積值 c */
}
```

執行結果如下：

```
please input x,y:
3.5, 2.8
productuct= -2147483648
```

透過上述結果發現 3.5 與 2.8 的積是-2147483648，顯然這個結果不正確。因為形式參數的資料類型是整數類型，而實際參數的資料類型是單精度類型，實際參數和形式參數的資料類型不同，所以最終結果發生錯誤。

4. C 語言規定，實際參數變數對形式參數變數的傳遞方式是「以值傳遞(Call by value)」，這是一種單向傳遞，亦即，只能由實際參數傳給形式參數，而不能由形式參數再傳回給實際參數。實際上，形式參數和實際參數分別佔用不同的記憶體位置，所以，無論形式參數的值如何變化，都不會影響到實際參數的值。請看下面的例子：

例 8.4 參數的以值傳遞

```c
#include <stdio.h>
int main()
{
    int a=3;
    printf("a=%d\n",a);
    fun(a);
    printf("a=%d",a);
    return 0;
}

fun(int x)
{
    x=x+10;     /* 改變形式參數 x 的值 */
    printf("x=%d\n",x);
}
```

執行結果如下：

```
a=3
x=13
a=3
```

本程式中，雖然 fun 函數中的形式參數 x 的值發生改變，但主函數中的實際參數 a 的值沒有跟著改變。

例 8.5 計算函數 $f(x) = \begin{cases} x+10, & x > 0 \\ x+20, & x < 0 \\ 100, & x = 0 \end{cases}$ 的值

```c
#include <stdio.h>
int main()
{
    int n;
    printf("請輸入一個整數 n:   \n");
    scanf("%d",&n);                      /* 輸入整數 n */
    fun(n);                              /* 呼叫函數 fun   */
    printf("實際參數 n= %d\n",n);         /*輸出實際參數 n 的值*/
    return 0;
}

int fun(int n)                           /*定義函數 fun   */
{
    if(n>0)                              /*若 n>0，則 n+10 */
        n=n+10;
    else
        if(n<0)                          /*若 n<0，則 n+20 */
            n=n+20;
    else                                 /*若 n=0，則 n 值為 100 */
        n=100;
    printf("形式參數 n= %d\n",n);         /*輸出形式參數 n 的值*/
}
```

執行結果如下：

```
請輸入一個整數 n:
15
形式參數 n= 25
實際參數 n= 15
```

説明

1. 本程式中定義一個函數 fun，其功能是根據輸入不同的整數與不同的數值相加求和。在主函數中輸入 n 值，並做為實際參數，在呼叫時傳送給函數 fun 的形式參數 n。在執行函數 fun 過程中，形式參數 n 的值變為 25。返回主函數後，輸出實際參數 n 的值仍為 15。可見實際參數的值不隨形式參數的改變而變化。

2. 本程式中的主函數和函數 fun 使用到的 n 應加以區別，這兩個 n 不是同一個 n，它們各自的作用範圍不同。

　　總結實際參數與形式參數的關係如下：

1. 實際參數的個數應該與形式參數相同。如果一個函數沒有形式參數，則呼叫該函數時就不應有實際參數，例如，下例中對 pstar 函數的定義和呼叫就是如此。

2. 實際參數的類型應該與形式參數的類型一致。

3. 定義函數時，形式參數只能是變數名稱，而呼叫函數時的實際參數則可以是變數名稱，也可以是常數或運算式。

例 8.6　在主函數中呼叫其他函數

```c
#include <stdio.h>
int main()
{
    fun1();          /*呼叫 fun1 函數*/
    fun2();          /*呼叫 fun2 函數*/
    fun1();          /*呼叫 fun1 函數*/
    return 0;        /*程式結束*/
}

fun1()               /*定義 fun1 函數*/
{
    printf("*****************\n");
}

fun2()               /*定義 fun2 函數*/
{
    printf(" Hello World!\n");
}
```

執行結果如下：

```
******************
Hello World!
******************
```

例 8.7　編寫一個函數，列印一串星號，星號的個數由參數決定。

```c
#include <stdio.h>
int main()
{
    int i;
    for (i=0;i<=4;i++)
        pstar(i*2+1) ;
    return 0;
}

pstar(num)
int num;                 /* 形式參數 num 表示要列印的星號個數 */
{
    int i ;
    for (i=1 ; i<=num ; i++)
        printf("*") ;
    printf("\n") ;
}
```

執行結果如下：

```
*
***
*****
*******
*********
```

說明

1. 在主函數呼叫 pstar()函數時，使用一個運算式來做為實際參數。程式中，pstar()函數是執行列印一串星號，但每次呼叫 pstar()函數都可以列印出不同個數的星號，星號個數的變化係透過形式參數 num 來實現。

2. 在 main()函數中呼叫 pstar()函數時，只需將希望得到的星號個數，以實際參數的形式傳遞給 pstar()函數即可。

8.4.2 陣列做為函數參數

前面幾節中，我們使用的函數參數均是簡單變數，例如 int 類型、float 類型、char 類型等。函數參數除了可以是簡單變數之外，還可以是陣列。當陣列做為函數的實際參數時，只傳遞陣列的起始位址，而不是將整個陣列指定到函數中。當使用陣列名稱做為實際參數呼叫函數時，指向該陣列的第一個元素的指標就被傳遞到函數中。

陣列做為函數參數分兩種情形，一種是陣列元素做為函數參數，另一種則是陣列名稱做為函數參數。

（一）陣列元素做為函數參數

由於實際參數可以是運算式形式，陣列元素可以是運算式的組成部分。因此，陣列元素可以做為函數的實際參數，與使用變數做為函數實際參數一樣，是單向傳遞。

例 8.8 陣列元素做為函數參數

```c
#include <stdio.h>
int main()
{
    int a[3],i,s;
    for (i=0;i<3;i++)
        scanf("%d",&a[i]);
    s=sum(a[0],a[1],a[2]);
    printf("s=%d",s) ;
    return 0;
}

sum(x,y,z)
int x,y,z ;
{
    return x+y+z;
}
```

執行結果如下：

```
13 24 356
s=393
```

說明

程式中，main()函數呼叫 sum()函數時使用陣列元素做為實際參數，這時 a[0]、a[1]和 a[2]的值分別傳遞給形式參數 x、y、z。當陣列元素做為函數實際參數時，參數的傳遞也是單向的"以值傳遞"。

請再看下面的例子：

例 8.9 　陣列元素做為函數參數

```c
#include <stdio.h>
void mem(int im);          /*宣告函數*/
int main()
{
    int cnt[10];           /*定義一個整數類型的陣列*/
    int i;                 /*定義用於迴圈的整數變數*/
    for(i=0;i<10;i++)      /*指定陣列元素值*/
    {
        cnt[i]=i;
    }

    for(i=0;i<10;i++)      /*迴圈操作*/
    {
        mem(cnt[i]);       /*執行輸出函數操作*/
    }
    return 0;
}

void mem(int im)           /*函數定義*/
{
    printf("Show the member is: %d\n",im);        /*輸出資料*/
}
```

執行結果如下：

```
Show the member is: 0
Show the member is: 1
Show the member is: 2
Show the member is: 3
Show the member is: 4
Show the member is: 5
Show the member is: 6
Show the member is: 7
```

Show the member is: 8
Show the member is: 9

說明

1. 在本例中定義一個陣列 cnt，然後將指定後的陣列元素做為函數的實際參數傳遞，
   當函數的形式參數得到實際參數傳遞的數值後，將其顯示輸出。

2. 在主函數 main 的開始處首先定義一個整數類型陣列 cnt 和一個整數類型變數 i，
   變數 i 用於下面要使用的迴圈敘述。

3. 變數定義後，使用 for 迴圈敘述指定陣列中的元素值，變數 i 做為迴圈敘述的控
   制變數，並且做為陣列的下標，指定陣列元素位置。

4. 透過一個迴圈敘述呼叫函數 mem 顯示資料，其中 i 做為參數中陣列的下標，表
   示指定要輸出的陣列元素。

（二）陣列名稱做為函數參數

　　陣列名稱做為函數參數時，實際參數和形式參數都應該是陣列名稱，此時，
實際參數與形式參數的傳遞方式為「以址傳遞(Pass by address)」。所謂以址傳遞
是指在呼叫函數時，系統並沒有分配新的記憶體空間給形式參數陣列，而只是將
實際參數陣列的起始位址傳送給形式參數陣列，使形式參數陣列與實際參數陣列
共用同一個記憶體空間。因此，函數中對形式參數陣列的修改，就是對實際參數
陣列的修改。

例 8.10　一維陣列名稱做為函數參數

```
#include <stdio.h>
int main()
{
    int a[2], i;
    void f();
    for (i=0; i<2; i++)
    {
        printf("a[%d]=",i) ;
        scanf("%d",&a[i]) ;   /* 輸入陣列 a 中各元素的值 */
    }

    f(a);     /* 以陣列名稱 a 做為實際參數呼叫 f()函數 */

    /* 輸出呼叫 f()函數後陣列 a 各元素值 */
```

```
        for (i=0; i<2;i++)
            printf("a[%d]=%d\n",i,a[i]);
        return 0;
    }


    void f(int b[2])
    {
        int i;
        for (i=0; i<2; i++)
            b[i]=b[i]+1;            /* 改變陣列 b 中各元素的值 */
    }
```

執行結果如下：

```
    a[0]=23
    a[1]=35
    a[0]=24
    a[1]=36
```

說明

1. 程式中，由於實際參數陣列 a 和形式參數陣列 b 共用一個起始位址相同的記憶體位置，因此，當陣列 b 的元素值發生改變時，陣列 a 中對應的元素值也會發生相同的改變。

2. 使用陣列名稱做為函數參數時，應該在主呼叫函數和被呼叫函數中分別定義陣列。實際參數陣列和形式參數陣列的類型應該一致。

3. 實際參數陣列和形式參數陣列的長度可以一致也可以不一致。

4. 形式參數陣列可以不指定大小。在定義形式參數陣列時，在陣列名稱後面跟一個空的中括號。為了在被呼叫函數中處理陣列元素的需要，可以另設一個參數，傳遞陣列元素的個數。例如例 8.10 可以改寫如下：

```
    #include <stdio.h>
    int main()
    {
      int a[2],i;
      void f();
      for (i=0; i<2; i++)
      {
          printf("a[%d]= ", i);
          scanf("%d",&a[i]);   /* 輸入陣列 a 中各元素的值 */
```

```
    }
    f(a,2);    /* 以陣列名稱 a 做為實際參數呼叫 f()函數 */
    for (i=0; i<2;i++)
        printf("a[%d]= %d\n", i,a[i]) ;   /* 輸出陣列 a 中各元素的值 */
    return 0;
}

void f(int b[] , int n)
{
    int i ;
    for (i=0; i<n; i++)
        b[i]=b[i]+1;   /* 改變陣列 b 中各元素的值 */
}
```

例 8.11　一維陣列名稱做為函數參數

```
#include <stdio.h>
void cal(int a[10]);                    /*宣告指定值函數*/
void show(int a[10]);                   /*宣告顯示函數*/
int main()
{
    int arr[10];      /*定義一個具有 10 個元素的整數陣列*/
    cal(arr);         /*呼叫函數進行指定操作，將陣列名稱做為參數*/
    show(arr);        /*呼叫函數進行指定操作，將陣列名稱做為參數*/
    return 0;
}

void show(int a[10])      /*陣列元素的顯示*/
{
    int i;
    for(i=0;i<10;i++)
    {
        printf("the member number is %d\n",a[i]);
    }
}

void cal(int a[10])           /*進行陣列元素值的指定*/
{
    int i;
    for(i=0;i<10;i++)
    {
        a[i]=i;
```

```
        }
    }
```

執行結果如下：

```
the member number is 0
the member number is 1
the member number is 2
the member number is 3
the member number is 4
the member number is 5
the member number is 6
the member number is 7
the member number is 8
the member number is 9
```

說明

1. 可以使用多維陣列名稱做為實際參數和形式參數。在被呼叫函數中對形式參數陣列定義時可以指定每一維的大小，也可以省略第一維的大小宣告，但是不能省略第二維以及其他高維的大小宣告。在本例中，透過使用陣列名稱做為函數的實際參數和形式參數，實現與例 8.9 同樣的程式顯示結果。

2. 程式中首先宣告將要使用的函數，在宣告敘述中，函數參數是使用陣列名稱做為參數名稱。

3. 在主函數 main 中，定義一個具有 10 個元素的整數類型陣列 arr。

4. 定義整數類型陣列之後，呼叫 cal 函數，可以看到 arr 做為函數參數傳遞陣列的位址。在函數 cal 的定義中可以看到，透過使用形式參數 int a[10] 對陣列進行指定操作 a[i]=i。

2. 呼叫 cal 函數後，整數類型陣列已經被指定，此時又呼叫 show 函數將其陣列輸出，可以看到在函數參數中使用的也是陣列名稱。

例 8.12　二維陣列名稱做為函數參數

```c
#include <stdio.h>
max_value(array)
int array[ ][4];
{
    int i,j,k,max;
    max=array[0][0];
```

```
        for(i=0;i<3;i++)
            for(j=0;j<4;j++)
                if(array[i][j]>max) max=array[i][j];
        return(max);
    }

    int main( )
    {
        static int a[3][4]={{1,3,5,7},{2,4,6,8},{15,17,34,12}};
        printf("max value is %d\n",max_value(a));
    }
```

執行結果如下：

```
    max value is 34
```

1. 在本例中，透過使用二維陣列名稱做為函數的實際參數和形式參數，實現求一個 3×4 矩陣中的最大元素。

2. 首先令變數 max 的初值為矩陣中第一個元素的值，然後將矩陣中各個元素的值與 max 比較，每次比較後都把「大者」存放在 max 中，全部元素比較完之後，max 的值就是所有元素的最大值。

（三）可變長度陣列做為函數參數

可以將函數的參數宣告成長度可變的陣列，然後利用上面的程式修改。宣告方式如下：

```
    void fun(int a[]);        /*宣告函數*/
    ......
    int arr[10];              /*定義整數陣列 arr */
    fun(arr);                 /*將陣列名稱 arr 做為實際參數進行傳遞*/
```

從上面的宣告方式可以看到，在定義和宣告一個函數時，將陣列做為函數參數，並且沒有指明陣列的大小，這樣就將函數參數宣告為可變長度的陣列。

例 8.13　可變長度陣列做為函數參數

```
    #include <stdio.h>
    void cal(int a[]);                    /*宣告函數，參數為可變長度陣列*/
    void show(int a[]);                   /*宣告函數，參數為可變長度陣列*/
```

```
int main()
{
    int arr[10];        /*定義一個具有 10 個元素的整數陣列*/
    cal(arr);           /*呼叫函數進行指定操作，將陣列名稱做為參數*/
    show(arr);          /*呼叫函數進行指定操作，將陣列名稱做為參數*/
    return 0;
}

/*陣列元素的顯示*/
void show(int a[])      /*定義函數，參數為可變長度陣列*/
{
    int i;                  /*定義整數類型變數*/
    for(i=0;i<10;i++)       /*執行迴圈敘述*/
    {                       /*在迴圈中執行輸出操作*/
        printf("the member number is %d\n",a[i]);
    }
}

/*進行陣列元素值的指定*/
void cal(int a[])           /*定義函數，參數為可變長度陣列*/
{
    int i;                  /*定義整數類型變數*/
    for(i=0;i<10;i++)       /*執行迴圈敘述*/
    {                       /*在迴圈中執行指定值操作*/
        a[i]=i;
    }
}
```

執行結果如下：

```
the member number is 0
the member number is 1
the member number is 2
the member number is 3
the member number is 4
the member number is 5
the member number is 6
the member number is 7
the member number is 8
the member number is 9
```

在本例中，修改例 8.11，使其參數為可變長度陣列。本程式的執行過程與例 8.11 相似，只是在宣告和定義函數參數時，使用的是可變長度陣列的形式。

（四）使用指標做為函數參數

最後一種方式是將函數參數宣告為一個指標。在前面的介紹中也曾提到，當陣列做為函數的實際參數時，只傳遞陣列的位址，而不是將整個陣列指定到函數中。當使用陣列名稱做為實際參數呼叫函數時，指向該陣列的第一個元素的指標就會被傳遞到函數中。

例如，宣告一個函數參數為指標時，傳遞陣列的方法如下：

```
void fun(int* ptr);        /*宣告函數*/
......
int arr[10];               /*定義整數陣列*/
fun(arr);                  /*將陣列名稱做為實際參數進行傳遞*/
```

從上面的程式碼中可以看到，指標在宣告 fun 時做為函數參數。在呼叫函數時，可以將陣列名稱做為函數的實際參數傳遞。

例 **8.14**　指標做為函數參數

```
#include <stdio.h>
void cal(int *ptr);        /*宣告函數，參數為指標*/
void show(int *ptr);       /*宣告函數，參數為指標*/
int main()
{
    int arr[10];           /*定義一個具有 10 個元素的整數陣列*/
    cal(arr);              /*呼叫函數進行指定操作，將陣列名稱做為參數*/
    show(arr);             /*呼叫函數進行指定操作，將陣列名稱做為參數*/
    return 0;
}

/*陣列元素的顯示*/
void show(int *ptr)        /*定義函數，參數為指標*/
{
    int i;                 /*定義整數類型變數*/
    for(i=0;i<10;i++)      /*執行迴圈敘述*/
    {                      /*在迴圈中執行輸出操作*/
```

```
            printf("the member number is %d\n",ptr[i]);
        }
    }

    /*進行陣列元素值的指定*/
    void cal(int *ptr)          /*定義函數，參數為指標*/
    {
        int i;                  /*定義整數類型變數*/
        for(i=0;i<10;i++)       /*執行迴圈敘述*/
        {                       /*在迴圈中執行指定值操作*/
            ptr[i]=i;
        }
    }
```

執行結果如下：

```
the member number is 0
the member number is 1
the member number is 2
the member number is 3
the member number is 4
the member number is 5
the member number is 6
the member number is 7
the member number is 8
the member number is 9
```

說明

1. 在本例中，仍然實現與前面相同的功能。修改之前的範例，使其滿足新的情況。

2. 在程式的開始處宣告函數時，將指標宣告為函數參數。

3. 在主函數 main 中，首先定義一個具有 10 個元素的陣列。

4. 將陣列名稱做為函數 cal 的參數。在 cal 函數的定義中，可以看到定義函數參數也是指標。在 cal 函數主體內，透過迴圈對陣列進行指定操作。可以看到雖然 ptr 是指標，但也可以使用陣列的形式表示。

5. 在主函數 main 中呼叫函數 show，顯示輸出操作。

8.5 → 函數的呼叫

　　函數要先定義後使用。當遇到一個函數呼叫時，在呼叫處暫停執行，被呼叫函數(Called function)的形式參數被賦予實際參數的值，然後轉向執行被呼叫函數，執行完畢後，返回呼叫處，繼續執行呼叫函數的敘述。

8.5.1　函數的敘述呼叫

　　函數的敘述呼叫是把函數呼叫做為一個敘述，其呼叫格式如下：

函數名稱(實際參數清單);

　　當有多個實際參數時，實際參數之間用逗號隔開。函數呼叫時提供的實際參數應與被呼叫函數的形式參數按順序一一對應，而且實際參數的個數和類型都必須與對應的形式參數一致，否則編譯程式並不顯示錯誤訊息，最終可能導致一個不期望的錯誤結果。

　　如果呼叫的是無參數函數，則呼叫形式為：

函數名稱();

　　注意，如果呼叫的函數無形式參數，則實際參數清單可以沒有，但函數名稱後面的小括號不能省略。請看下面函數敘述呼叫的例子：

例 8.15 　編寫一個函數，列印兩個數中的最小值。

```c
#include <stdio.h>
int main()
{
    int a,b;
    printf("a=");
    scanf("%d",&a);
    printf("b=");
    scanf("%d",&b);
    min(a,b);            /* 函數的敘述呼叫 */
    return 0;
}

min(num1,num2)      /* 函數的定義 */
int num1,num2;
{
    int m;
```

```
        if (num1<num2)
            m=num1;
        else
            m=num2;
        printf("最小值為：%d",m) ;
    }
```

執行結果如下：

```
a=24
b=37
最小值為：24
```

8.5.2   函數運算式呼叫

函數可以出現在運算式中，這種運算式稱為函數運算式。其呼叫格式如下：

變數名稱=函數運算式;

這種呼叫方式用於呼叫帶有傳回值的函數，函數的傳回值將參與運算式的運算。例如，例 8.2 中對 sum() 函數的呼叫，就是屬於函數運算式呼叫。

下面的程式用另一種方式來實現例 8.15 的功能。

例 8.16   編寫一個函數，求兩個數中的最小值。

```c
#include <stdio.h>
int main()
{
    int a,b,n;
    printf("a=");
    scanf("%d",&a);
    printf("b=");
    scanf("%d",&b);
    n=min(a,b);          /* 函數的運算式呼叫 */
    printf("最小值為：%d",n);
    return 0;
}

min(num1,num2)        /* 函數的定義 */
int num1,num2;
{
    int m;
```

```
        if (num1<num2)
            m=num1;
        else
            m=num2;
        return m;
    }
```

執行結果如下：

```
a=24
b=37
最小值為：24
```

對於一個帶有傳回值，並且傳回值的類型不為 int 類型的函數，定義該函數時應該指明該函數的類型，亦即，函數名稱之前應該有類型識別字。同時，在呼叫該函數之前，還應該在主呼叫函數中宣告被呼叫函數的類型。請看下面的例子：

例 8.17　呼叫函數求 n!

```
#include <stdio.h>
int main()
{
    int n;
    long t;
    long f();                    /* 宣告被呼叫函數 f() 為 long 類型 */
    printf("輸入一個整數：");
    scanf("%d",&n);
    t=f(n);
    printf("%d!=%ld",n,t);
    return 0;
}

long f(num)
int num;
{
    long x;
    int i;
    x=1;
```

```
        for (i=1; i<=num; i++)
            x*=i;
        return x;
    }
```

執行結果如下：

```
    輸入一個整數：8
    8!=40320
```

説明

1. 主函數中的函數宣告敘述 long f(); 的傳回值為 long 數值類型。在主呼叫函數中對被呼叫函數作類型宣告，其用意在告訴編譯系統，本函數中將要使用到的函數類型，以便讓編譯系統作出對應的處理。

2. 程式中的

```
    long t ;
    long f() ;
```

也可以寫成：

```
    long t , f() ;
```

3. 在程式中，如果將主函數中的 longf()刪除，則程式在編譯時，系統將提示如下錯誤訊息：

```
    Type mismatch in redeclaration of ' f '
```

4. 並不是對每一個被呼叫函數都必須宣告其類型。在下面幾種情況下，可以不對被呼叫函數作類型宣告：

   (1) 被呼叫函數的傳回值是 int 或 char 類型時，可以不用宣告其類型。

   (2) 被呼叫函數的定義出現在主呼叫函數之前時，可以不宣告其類型。

5. 比較下面同一程式的兩種寫法：

   (1) 被呼叫函數在主呼叫函數之後

```
    int main()
    {
        long f() ;
        t=f() ;
        ......
    }
```

```
long f()
{......}
```

(2) 被呼叫函數在主呼叫函數之前

```
long f()
{......}
int main()
{
    t=f() ;
    ......
}
```

6. 原始程式的開頭處，在所有函數定義之前已宣告函數的類型，那麼在每個主呼叫函數中都不必再對被呼叫函數作類型宣告。例如：

```
long f() ;
int main()
{
    t=f() ;
    ......
}
long f()
{......}
```

8.5.3 函數的巢狀呼叫

函數的「巢狀呼叫(Nested function call)」是指在呼叫一個函數的過程中，又去呼叫另一個函數。其呼叫格式如下：

```
int main()
{ ...
  a();
  ...}

a()
{ ...
  b();
  ...}

b()
{ ...}
```

這裡，主函數呼叫 a()函數，a()函數在執行的過程中又呼叫 b()函數。每一個被呼叫函數執行完之後，都將返回到呼叫該函數處繼續往下執行。

例 8.18 函數的巢狀呼叫

```c
#include <stdio.h>
int main()
{
    int a,b;
    void head();
    head() ;
    printf("a=");
    scanf("%d",&a);
    printf("b=");
    scanf("%d",&b);
    printf("a+b=%d", a+b);
    return 0;
}

void head()
{
    pstar();
    printf("    本程式的功能是求兩個整數之和\n") ;
    pstar();
}

pstar()
{
    printf("*******************************\n") ;
}
```

執行結果如下：

```
*******************************
  本程式的功能是求兩個整數之和
*******************************
a=13
b=86
a+b=99
```

說明

程式中，main 函數呼叫 head()函數，head()函數又呼叫 pstar()函數。pstar()
函數執行完之後，返回到呼叫它的 head()函數中，繼續執行呼叫處後面的敘述。
同樣，head()函數執行完之後，返回到呼叫它的 main 函數中。

8.5.4　函數的遞迴呼叫

遞迴(recursion)是指在連續執行某一處理程序(procedure)或函數時，該程序
（或函數）中的某一步驟要用到本身的上一步驟或上幾個步驟的結果。一個函數
直接或間接呼叫函數本身，稱為「遞迴呼叫」。

（一）遞迴函數的基本概念

「遞迴函數(Recursive function)」是指一個函數直接或間接呼叫函數本身。
如果函數 a 中又呼叫函數 a 自己，則稱函數 a 為「直接遞迴(Directly
recursive)」。程式設計中常用的是直接遞迴。其呼叫格式如下：

```
a(x)
{
  :
  a(y);  /* 直接遞迴呼叫 */
  :
}
```

如果函數 a 中先呼叫函數 b，函數 b 中又呼叫函數 a，則稱函數 a 為
「間接遞迴(Indirectly recursive)」。其呼叫格式如下：

```
a(x)
{
  :
   b();
   :
}

b()
{
   :
   a(y);  /* 間接遞迴呼叫 */
   :
}
```

（二）遞迴函數呼叫的計算過程

我們以求 n 階乘 (n!) 為例來說明遞迴函數呼叫的計算過程。當 n 為整數時，求 n! 的遞迴表示如下：

$$n!=\begin{cases}1 & n\le 1\\ n(n-1)! & n>1\end{cases}$$

從數學角度來說，如果要計算出 f(n)的值。就必須先算出 f(n-1)，而要求 f(n-1) 就必須先求出 f(n-2)。這樣遞迴下去直到計算 f(0) 時為止。若已知 f(0)，就可以回推，計算出 f(1)，再往回推計算出 f(2)，一直往回推計算出 f(n)。

編寫遞迴程式要注意兩點：一要找出正確的遞迴演算法，這是編寫遞迴程式的基礎；二要確定演算法的遞迴結束條件，這是決定遞迴程式能否正常結束的關鍵。

下面看一個遞迴呼叫的例子：

例 8.19 使用遞迴方法求 n!

```c
#include <stdio.h>
int main()
{
    int n;
    int y;
    printf("輸入一個整數： ");
    scanf("%d", &n);
    y=fac(n);          /*直接遞迴呼叫*/
    printf("%d!= %d", n, y);
    return 0;
}

int fac(a)            /*定義函數 fac */
int a;
{
    int m;
    if(a<0)   printf("a<0,data error!");
    else   if(a==0||a==1)   m=1;
    else   m=a*fac(a-1);
    return(m);
}
```

程式執行結果如下：

輸入一個整數： 3
3!= 6

說明

1. 在函數中使用 a*fac(a-1)的運算式形式，該運算式中呼叫 fac() 函數，這是一種函數本身呼叫，是典型的直接遞迴呼叫，fac() 是遞迴函數。顯然，函數用遞迴描述比用迴圈控制結構描述更加簡潔。但是，對初學者來說，遞迴函數的執行過程比較難以理解。以計算 3! 為例，假設以 m=fac(3) 形式呼叫函數 fac()，計算流程如圖 8-1 所示。

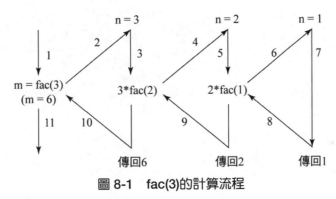

圖 8-1 fac(3)的計算流程

2. 函數呼叫 fac(3)的計算過程如下：

使用 fac(3)呼叫函數 fac()，函數 fac()值為 3*2!；再用 fac(2)呼叫函數 fac()，n=2 時，函數 fac()值為 2*1!；再用 fac(1)呼叫函數 fac()，n=1 時，函數 fac()計算 1!，傳回結果 1 到呼叫 fac(1)處，繼續計算得到 2!的結果 2 傳回到呼叫 fac(2)處，繼續計算得到 3!的結果 6 傳回。

3. 遞迴計算 n!有一個重要特徵：為求 fac(n)的解，化為求 fac(n-1)的解，求 fac(n-1)的解又化為求 fac(n-2)的解，依此類推。特別是，對於 fac(1)的解是可立即得到的。有了 fac(1)的解以後，接著是一個回溯過程，逐步獲得 fac(2)的解，fac(3)的解，…，直至 fac(n)的解。

例 **8.20** 使用遞迴呼叫的方法，求 x 的 n 次方（x 和 n 均為正整數）。

```
#include <stdio.h>
int main()
{
    int a, b;
```

```
        long power(), t;
        printf("輸入兩個整數：");
        scanf("%d , %d", &a , &b);
        t=power(a, b);
        printf("%d ^ %d = %ld" , a, b, t);
        return 0;
    }

    long power(x, n)
    int x, n;
    {
        long y;
        if (n>0)
            y=x*power(x,n-1);          /* 直接遞迴呼叫 */
        else
            y=1 ;
        return y ;
    }
```

執行結果如下：

```
輸入兩個整數：3, 4
3 ^ 4 = 81
```

說明

1. power()函數在執行的過程中，透過 power(x, n-1)直接呼叫它自己。程式中遞迴呼叫的條件是 n>0，當條件不再滿足時(n=0)，即終止遞迴呼叫。

2. 程式的執行過程如圖 8-2 所示。

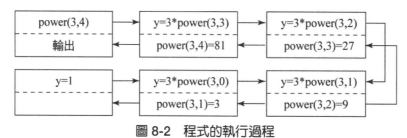

圖 8-2　程式的執行過程

8.6 → 變數的作用範圍和生命期

變數的作用範圍(scope)是指變數的有效範圍。

8.6.1 變數的作用範圍

根據變數的作用範圍之不同，可以將變數分為區域變數(Local variables)和全域變數(Global variables)。

（一）區域變數

區域變數是指在函數內部或區段內定義的變數。區域變數的有效範圍只限於所定義的函數內部。在函數內定義的變數以及形式參數均是區域變數。例如：

```
int main()
{
    int x,y;              /* x 和 y 是區域變數，在 main 函數內有效 */
    ......
    {
        int i,j;          /* i 和 j 是區域變數，在複合敘述中有效 */
        ......
    }
}

fun(int a,int b)         /* 形式參數 a、b 是區域變數，在 fun 函數內有效 */
{
    int m,n;              /* m、n 是區域變數，在 fun 函數內有效 */
    ......
}
```

例 8.21 不同函數中的相同變數名稱

```
#include <stdio.h>
int main()
{
    int x, y;
    x=1; y=2;
    f();
    printf("x=%d, y=%d", x, y);
    return 0;
}
```

```
f()
{
    int x, y;
    x=3; y=4;
}
```

執行結果如下：

```
x=1, y=2
```

說明

1. 不同函數中可以使用相同的變數名稱。

2. 在 main 函數和 f 函數中，分別定義兩組相同名稱的區域變數 x 和 y。由於 main 函數中定義的變數 x、y 只在 main 函數中有效，而 f 函數中定義的變數 x、y 則只在 f 函數中有效，這兩組同名變數分別佔用兩組不同的記憶體位置。因此，f 函數中對 x、y 的指定值不會改變 main 函數中 x、y 的值。

（二）全域變數

全域變數是指在所有函數之外定義的變數，其作用範圍是從定義處開始，直到程式結束。例如：

```
int x,y;     /* x 和 y  是全域變數，作用範圍是從此處開始至程式末端 */
int main()
{
……
}
int a,b;        /* a、b 是全域變數 */
fun1()
{
……
}               a、b 的作用範圍      x、y 的作用範圍
fun2()
{
……
}
```

說明

　　設定全域變數的目的是為了增加函數間資料聯繫的管道，例如，當需要從一個函數傳回多個傳回值時，就可以使用全域變數。

例 8.22　編寫一個函數，求一組學生成績的總成績和平均成績。

```c
#include    <stdio.h>
float ave ;     /*  全域變數  ave  存放平均成績  */
int main()
{
    int i, num[100], n, s;
    printf("輸入學生人數：") ;
    scanf("%d",&n);
    printf("輸入%d 個學生的成績：", n);
    for (i=0; i<n; i++)
    {
        scanf("%d" , &num[i]);
    }
    s=sum(num,n) ;
    printf("總成績  = %d\n",s) ;
    printf("平均成績  = %.2f\n", ave) ;
    return 0;
}

sum(a,m)
int a[ ], m;
{
    int i, s=0;
    for (i=0; i<m; i++)
        s=s+a[i];
        ave=(float)s/m ;
    return s ;     /*  傳回總成績  */
}
```

執行結果如下：

```
輸入學生人數：5
輸入 5 個學生的成績：78 80 92 68 79
總成績  = 397
平均成績  = 79.40
```

1. 由於 return 敘述只能從函數中傳回一個傳回值,所以不可能讓總成績和平均成績都靠 return 敘述傳回。我們可以利用全域變數的特點來解決這個問題,亦即,使用 return 敘述傳回一個資料,而另一個資料則透過全域變數來傳遞。

2. 本程式中,總成績由 sum 函數中的 return 敘述傳回,而平均成績則由全域變數 ave 傳回到主函數中。

例 8.23 編寫一個函數,求 3 個整數的最大值。

```c
#include <stdio.h>
int main( )              /*主函數*/
{
    int max();
    extern int a, b, c;  /*外部變數宣告*/
    printf("請輸入 3 個整數:\n");
    scanf("%d,%d,%d", &a,&b,&c);
    printf("max= %d\n", max());
    return 0;
}

int a, b, c;       /*外部變數定義*/
int max()        /*定義 max 函數*/
{
    int m;
    m=a>b? a:b;
    if (c>m) m=c;
    return (m);
}
```

執行結果如下:

```
請輸入 3 個整數:
12,5,9
max= 12
```

1. 全域變數與區域變數可以相同名稱,這時,在區域變數的作用範圍內,全域變數不發生作用。

2. 由於全域變數定義在函數 main 之後,因此在 main 函數存取全域變數 a 和 b 之前,
應該用 extern 進行全域變數宣告,宣告 a 和 b 是全域變數。如果不作 extern 宣告,
編譯時出現錯誤,系統不會認為 a、b 是已定義的全域變數。一般做法是全域變數
的定義放在存取它的所有函數之前,這樣可以避免在函數中多加一個 extern 宣告。
例如:

```c
#include <stdio.h>
int main( )              /*主函數*/
{
  int max(int a,int b,int c);
  extern int a, b, c;     /*全域變數宣告*/
  printf("請輸入 3 個整數:\n");
  scanf("%d,%d,%d", &a,&b,&c);
  printf("max= %d\n", max(a,b,c));
  return 0;
}

int a, b, c;                  /*定義全域變數*/
int max(int x,int y,int z)        /*定義 max 函數*/
{
    int m;
    m=x>y? x:y;
    if (z>m) m=z;
    return (m);
}
```

例 8.24　全域變數與區域變數名稱相同

```c
#include <stdio.h>
int a;             /* 定義全域變數  a */
f()
{
   int a=20;       /* 定義區域變數  a */
   printf("區域變數  a= %d\n",a);
}

int main()
{
   a=10;
   f();
   printf("全域變數  a= %d\n",a);
```

```
    return 0;
    }
```

執行結果如下：

```
    區域變數  a= 20
    全域變數  a= 10
```

說明

這個程式雖然在開始位置定義了全域變數 a，但在函數 f()中又定義了區域變數 a，所以，凡是在 f()函數中出現的變數 a 都是指區域變數 a，而不是全域變數 a。一旦 f()函數執行完畢，該函數中定義的區域變數 a 就立即被釋放。

8.6.2　動態儲存與靜態儲存

變數的生命期是指變數存在記憶體的時間長短，根據變數生命期的不同，可以將變數分為動態儲存變數和靜態儲存變數。

動態儲存變數是在程式執行過程中，根據需要動態分配記憶體空間的儲存方式，即需要時就分配記憶體空間，使用完畢立即將該記憶體空間釋放。例如前面講過的函數的形式參數，在函數定義時並不分配記憶體空間給形式參數，只是在函數被呼叫時才予以分配，呼叫函數完畢立即釋放，此類變數存放在動態記憶體中。

靜態儲存變數通常是在變數定義時就分配固定的記憶體空間並一直保持到整個程式結束。前面講過的全域變數即屬於此類儲存方式，它們存放在靜態記憶體中。

在 C 語言中，每個變數和函數都有兩種屬性：資料類型(type)和儲存類別(Storage class)。四種儲存類別為：自動(auto)、外部(extern)、暫存(register)和靜態(static)，如表8-1 所示。

● 表 8-1　變數的儲存類別

儲存類別	作用範圍	生命期	儲存位置
自動(auto)	區域	動態	記憶體
暫存(register)	區域	動態	暫存器
靜態(static)	區域	靜態	記憶體
外部(extern)	全域	靜態	記憶體

區域變數可以採用 auto、static 和 register 儲存類別。全域變數可以採用 extern 和 static 儲存類別。說明如下：

（一）auto 儲存類別

自動變數（區域動態變數）屬於動態儲存類別，佔動態記憶體空間而不是佔固定空間，函數呼叫結束後便立即釋放。這種儲存類別是 C 語言程式中使用最廣泛的一種類別。

自動變數用關鍵字 auto 做為儲存資料類型的宣告。例如：

```
int fun(int a)              /*定義函數 fun，a 為形式參數*/
{auto int b,c=3;           /*定義 b、c 為自動變數*/
}
```

執行完函數 fun 後便自動釋放其所佔用的記憶體。對自動變數指定初值，不是在編譯時進行的，而在函數呼叫時進行，每呼叫一次函數重新給一次初值，相當於執行一次指定敘述。如在定義區域變數不指定初值的話，則對自動變數來說，如果不指定初值，則它的值是一個不確定的值。

C 語言規定，若函數中的區域變數未宣告儲存類別，則預設為 auto 儲存類別，也就是說自動變數可省略 auto。

說明

1. 自動變數屬於區域變數，也就是說，在函數中定義的自動變數，只在該函數內有效，在複合敘述中定義的自動變數只在該複合敘述中有效。

2. 自動變數屬於動態儲存方式，只有在定義該變數的函數被呼叫時才分配記憶體空間，函數呼叫結束時便自動釋放記憶體空間。

3. 由於自動變數的作用範圍和生命期都局限於定義它的函數或複合敘述內，因此，不同的函數和複合敘述中可以定義相同名稱的自動變數。

（二）register 儲存類別

一般情況下，變數的值是存放在記憶體中的。C 語言允許將區域變數的值存在暫存器中，不必到記憶體中去存取，如此可以提高程式的執行效率。此種變數稱為「暫存器變數」。通常，可以把一些使用頻繁的變數定義為暫存器變數，以加快程式的執行速度。

暫存器變數使用關鍵字 register 宣告，其呼叫格式如下：

register 類型識別字 變數名稱；

1. 只有非靜態的區域變數（包括形式參數）可以做為暫存器變數，而靜態的區域變數和全域變數不能做為暫存器變數。例如，下面的定義是錯誤的：

```
/*不能將變數 a、b、c 既放在靜態記憶體中，又放在暫存器中*/
register static int a,b,c;
```

2. 一個電腦系統中的暫存器個數是有限的，因此，不能定義任意多個暫存器變數。

例 8.25　register 儲存類別應用

```
#include <stdio.h>
int fac(int n)
{
    register int i,f=1;              /*定義暫存器變數*/
    for(i=1;i<=n;i++)
        f=f*i;
    return(f);
}

int main( )
{
    int i;
    for(i=1;i<=5;i++)
        printf("%d!=%d\n",i,fac(i));
    return 0;
}
```

執行結果如下：

```
1!=1
2!=2
3!=6
4!=24
5!=120
```

（三）static 儲存類別

　　在編寫程式的過程中，有些函數在呼叫結束後往往不希望其區域變數的值消失，也就是不釋放該變數所佔用的記憶體空間；同樣，有時在程式設計中也希望某些外部變數只限於被本檔案引用，而不能被其他檔案引用。這時就需要使用關鍵字 static 宣告變數。

1. 靜態區域變數

　在區域變數的宣告前加上識別字 static，就構成靜態區域變數。例如：

```
static int a,b;
static float x,y;
static int a[3]={0,1,2};
```

　靜態區域變數屬於靜態儲存方式，具有以下特點。

(1) 靜態區域變數在函數內定義，但不像自動變數，當呼叫時就存在，退出函數時就消失。靜態區域變數屬於靜態儲存類別，在靜態記憶體內分配記憶體空間，在程式整個執行期間都不釋放。靜態區域變數始終存在，也就是說它的生命期為整個程式。

(2) 靜態區域變數的生命期雖然為整個程式，但是其作用範圍仍與自動變數相同，即只能在定義該變數的函數內使用。退出該函數後，儘管該變數還繼續存在，但不能使用它。如再次呼叫定義它的函數時，它又可繼續使用。

(3) 靜態區域變數是在編譯時指定初值，在程式執行時，每次呼叫函數時不再重新指定初值，而只是保留上次函數呼叫結束時的值。如果在定義區域變數不指定初值的話，則對靜態變數來說，編譯時自動指定初值 0 （對數值變數）或空字元（對字元變數）；而對自動變數不指定初值，其值是不確定的。

　靜態變數用關鍵字 static 宣告，其呼叫格式如下：

static 類型識別字 變數名稱 ;

　C 規定，只有在定義全域變數和區域靜態變數時才能對陣列初始化。也就是說，只有對儲存在靜態記憶體中的陣列才能初始化。例如：

```
static int a[5]={1,2,3,4,5};
```

　在函數之內定義的靜態變數（即靜態區域變數），只能被本函數存取，而不能被其他函數存取，這一點與自動變數相同。但與自動變數不同的是，自動變數在函數每次被呼叫時進行初始化，而靜態變數只在編譯階段初始化一次，在函數執行結束之後，靜態變數的值仍然會保留。

2. 靜態全域變數

　在全域變數的變數類型宣告之前加上 static，就構成靜態的全域變數。全域變數本身就是靜態儲存方式，靜態全域變數也是靜態儲存方式。非靜態全域變數與靜態全域變數在儲存方式上並無不同，其區別在於作用範圍不同，非靜態全域變數的作用範圍是整個程式，當一個程式由多個檔案組成時，非靜態的全域變數在各個檔案中都是有效的。例如，在 file1.c 中定義非靜態全域變數 xx，則在其他的檔案（如 file2.c）中也可以呼叫。而靜態全域變數則限制其作用範圍，即只在定義該變數的檔案內有效，在同一程式的其他檔案中則不能使用。例如，在 file1.c 中定義了靜態全域變數 yy，則在其他的檔案（如 file2.c）中則不可以呼叫。

注意：static 在不同的地方的作用是不同的。把區域變數改變為靜態變數後是改變它的儲存方式，即改變它的生命期；把全域變數改變為靜態變數後，是改變它的作用範圍，限制它的使用範圍。

例 8.26 靜態區域變數應用

```c
#include <stdio.h>
fun()
{
    static int x=1;    /* 定義靜態區域變數 x，並初始化為 1*/
    x++;
    printf("x = %d\n",x) ;
}

int main()
{
    fun();
    fun();
    fun();
    return 0;
}
```

執行結果如下：

```
x = 2
x = 3
x = 4
```

說明

1. fun()函數中定義的靜態區域變數 x，在編譯階段被初始化為 1。第一次呼叫 fun()函數時，經 x++;敘述遞增後，x 的值變為 2。第二次呼叫 fun()函數時，不再對靜態區域變數 x 初始化，這時 x 的值為 2，遞增後 x 的值為 3。

2. 如果把 fun()函數中的關鍵字 static 去掉，程式的執行結果就會變成：

```
x = 2
x = 2
x = 2
```

（四）extern 儲存類別

　　由於 C 語言允許將一個較大的程式分成若干獨立模塊檔案分別編譯，如果一個程式檔中的函數想引用其他程式檔中的變數，就可以用 extern 來宣告外部變數。亦即，extern 變數可以擴展外部變數的作用範圍。外部變數可以被程式中的各個函數所共用。

1. 在多個檔案的程式中宣告外部變數

　　定義時預設關鍵字 static 的外部變數，即為非靜態外部變數。其他程式檔中的函數，引用非靜態外部變數時，需要在引用函數所在的程式檔中進行宣告。

> **extern　資料類型　外部變數**

　　在函數內的 extern 變數宣告，表示引用本程式檔中的外部變數；而函數外（通常在檔案開頭）的 extern 變數宣告，表示引用其他檔案中的外部變數。

　　例如，有一個程式由程式檔 file1.c 和 file2.c 組成，分別如下。

```
/*      file1.c      */
int x,y;            /*外部變數定義*/
char z;             /*外部變數定義*/
int main()
{
    ......
}

/*      file2.c      */
extern int x,y;     /*外部變數宣告*/
extern char z;      /*外部變數宣告*/
func(int a,b)
{
    ......
}
```

　　在 file1.c 和 file2.c 兩個檔案中都要使用 x、y、z 三個變數。在 file1.c 檔案中，把 x、y、z 都定義為外部變數。在 file2.c 檔案中，用 extern 把 3 個變數宣告為外部變數，表示這些變數已在其他檔案中定義，並保留這些變數的類型和變數名稱，編譯系統不再為它們分配記憶體空間。對建構類型的外部變數，如陣列等，可以在宣告時初始化；若不指定初值，則系統自動定義它們的初值為 0。

2. 在一個檔案內宣告外部變數

如果外部變數不在檔案的開頭定義，其有效的作用範圍只限於此外部變數定義處至檔案結尾。此時如果想在定義該變數位置之前呼叫此變數，則應該在呼叫之前使用關鍵字 extern 對該變數進行外部變數宣告。

例 8.27 使用 extern 宣告外部變數，並將宣告的外部變數值輸出。

```
#include <stdio.h>
int main()
{
    extern int x,y;          /*定義變數 x,y 為 extern 變數*/
    printf("this is an example!\n");
    printf("the extern variable is %d, %d", x, y);
    return 0;
}
int x=96, y=88;
```

執行結果如下：

```
this is an example!
the extern variable is 96, 88
```

例 8.28 register 儲存類別應用

```
#include <stdio.h>
int main()
{
    extern int a;     /* 宣告變數 a 是外部變數 */
    a=10;
    printf("a=%d\n",a);
    f();
    printf("a=%d\n",a);
    return 0;
}

int a;
f()
{
```

```
      a=20;
    }
```

執行結果如下：

```
    a=10
    a=20
```

這個程式中，如果把主函數中的 extern int a; 敘述去掉，將會輸出什麼結果？

8.7 → 內部函數和外部函數

一般情況下，函數可以被其他的所有函數呼叫，即，可以把函數視為是全域的。但如果一個函數被宣告成靜態的，則該函數只能在定義它的檔案中被呼叫，而其他檔案中的函數則不能呼叫它。

根據函數是否能被其他檔案呼叫，可將函數分為內部函數和外部函數。

8.7.1 內部函數

定義一個函數，如果希望這個函數只被所在的原始檔案使用，那麼就稱這樣的函數為內部函數。內部函數又稱為靜態函數。使用內部函數，可以使函數只局限在函數所在的原始檔案中，其呼叫格式如下：

static 類型識別字 函數名稱（形式參數清單）

在定義內部函數時，要在函數傳回值和函數名稱前面加上關鍵字 static 修飾。例如：

static float max(float x, float y)

例 8.29　內部函數的使用

```
#include<stdio.h>
static char* str(char* pst)        /*定義指定函數*/
{
    return pst;          /*傳回字元*/
```

```
    }

    static void show(char* pst) /*定義輸出函數*/
    {
        printf("%s\n",ps          /*顯示字串*/
    }

    int main()
    {
        char* pstr;                    /*定義字串變數*/
        pstr=str("Hello world!");          /*呼叫函數指定字串值*/
        show(pstr);                  /*顯示字串*/
        return 0;
    }
```

執行結果如下：

Hello world!

說明

在本例中使用內部函數，透過一個函數指定字串，再透過一個函數輸出字串。在程式中，使用 static 關鍵字對函數修飾，使其只能在其原始檔案中呼叫。

8.7.2 外部函數

除了能被本檔案中的其他函數呼叫之外，還可以被其他檔案中的函數呼叫的函數，稱為外部函數。定義外部函數使用關鍵字 extern。在使用一個外部函數時，要先用 extern 宣告所用的函數是外部函數，其呼叫格式如下：

extern 類型識別字 函數名稱（形式參數清單）

例如：

extern float max(float x, float y)

如果在定義函數時，沒有指明為內部函數還是外部函數，那麼將預設該函數為外部函數。亦即，定義外部函數時，可以省略關鍵字 extern。本書前面用到的多數函數都是外部函數。

例 **8.30** 外部函數的使用

```
/*      externf.c      */
#include<stdio.h>
extern char* str(char* pst);       /*宣告外部函數*/
extern void show(char* pst);       /*宣告外部函數*/

int main()
{
    char* pstr;                    /*定義字串變數*/
    pstr=str("Hello world!");      /*呼叫函數指定字串值*/
    show(pstr);                    /*顯示字串*/
    return 0;
}

/*      externf1.c      */
extern char* str(char* pst)        /*定義指定函數*/
{
    return pst;                    /*傳回字元*/
}

/*      externf2.c      */
extern void show(char* pst)        /*定義輸出函數*/
{
    printf("%s\n",pst);            /*顯示字串*/
}
```

執行結果如下：

Hello world!

說明

1. 在本例中，使用外部函數完成和例 8.29 中使用內部函數時相同的功能，只是所用
   的函數不包含在同一個原始檔案中。從上面的程式中，可以看到程式碼和例 8.29
   幾乎是相同的，但是由於使用 extern 關鍵字使得函數為外部函數，因此可以將函數
   放入其他原始檔案中。

2. 主函數 main 在原始檔案 externf.c 中。首先宣告兩個函數，其中使用 extern 關鍵字
   指明函數為外部函數。然後在 main 函數主體中呼叫這兩個函數，str 函數指定 pstr
   變數，而 show 函數用來輸出變數。

3. 在 externf1.c 原始檔案中定義 str 函數，透過對傳入的參數執行傳回操作，完成指定變數值的功能。

4. 在 externf2.c 原始檔案中定義 show 函數，在函數主體中使用 printf 函數顯示傳遞進來的參數。

8.8 → 函式庫函數應用

編譯系統通常會提供一些函式庫函數，以供使用者呼叫。不同的編譯系統，其所提供的函式庫可能不完全相同，可能函數名稱稱相同，但是實現的功能不同；也有可能實現統一功能，但是函數的名稱不同。ANSI C 標準建議提供的標準函式庫包括目前多數 C 編譯系統所提供的函式庫函數，這些函數分別在 assert.h、ctype.h、float.h、io.h、math.h、mem.h、setjmp.h、stdio.h、stdlib.h、sigal.h.h、string.h 和 time.h 標頭檔中定義。限於篇幅起見，下面僅就 stdio.h、stdlib.h、math.h 和 ctype.h 標頭檔加以簡單介紹。本章節未提及的函式庫函數，讀者可以參閱其他參考資料。

8.8.1 常用的輸入和輸出函數

stdio.h 標頭檔定義用來執行輸入和輸出的各種函數。使用時要引入標頭檔 stdio.h。表 8-2 列出常用的輸入和輸出函數：

● 表 8-2 常用的輸入和輸出函數

函數	功能
ferror()	偵測串流(Stream)上的錯誤
fclose()	關閉串流
feof()	偵測串流上的檔案結束字元
fgetc()	從串流中讀取字元
fgetchar()	從標準輸入串流讀取字元
fgetpos()	取得目前檔案指標（控制碼）
fgets()	從串流中讀取一字串
fopen()	開啟一個串流
fprintf()	格式化輸出到一個串流中
fputchar()	傳送一個字元到標準輸出串流

● 表 8-2　常用的輸入和輸出函數（續）

函數	功能
fputs()	傳送一個字元到一個串流中
fread()	從一個串流中讀取數據
freopen()	替換一個串流
fscanf()	從一個串流執行格式化輸入
fseek()	重定位串流上的檔案入
fsetpos()	將檔案指標定位在指定的位置上
ftell()	偏移量是從檔案開始算起的位元組數
fwrite()	將內容寫入到串流中
getc()	從指定的串流取得下一個字元
getchar()	從 stdin 串流讀取字元
getche()	從控制台讀取字元
gets()	從輸入串流中讀取一字串
getw()	從串流中讀取一整數
printf()	執行格式化輸出
putc()	輸出一字元到指定串流中
putchar()	在 stdout 上輸出字元
puts()	把一個字串寫入到標準輸出 stdout
remove()	刪除一個檔案
rename()	重新命名檔案
rewind()	將檔案指標重新指向一個串流的開頭
scanf()	執行格式化輸入
setbuf()	把緩衝區與串流相聯
sprintf()	格式化輸出到字串中
sscanf()	執行從字串中的格式化輸入

例 8.31　輸入和輸出函數的使用

```c
#include<stdio.h>                              /*引入標頭檔 stdio.h*/
int main()
{
    char str1[80];
    char str2[] = "good luck!\n";
    printf("Input a str1: ");
    gets(str1);                      /*從鍵盤取得字串*/
    printf("The string input was: %s\n", str1);          /*輸出字串*/
    puts(str2);                      /*將字串 str2 寫入到標準輸出 stdout */
    return 0;
}
```

執行結果如下：

```
Input a str1: Have a wonderful day!
The string input was: Have a wonderful day!
good luck!
```

說明

1. gets(str1)函數的功能是從輸入串流中讀取一字串，將讀取的字串保存在 str1 中。

2. puts()函數的功能是把字串寫入到標準輸出 stdout，直到空字元，但不包括空字元。
   換行(\n)會被追加到輸出中。

例 8.32　輸入和輸出函數的使用

```c
#include<stdio.h>                              /*引入標頭檔 stdio.h*/
int main()
{
    char str[] = "Have a nice day!\n";
    int i = 0;
    while (str[i]){
        putc(str[i++], stdout);          /*將字串輸出到標準輸出串流中*/
    }
    return 0;
}
```

執行結果如下：

```
Have a nice day!
```

說明

　　putc()函數的功能是輸出一字元到指定串流中。透過 while 迴圈敘述將字串輸出到標準輸出串流中。

8.8.2　常用的通用工具函數

　　stdlib.h 標頭檔定義了各種通用工具函式。使用時要引入標頭檔 stdlib.h。表 8-3 列出常用的通用工具函數：

● 表 8-3　常用的通用工具函數

函數	功能
atof()	將字串轉換為浮點數
atoi()	將字串轉換成整數
atol()	將字串轉換成長整數
bsearch()	用於二分法搜尋
calloc()	用於分配堆疊(Stack)記憶體
div()	用於兩個整數相除
free()	用於釋放已分配的區塊
itoa()	用於把整數轉換成字串
ldiv()	用於兩個長整數相除
lfind()	用於在給定的區域內從頭到尾進行線性搜尋
lsearch()	用於在給定的區域內從頭到尾進行線性搜尋
realloc()	用於重新分配指定大小的堆疊記憶體空間
malloc()	用於分配指定大小的堆疊記憶體
qsort()	用於對記錄從小到大快速排序
rand()	用於產生隨機數
srand()	初始化隨機數產生器
strtod()	將字串轉換為整數
strtof()	將字串轉換為浮點數
strtol()	將字串換成長整數
swab()	從來源和目的區域交換位元組
system()	發出一個 DOS 命令

例 8.33　通用工具函數的使用

```c
#include<stdio.h>
#include<stdlib.h>                          /*引入標頭檔 stdlib .h*/
int main()
{
        float f;
        int i;
        long l;
        char x[20]="1234.5678";
        char y[20]="1234";
        char z[20]="123456.78";

        f=atof(x);                  /*將字串轉換為浮點數*/
        i=atoi(y);                  /*將字串轉換成整數*/
        l=atol(z);                  /*將字串轉換成長整數*/
        printf("string = %s, float= %f\n",x,f);
        printf("string = %s, int= %d\n",y,i);
        printf("string = %s, int= %ld\n",z,l);
        return 0;
}
```

執行結果如下：

```
string = 1234.5678, float= 1234.567749
string = 1234, int= 1234
string = 123456.78, int= 123456
```

說明

1. atof() 函數的功能是將字串轉換為浮點數值；atoi() 函數的功能是將字串轉換成整數數值；atol() 函數的功能是將字串轉換成長整數數值。

2. 本程式中，下列程式片段：

```c
char x[20]="1234.5678";
char y[20]="1234";
char z[20]="123456.78";
```

可以使用下列指標形式替換：

```c
char *x="1234.5678";        /* char *x  為要轉換的字串*/
char *y="1234";             /* char *y  為要轉換的字串*/
char *z="123456.78";        /* char *z  為要轉換的字串*/
```

相關指標內容請參閱第 10 章說明。

例 8.34 通用工具函數的使用

```c
#include<stdio.h>
#include<stdlib.h>                          /*引入標頭檔 stdlib .h*/
typedef int (*fc)(const void*,const void*);
int compare(const void* p1,const void* p2)
{
    return (*(int*)p1)-(*(int*)p2);
}

int main(void)
{
    int i,arr[10]={1,6,5,7,8,9,11,24,3,10};
    fc f=compare;
    qsort(arr,10,sizeof(int),f);
    for(i=0;i<10;i++){
        printf("%d\t",arr[i]);
    }
    putchar('\n');
    return 0;
}
```

執行結果如下：

| 4 | 5 | 6 | 8 | 9 | 10 | 11 | 13 | 17 | 24 |

說明

1. 在本例中，qsort()函數用於對陣列 arr[10]由小到大進行快速排序。

2. void* p1 和 void* p2 指向待排序區域的起始位址；int (*fc)(const void*,const void*) 是一個函數指標，用來比較兩個元素的大小。

8.8.3 常用的數學函數

　　math.h 標頭檔中定義了常用的一些數學相關的運算函數，比如乘冪，開平方根、指數、三角函數等運算函數。

（一）數學運算函數

這裡首先介紹有關數學運算的常用函數，如表 8-4 所示：

○ 表 8-4 數學運算的常用函數

函數	功能
abs(x)	求 x 的絕對值
ceil(x)	求大於或等於 x 的最小整數值
exp(x)	求 e 的 x 次方
fabs(x)	求浮點數 x 的絕對值
floor(x)	求小於或等於 x 的最大整數值
labs(x)	取長整數 x 的絕對值
pow(x,y)	指數函數（x 的 y 次方）
sqrt(x)	計算一個非負實數 x 的平方根
log10(x)	求 x 的常用對數（以 10 為底的對數）
log(x)	求 x 的自然對數（以 e 為底的對數）
modf(x)	求倍精度數 x 的小數部分
fmod(x,y)	計算 x/y 的餘數
frexp()	把一個倍精度數 x 分解為尾數和指數部分
hypot()	計算直角三角形的斜邊長
ldexp(x,y)	計算 x 乘以 2 的 y 次方

例 8.35 數學函式庫使用

```
#include<stdio.h>
#include<math.h>                            /*引入標頭檔 math.h*/
int main()
{
    int x;                  /*定義整數*/
    int i = -12;            /*定義整數，指定值-12*/
    long y;                 /*定義長整數**/
    long l = -1234567890L;      /*定義長整數，指定值-1234567890*/
    double z;               /*定義浮點數*/
    double d = -123.1;          /*定義浮點數，指定值-1234.0*/

    x=abs(i);           /*將 i 的絕對值指定給 x 變數*/
```

```
        y= labs(l);            /*將 l 的絕對值指定給 y 變數*/
        z= fabs(d);            /*將 d 的絕對值指定給 z 變數*/

        /*輸出原來的數字，然後將得到的絕對值輸出*/
        printf("原來的數字: %d, 絕對值: %d\n",i,x);
        printf("原來的數字: %ld, 絕對值: %ld\n",l,y);
        printf("原來的數字: %lf, 絕對值: %lf\n",d,z);
        return 0;
    }
```

執行結果如下：

```
原來的數字: -12, 絕對值: 12
原來的數字: -1234567890, 絕對值: 1234567890
原來的數字: -123.100000, 絕對值: 123.100000
```

說明

1. 在使用數學函數前，要先引入標頭檔 math.h。

2. 上述程式碼透過使用數學函數，求取已經指定完成的變數，並將得到的數值存儲在其他變數中，最後使用輸出函數將原來的數值和運算後的數值輸出。

（二）三角函數

常見的三角函數有正弦函數(sin)、餘弦函數(cos)、正切函數(tan)及其反函數，以及雙曲正弦函數(sinh)和雙曲餘弦函數(cosh)等。表 8-5 列出常用的三角函數：

◯ 表 8-5　常用的三角函數

函數	功能
sin()	正弦函數值
cos()	餘弦函數值
tan()	正切函數值
sinh()	求出指定值的雙曲正弦值
cosh()	計算雙曲餘弦值
tanh()	計算雙曲正切值
asin()	求正弦值為 x 的弧度數
acos()	求餘弦值為 x 的弧度數
atan()	求正切值為 x 的弧度數
atan2()	計算 y/x 的反正切值正確的象限由 y 和 x 的符號決定

例 8.36 使用三角函數

```c
#include<stdio.h>
#include<math.h>                   /*引入標頭檔 math.h*/
int main()
{
    double fs;        /*用來保存正弦值*/
    double fc;        /*用來保存餘弦值*/
    double ft;        /*用來保存正切值*/

    double x =0.5;
    double y = 0.5;
    double z = 0.5;

    fs = sin(x);                        /*呼叫正弦函數*/
    fc = cos(y);                        /*呼叫餘弦函數*/
    ft = tan(z);                        /*呼叫正切函數*/
    /*輸出運算結果*/
    printf("sin(%lf)= %lf\n", x, fs);
    printf("cos(%lf)= %lf\n", y, fc);
    printf("tan(%lf)= %lf\n", z, ft);
    return 0;
}
```

執行結果如下：

```
sin(0.500000)= 0.479426
cos(0.500000)= 0.877583
tan(0.500000)= 0.546302
```

說明

1. 在本例中，利用函式庫中的數學函數計算有關三角函數數值的問題。

2. 程式中，首先定義用來儲存計算結果的變數，之後定義要計算的變數，為了能看出結果的不同，在此都將其指定為 0.5，然後透過呼叫三角函數得到結果，最後將結果輸出。

8.8.4 常用的字元和字串函數

C 語言標準函式庫的 ctype 標頭檔定義了一批 C 語言字元分類函數(C character classification functions)，用於測試字元是否屬於特定的字元類別，如字母字元、控制字元等等。表 8-6 列出常用的字元和字串函數。

● 表 8-6 常用的字元和字串函數

函數	功能
isascii()	判斷字元是否為 ASCII 碼
isalnum()	判斷字元是否為字母或數字
isalpha()	判斷字元是否為英文字母
iscntrl()	判斷字元是否為控制字元
isdigit()	判斷字元是否為十進位數字
isgraph()	判斷字元是否除空格外的可列印字元
islower()	判斷字元是否為小寫英文字母
isprint()	判斷字元是否為可列印字元（含空格）
ispunct()	判斷字元是否為標點符號
isspace()	判斷字元是否為空白字元
isxdigit()	判斷字元是否為十六進位數字
isupper()	判斷字元是否為大寫英文字母
toascii()	把一個字元轉換為 ASCII
tolower()	把大寫字母轉換為小寫字母
toupper()	把小寫字母轉換為大寫字母

例 8.37 使用字元函數判斷輸入字元

```c
#include<stdio.h>
#include<ctype.h>
void chclass(char c);
int main()
{
    char cp;                /*定義字元變數，用來接收輸入的字元*/
    char ct;                /*定義字元變數，用來接收歸位字元*/
    printf("First enter:");         /*提示訊息，第一次輸入字元*/
    scanf( "%c", &cp);          /*輸入字元*/
```

```
        chclass(cp);                    /*呼叫函數進行判斷*/
        ct=getchar();                   /*接收歸位字元*/
        printf("Second enter:");        /*提示訊息，第二次輸入字元*/
        scanf( "%c", &cp);              /*輸入字元*/
        chclass(cp);                    /*呼叫函數判斷輸入的字元*/
        ct=getchar();                   /*接收歸位字元 */
        printf("Third enter:");         /*提示訊息，第三次輸入字元*/
        scanf( "%c", &cp);              /*輸入字元*/
        chclass(cp);                    /*呼叫函數判斷輸入的字元*/
        return 0;                       /*程式結束*/
    }

    void chclass(char cchar)
    {
        if(isalpha(cchar))              /*判斷是否為字母*/
        {
            printf("輸入的字元是字母    %c\n",cchar);
        }
        if(isdigit(cchar))             /*判斷是否為數字*/
        {
            printf("輸入的字元是數字    %c\n", cchar);
        }
        if(isalnum(cchar))             /*判斷是否為字母或數字*/
        {
            printf("輸入的字元是字母或數字    %c\n", cchar);
        }
        else                           /*當字元不是字母也不是數字*/
        {
            printf("輸入的字元不是字母或數字    %c\n", cchar);
        }
    }
```

執行結果如下：

```
First enter:5
輸入的字元是數字    5
輸入的字元是字母或數字    5
Second enter:g
輸入的字元是字母    g
輸入的字元是字母或數字    g
Third enter:$
輸入的字元不是字母或數字    $
```

說明

1. 在本程式中，從鍵盤輸入字元，利用 if 判斷敘述和字元函數判斷輸入的是哪一種類型的字元，然後根據不同的類型輸出提示訊息。要使用字元函數，先要引入標頭檔。

2. 在使用字元分類函數前，要先引入標頭檔 ctype.h。程式中定義兩個字元變數，變數 cp 用來在程式中接收使用者輸入的字元，而變數 ct 的作用是接收使用者按 Enter 鍵所產生的歸位字元。

3. 定義 chclass 函數實現在程式中判斷字元的功能，這樣可以使程式更簡潔。在 chclassr 函數主體中，透過在 if 敘述的判斷條件中呼叫字元函數，根據呼叫字元函數的傳回值判斷傳遞的字元參數 cchar 是哪一種類型，最後透過在不同情況中的提示訊息來輸出判斷的結果。

4. 在 main 函數中呼叫 getchar 函數，其作用是取得一個字元。使用者在輸入字元時，每次輸入完畢後都要按 Enter 鍵，這樣歸位字元就會變成下一次要輸入的字元，因此，這裡呼叫 getchar 函數提取歸位字元。

一、選擇題

1. 下列何者為正確的函數定義格式？　(A) double fun(int x,int y)　(B) double fun(int x;int y)　(C) double fun(int x,int y);　(D) double fun(int x,y);

2. C 語言規定，簡單變數做為實際參數時，它和對應形式參數之間的資料傳遞方式是 (A) call by address　(B) call by value　(C)由實際參數傳給形式參數，再由形式參數傳回給實際參數　(D)由使用者指定傳遞方式

3. C 語言預設函數值的類型是　(A) float 型　(B) int 型　(C) long 型　(D) double 型

4. C 語言規定，函數傳回值的類型是由　(A) return 敘述中的運算式類型所決定　(B)呼叫該函數時的主呼叫函數類型所決定　(C)呼叫該函數時系統臨時決定　(D)在定義該函數時所指定的函數類型所決定

5. 下面函數呼叫敘述含有實際參數的個數為　(A) 1　(B) 2　(C) 4　(D) 5
func((expl,exp2),(exp3,exp4,exp5));

6. 凡是函數中未指定儲存類別的區域變數，其隱含的儲存類別為　(a)自動(auto) (b)靜態(static)　(c)外部(extern)　(d)暫存器(register)

7. 在一個 C 原始程式檔中，若要定義一個只允許本原始檔中所有函數使用的全域變數，則該變數需要使用的儲存類別是　(A) extern　(B) register　(C) auto　(D) static

8. 若用陣列名稱做為函數呼叫的實際參數，傳遞給形式參數的是　(A)陣列的起始位址　(B)陣列第一個元素的值　(C)陣列中全部元素的值　(D)陣列元素的個數

9. 已有以下陣列定義和 f 函數呼叫敘述，則在 f 函數的宣告中，對形式參數陣列 array 的錯誤定義方式為　(A) f(int array[] [6])　(B) f(int array[3][])　(C) f(int array[][4])　(D) f(int array[2][5])
int a[3][4];
f(a);

10. 若使用一維陣列名稱作函數實際參數，則　(A)必須在主呼叫函數中宣告此陣列的大小　(B)實際參數陣列類型與形式參數陣列類型可以不匹配　(C)在被呼叫函數中，不需要考慮形式參數陣列的大小　(D)實際參數陣列名稱與形式參數陣列名稱必須一致

11. 執行下列程式片段的結果為　(A) 5　(B) 9　(C) 12　(D) 8
int a=3,b=5;
max(a,b)

```
        {
            int c;
            c=a>b? a:b;
            return(c);
        }

        int main( )
        {
            int a=8;
            printf("%d",max(a,b));
            return 0;
        }
```

12. 執行下列程式片段的結果為　(A) 3　(B) 123　(C) 6　(D)以上皆非

```
        int main( )
        {
            increment();
            increment();
            increment();
            return 0;
        }

        increment()
        {
            static int x=0;
            x+=1;
            printf("%d",x);
        }
```

13. 執行下列程式的結果為　(A) 12,2　(B)不確定　(C) 5,25　(D) 1,12

```
        #include<stdio.h>
        void num()
        {
            extern int x,y;
            int a=15,b=10;
            x=a-b;
            y=a+b;
        }

        int x,y;
        int main( )
        {
```

```
        int a=7,b=5;
        x=a+b;
        y=a-b;
        num();
        printf("%d,%d\n",x,y);
        return 0;
    }
```

14. 執行下列程式片段的結果為　(A) 7　7　7　(B) 7　10　13　(C) 7　9　11　(D) 7　8　9

```
        int main( )
        {
            int a=2,i;
            for(i=0;i<3;i++)
                printf("%4d",f(a));
            return 0;
        }

        f(int a)
        {
            int b=0; static int c=3;
            b++;c++;
            return(a+b+c);
        }
```

15. 執行下列程式的結果為　(A) 8,17　(B) 8,16　(C) 8,20　(D) 8,8

```
        #include<stdio.h>
        int main( )
        {
            int k=4,m=1,p;
            p=func(k,m); printf("%d,",p);
            p=func(k,m); printf("%d\n",p);
            return 0;
        }
        func(int a,int b)
        {
            static int m=0,i=2;
            i+=m+1;
            m=i+a+b;
            return(m);
        }
```

16. 執行下列程式的結果為　(A) 5 8 9　(B) 5 10 9　(C) 5 9 9　(D)以上皆非

```c
#include<stdio.h>
f(int a[])
{
    int i=0;
    while(a[i]<=10)
    {
        printf("%d",a[i]);
        i++;
    }
}

int main( )
{
    int a[]={1,5,10,9,11,7};
    f(a+1);
    return 0;
}
```

17. 執行下列程式片段的結果為　(A) 111　(B) 112　(C) 122　(D) 123

```c
int main( )
{
    increment();
    increment();
    increment();
    return 0;
}

increment()
{
    int x=0;
    x+=1;
    printf("%d",x);
}
```

18. 執行下列程式的結果為　(A) 0　(B) 1　(C) 2　(D) -1

```c
#include<stdio.h>
int main( )
{
    int a=1,b=2,c;
    c=max(a,b);
    printf("%d\n",c);
```

```
        return 0;
    }

    max(int x, int y)
    {
        int z;
        z=(x>y)? x:y;
        return(z);
    }
```

19. 執行下列程式後，輸出結果為　(A) i= 2,k= 3　(B) i= 1,k= 4　(C) i= 3,k= 5　(D) i= 3,k= 4

```
    #include <stdio.h>
    int k=1;
    int main( )
    {
        int i=3;
        fun(i);
        printf("i= %d,k= %d\n",i,k);
        return 0;
    }

    fun(int m)
        {m+=k; k+=m;}
```

20. 執行下列程式片段若輸入 9，則輸出結果為　(A) 9　(B) 1001　(C) 011　(D)以上皆非

```
    int main( )
    {
        int a,e[10],c,i=0;
        printf("輸入一整數\n");
        scanf("%d",&a);
        while(a!=0)
        {
            c=sub(a); a=a/2;
            e[i]=c; i++;
        }
        for(;i>0;i--)
            printf("%d",e[i-1]);
        return 0;
    }
```

```
sub(int a)
{
    int c;
    c=a%2;
    return c;
}
```

21. 執行下列程式片段的結果為　(A) rst= -1　(B) rst= 120　(C) rst= 1　(D) fact(<0):Error!

```
int main( )
{
    printf("rst= %d\n",fact(5));
}

fact(int val)
{
    if(val<0)
        {printf("fact(<0):Error!\n");return(-1);}
    else
        if(val==1 || val==0)
            return(1);
        else
            return(val*fact(val-1));
}
```

22. 執行下列程式片段的結果為　(A) 10,20,40,40　(B) 10,20,30,40　(C) 10,20,20,40 (D) 10,20,20,30

```
int x1=30,x2=40;
int main( )
{
    int x3=10,x4=20;
    sub(x3,x4);
    sub(x2,x1);
    printf("%d,%d,%d\n",x3,x4,x1,x2);
    return 0;
}

sub(int x,int y)
{
    x1=x;
    x=y;
    y=x1;
}
```

23. 函數 gcd 的作用是求整數 num1 和 num2 的最大公因數，並傳回該值。空格處應填入　(A) a==0　(B) b==0　(C) b!=0　(D) a!=0

```
gcd(int num1,int num2)
{
    int temp,a,b;
    if(num1>num2)
      {temp=num1; num1=num2; num2=temp;}
    a=num1;b=num2;
    while(_____)
      {temp=a%b; a=b; b=temp;}
    return(a);
}
```

24. 執行下列程式片段的結果為　(A) k=5　(B) k=8　(C) k=13　(D) k=21

```
long fib(int x)
{
    switch(x)
    { case 0:return 0;
      case 1:case 2:return 1;}
    return(fib(x-1)+fib(x-2));
}

int main( )
{
    long k;
    k=fib(7);
    printf("k=%d\n",k);
    return 0;
}
```

25. 執行下列程式片段的結果為　(A) tot= 3　(B) tot= 4　(C) tot= 5　(D) tot= 6

```
int main( )
{
    int a[3][3]={ -1,-3,5,7,-9,11,-13,-15,17};
    int tot;
    tot=func(a);
    printf("tot= %d ",tot);
    return 0;
}

func(int a[][3])
{
```

```
            int i,j,tot=0;
            for(i=0;i<3;i++)
               for(j=0;j<3;j++)
               {
                   a[i][j]=i+j;
                   if(i==j)
                       tot=tot+a[i][j];
               }
            return(tot);
        }
```

二、填空題

1. 執行下列程式片段的結果為_____。

```
            int x;
            int main( )
            {
                x=5;
                fun();
                printf("x= %d\n",x);
                return 0;
            }

            fun()
            {x=x*x-2*x;}
```

2. 下列程式片段的執行結果為_____。

```
            int main()
            {
                int i=3;
                 printf("%d\n", sub(i));
                 return 0;
            }

            int sub(n)
            int n;
            {
                int a;
                if(n==1)
                    return 1;
                a=n+sub(n-1);
                return(a);
            }
```

3. 執行下列程式片段的結果為_____。

```c
int a=2; int b=3;
int main( )
{
    int a=5,b=6,c;
    c=sub(a,b);
    printf("rst= %d\n",c);
    return 0;
}

sub(int x,int y)
{
    int z;
    z=x+y;
    return(z);
}
```

4. 下列程式片段的執行結果為_____。

```c
int main()
{
    int w=1, k;
    for(k=0; k<3; k++)
    {
        w=f(w);
        printf("%3d", w);
    }
        return 0;
}

int f(x)
int x;
{
    int y=0;
    int z=2;
    y++; z++;
    return(x+y+z);
}
```

5. 下列程式片段的執行結果為_____。

```
int main()
{
    int w=2, k;
    for(k=0; k<3; k++)
    {
        w=f(w);
        printf("%3d", w);
    }
    return 0;
}

int f(x)
int x;
{
    int y=0;
    static z=3;
    y++; z++;
    return(x+y+z);
}
```

6. 下列程式片段的執行結果為_____。

```
int fac(int n)
{
    static int f=1;
    f=f*n;
    return(f);
}

int main()
{
    int i;
    for(i=1;i<=5;i++)
        printf("%d!=%d\n",i,fac(i));
    return 0;
}
```

7. 下列程式片段的執行結果為_____。

```
int main()
{
    int a=3,b=5,c;
    c=fun(a,b);
```

```
        printf("rst is %d",c);
        return 0;
    }

    int fun(x,y)
    int x,y;
    {
        int z;
        z=x>y?x:y;
        return(z);
    }
```

8. 下列程式片段的執行結果為_____。

```
    int main()
    {
        int a=12,b=35,c;
        c=max(a,b);
        printf("Max is %d",c);
        return 0;
    }

    int max(x,y)
    int x,y;
    {
        int z;
        z=x>y?x:y;
        return(z);
    }
```

9. 下列程式的執行結果為_____。

```
    #include <stdio.h>
    #include <stdlib.h>
    #include <math.h>
    float f(float,float);
    int main()
    {
        float x=3.14159,y=2.718282,z=12.34567,rst;
        rst=f(x+y,x-y)+f(z+y,z-y);
        printf("rst= %d\n",(int)rst);
        return 0;
    }
```

```
float f(float a,float b)
{
    float val;
    val=a/b;
    return(val);
}
```

10. 下列程式片段的執行結果為＿＿＿＿。

```
void a(int i)
{
    int j,k;
    for(j=0;j<=7-i;j++)
        printf(" ");
    for(k=0;k<2*i+1;k++)
        printf("*");
    printf("\n");}

int main()
{
    int i;
    for(i=0;i<3;i++)
        a(i);
    for(i=3;i>=0;i--)
        a(i);
    return 0;
}
```

11. 下列程式片段的執行結果為＿＿＿＿。

```
int f(a)
int a;
{
    auto int b=0;
    static int c=5;
    b=b+1;
    c=c+1;
    return(a+b+c);
}

int main()
{
    int a=3,i;
    for(i=0;i<3;i++)
```

```
        printf("%3d",f(a));
        return 0;
    }
```

12. 下列程式片段的執行結果為_____。

```
    int fun(x,y)
    int x,y;
    {
        int z;
        z=x>y? x:y;
        return(z);
    }

    int a=2,b=3;
    int main()
    {
        extern int a,b;
        int rst;
        rst=fun(a,b);
        printf("%d",rst);
        return 0;
    }
```

13. 下列程式片段的執行結果為_____。

```
    int a=3,b=5;
    int fun(a,b)
    int a,b;
    {
        int c;
        c=a>b?a:b;
        return(c);
    }

    int main()
    {
        int a=2;
        printf("%d",fun(a,b));
        return 0;
    }
```

14. 執行下列程式片段的輸出結果為_____。

```c
int main( )
{
    int i=2,x=5,j=7;
    fun(j,6);
    printf("i=%d;j=%d;x=%d\n",i,j,x);
    return 0;
}

fun(int i,int j)
{
    int x=7;
    printf("i=%d;j=%d;x=%d\n",i,j,x);
}
```

15. 以下程式的執行結果為_____。

```c
#include <stdio.h>
#define MAX 10
int a[MAX],i;
int main( )
{
    sub1();sub2();sub3(a);
    return 0;
}

sub2()
{
    int a[MAX],i,max;
    max=5;
    for(i=0;i<max;i++)
        a[i]=i;
}

sub1()
{
    for(i=0;i<MAX;i++)
        a[i]=i+i;
}

sub3(int a[])
{
    int i;
```

```c
            for(i=0;i<MAX;i++)
                printf("%d ", a[i]);
            printf("\n");
        }
```

16. 下列程式片段的執行結果為_____。

```c
            int fac(n)
            int n;
            {
                register int i,f=1;
                for(i=1;i<=n;i++)
                    f=f*i;
                return(f);
            }

            int main()
            {
                int i;
                for(i=1;i<=5;i++)
                    printf("%d!= %3d\n",i,fac(i));
                return 0;
            }
```

17. 下列程式片段的執行結果為_____。

```c
            #include <stdio.h>
            int k=2;
            int main( )
            {
                int i=2;
                fun(i);
                k-=i;
                printf("i= %d,k= %d\n",i,k);
                return 0;
            }

            fun(int m)
            {
                m+=k--;k+=m;
                printf("m= %d,k= %d\n",m,k);
            }
```

三、程式設計題

1. 編寫一個函數 power() 求 x 的 n 次方（n 為正整數）。

2. 求 n 位整數的各位數字之積。

3. 編寫一程式來計算學生 5 門課程的平均分數。

4, 設計一個程式，求 $s = \sum_{k=1}^{100} \frac{1}{k} + \sum_{k=1}^{100} k + \sum_{k=1}^{100} k^2$

提示：先定義函數求 $\sum_{i=1}^{n} i^m$，然後呼叫該函數求 $s = \sum_{k=1}^{100} \frac{1}{k} + \sum_{k=1}^{100} k + \sum_{k=1}^{100} k^2$。

5. 編寫一個函數 add(s, e)，s 為初值，e 為終值，求 1～20 的偶數和。

6. 編寫函數 multiply1()，輸出下列圖形。

```
1
2   4
3   6   9
4   8  12  16
5  10  15  20  25
6  12  18  24  30  36
7  14  21  28  35  42  49
8  16  24  32  40  48  56  64
9  18  27  36  45  54  63  72  81
```

7. 編寫函數 multiply2()，輸出下列圖形。

```
1*1= 1 2*1= 2 3*1= 3 4*1= 4 5*1= 5 6*1= 6 7*1= 7 8*1= 8 9*1= 9
1*2= 2 2*2= 4 3*2= 6 4*2= 8 5*2=10 6*2=12 7*2=14 8*2=16 9*2=18
1*3= 3 2*3= 6 3*3= 9 4*3=12 5*3=15 6*3=18 7*3=21 8*3=24 9*3=27
1*4= 4 2*4= 8 3*4=12 4*4=16 5*4=20 6*4=24 7*4=28 8*4=32 9*4=36
1*5= 5 2*5=10 3*5=15 4*5=20 5*5=25 6*5=30 7*5=35 8*5=40 9*5=45
1*6= 6 2*6=12 3*6=18 4*6=24 5*6=30 6*6=36 7*6=42 8*6=48 9*6=54
1*7= 7 2*7=14 3*7=21 4*7=28 5*7=35 6*7=42 7*7=49 8*7=56 9*7=63
1*8= 8 2*8=16 3*8=24 4*8=32 5*8=40 6*8=48 7*8=56 8*8=64 9*8=72
1*9= 9 2*9=18 3*9=27 4*9=36 5*9=45 6*9=54 7*9=63 8*9=72 9*9=81
```

8. 編寫函數 func(score)，由鍵盤輸入一筆成績，輸出該成績的等級(Grade)。其中，成績 80～100，等級為 'A'；成績 70～79，等級為 'B'；成績 60～69，等級為 'C'；成績 50～59，等級為 'D'；成績低於 49，等級為 'E'。

9. 編寫函數 func(n)，由鍵盤輸入一個整數，判斷該數是否為質數。

10. 編寫函數 func(m, n)，求兩個整數 m 和 n 的最大公因數。

提示：輾轉相除法(Euclidean algorithm)是用來求解兩個整數的最大公因數 (Greatest Common Divisor; GCD)的方法。使用這個方法演算求解的過程，其實就是不停的用兩個數字相除取餘數，再用餘數輾轉下去相除，直至餘數為 0 時結束。最後將兩數整除的數字即最大公因數 GCD。例如要求 128 和 20 的最大公因數，先以 128 除以 20，得到餘數為 8；再以 20 除以 8 得到餘數為 4；最後 8 除以 4 的餘數為 0，4 就是最大公因數。

11. 編寫函數 fun() 求 e^x 的值。其中，$e^x = 1 + x + \dfrac{x^2}{2!} + \cdots + \dfrac{x^n}{n!}$。

12. 編寫函數 convert()，其功能是接收主函數提供的十進制數，輸出對應的二進制數、八進制數和十六進制數。

13. 編寫函數 weekcal()，根據指定的年、月、日，計算這天是星期幾。其中，年為西元年。

14. 使用選擇排序法(Selection sort)對 10 個陣列元素進行由小到大排序。

提示：所謂選擇排序法就是：先將最小的陣列元素與 a[0] 交換；再將 a[1] 到 a[9] 中最小的數與 a[1] 交換；……；每比較一回合(pass)，找出一個未經排序的陣列元素中之最小值。

15. 使用遞迴方法求 n!。

16. 使用遞迴方法計算兩個正整數的最大公因數和最小公倍數。

提示：兩個正整數 m, n 的最大公因數(GCD)演算法如下：

若 n 可以整除 m，則 n 即為最大公因數 GCD；若 n 無法整除 m，則用 n 與 m 除以 n 的餘數求 GCD。

兩個整數的最小公倍數(LCM)與最大公因數(GCD)之間的關係如下：

$$\text{lcm}(m, n) = \frac{|m \cdot n|}{\gcd(m, n)}$$

17. 編寫函數 factorial(n)顯示 factorial(5)的呼叫過程及執行結果，如下圖所示。

```
                    factorial 5
                  factorial 4
                factorial 3
              factorial 2
            factorial 1
          factorial 0
          returning 1
            returning 1
              returning 2
                returning 6
                  returning 24
                    returning 120
    120
```

18. 編寫遞迴函數 sumDigits(n) 來計算一個整數中各個位置上的數字之和。例如，sumDigits(234)將傳回 9（即 2+3+4）。

19. 編寫一個遞迴函數，輸出一個字串的所有排列方式。例如，對於字串 abc，輸出為 abc, acb, bac, bca, cab, cba。

20. 使用遞迴方法計算費布那西數列(Fibonacci sequence)第 7 項的值。

    提示：費布那西(Fibonacci)數列從 0 和 1 開始，之後的數字就是由之前的兩數相加而得，下面列出費布那西數列的一些數字：

    $$1, 1, 2, 3, 5, 8, 13, 21, 34, 55, 89, 144, 233, 377, 610, 987\ldots\ldots$$

    數列中的前後數值比例約為 1.618，也就是所謂的黃金比例。

21. 使用遞迴方法計算下列多項式函數的值：

    $$p(x,n) = x - x^2 + x^3 - x^4 + \ldots + (-1)^{n-1}x^n \ (n > 0)$$

    提示：函數的定義不是遞迴定義形式，對原來的定義進行如下數學變換。

    $$\begin{aligned}
    p(x,n) &= x - x^2 + x^3 - x^4 + \ldots + (-1)^{n-1}x^n \\
    &= x[1 - (x - x^2 + x^3 - \ldots + (-1)^{n-2}x^{n-1})] \\
    &= x[1 - p(x, n-1)]
    \end{aligned}$$

經變換後，可以將原來的非遞迴定義形式轉換為同義的遞迴定義：

$$p(x,n) = \begin{cases} x & n = 1 \\ x[1 - p(x, n-1)] & n > 1 \end{cases}$$

由此遞迴定義，可以決定遞迴演算法和遞迴結束條件。

09

CHAPTER

檔 案

在實際的應用中，可以從標準輸入／輸出設備輸入或輸出資料，但在資料量大、資料存取頻繁以及資料處理結果需長期儲存的情況下，一般將資料以檔案的形式儲存在外部儲存媒體（如磁碟）上。如果想存取儲存在外部儲存媒體上的資料，必須先按檔名找到所指定的檔案，然後再從該檔案中讀取資料。如果要對外部媒體儲存資料，也必須先建立一個檔案，才能寫入資料。

磁碟既可做為輸入裝置，也可做為輸出設備，因此，有磁碟輸入檔和磁碟輸出檔。除磁碟檔案外，作業系統把每一個輸入／輸出設備都做為檔案來管理，稱為標準輸入／輸出檔。例如，鍵盤是標準輸入檔，螢幕和印表機是標準輸出檔。

本章介紹檔案的基本概念、文字檔及二進位檔的操作方法、檔案管理方法以及檔案操作的應用。

9.1 → 檔案概述

檔案(file)是儲存在外部儲存媒體上一組相關資訊的集合。例如，程式檔是程式碼(code)的集合，資料檔是資料的集合。每個檔案都有一個名稱，稱為「檔名(File name)」。

如果從使用者的角度來看，檔案可分為普通檔案和設備檔案兩種。「普通檔案」是指駐留在磁碟或其他外部儲存媒體上的一個有序資料集合。「設備檔案」是指如螢幕、印表機、鍵盤等與主機相連的週邊設備。在作業系統中，把週邊設備也視為一個檔案來管理，把它們的輸入、輸出相當於對磁碟檔案的讀取和寫入。在前面的程式設計中介紹的輸入和輸出操作，就是從標準輸入設備（鍵盤）輸入，由標準輸出設備（螢幕或印表機）輸出。我們也常把磁碟用於儲存中間結果或最終資料。在使用一些文字處理工具時，會開啟一個檔案將磁碟的資訊輸入記憶體，透過關閉一個檔案來實現將記憶體資料輸出到磁碟。這時的輸入和輸出是針對檔案系統的，因此檔案系統也是輸入和輸出的對象。

按檔案內容來看，檔案可分為原始檔案、目的檔案、可執行檔案、標頭檔案和資料檔案等。本章講解的是資料檔案，主要介紹對磁碟資料檔案的使用和操作。

一批資料是以檔案的形式儲存在外部儲存媒體（如磁碟）上的，而作業系統以檔案為單位對資料加以管理。也就是說，如果想尋找儲存在外部儲存媒體上的資料，必須先按檔名找到指定的檔案，然後再從該檔案中讀取資料。要對外部媒體儲存資料，也必須先建立一個檔案才能輸出資料。

所有檔案都可以透過「文字串流(Text stream)」進行輸入、輸出操作。檔案可以分為文字檔(Text file)和二進制檔(Binary file)。「文字檔」也稱為 ASCII 檔。這種檔案在儲存時，每個字元(character)對應一個位元組，用於儲存對應的 ASCII 碼。「二進制檔」不是儲存 ASCII 碼，而是按二進制編碼方式來儲存檔案內容。一般所稱的二進制檔係指除了文字檔以外的檔案。

不管是 ASCII 檔還是二進制檔，C 語言都將其視為是一個資料流(Data stream)，對檔案的存取都是以位元組（字元）為單位，它不像其他語言檔案一樣，有記錄的界限，因此稱這種檔案為串流(stream)檔。它允許對檔案存取單一字元，這就增加處理的靈活性。

9.2 → 檔案的基本操作

檔案操作是一種基本的輸入／輸出方式，在求解問題過程中經常碰到。資料以檔案的形式儲存，作業系統以檔案為單位對資料進行管理，檔案系統仍是高階語言普遍採用的資料管理方式。

在 C 語言中，檔案操作都是由函式庫函數來完成。無論是文字檔還是二進制檔，其操作過程是一樣的，即首先開啟(open)檔案並建立檔案，然後透過該檔案對檔案內容進行讀／寫操作，最後關閉(close)檔案。在 C 語言中，使用 fopen() 函數即可建立或開啟一個檔案，而使用 fclose()函數關閉該檔案。

檔案的「讀(read)」操作就是從檔案中讀取資料，再輸入到記憶體(RAM)；檔案的「寫(write)」操作是對檔案寫入資料，亦即，將記憶體資料輸出到磁碟檔案。此時，讀/寫操作是相對於磁碟檔案，而輸入／輸出操作是相對於內部記憶體的。對於檔案的讀/寫過程就是實現資料輸入／輸出的過程。「讀」與「輸入」、「寫」與「輸出」指的是同一過程，只是角度不同而已。

9.2.1 檔案指標

在 C 語言中，對檔案操作都是透過標準函數實現的，同時，在使用檔案操作函數時，必須定義一個檔案指標變數。只有透過檔案指標變數，才能找到與其相關的檔案，實現對檔案的存取。

「檔案指標」是一個指向檔案有關資訊的指標，這些資訊包括檔案名稱、狀態和目前位置，它們儲存在一個結構變數中。在使用檔案時需要在記憶體中為其分配空間，用來儲存檔案的基本資訊。該結構類型是由系統定義的，C 語言規定該類型為 FILE 類型，其宣告如下：

```
typedef struct
{
    short level;
    unsigned flags;
    char fd;
    unsigned char hold;
    short bsize;
    unsigned char *buffer;
    unsigned ar *curp;
    unsigned istemp;
    short token;
}FILE;
```

從上面的結構可以發現，使用 typedef 定義一個 FILE 為該結構類型。在編寫程式時可以直接使用上面定義的 FILE 類型來定義變數。注意，在定義變數時不必將結構內容全部列出，只需寫成如下形式：

FILE *fp;   **/* 檔案類型指標變數 */**

其中，fp 是檔案指標變數名稱，它的類型是 FILE 類型。C 語言在標準輸入／輸出定義檔 stdio.h 中，已經用類型定義敘述把串流檔的類型定義為 FILE。FILE 是一個保存檔案有關資訊（例如檔案名稱、檔案狀態及檔案緩衝區位置等）的結構變數。C 語言規定，使用一個檔案就要定義一個檔案指標變數。若使用 n 個檔案，就要定義 n 個指標變數，使它們分別指向 n 個檔案，以實現對檔案的存取。

9.2.2 檔案的開啟與關閉

在對檔案進行讀／寫操作之前，首先必須使用內建函數 fopen 來建立或開啟一個檔案，操作結束後應該關閉檔案。如果要「讀取」一個檔案，則需要先確認此檔案是否已經存在。如果要「寫入」一個檔案，則檢查是否有同名檔案；如果有，則先將該檔案刪除，然後新建一個檔案，並將讀／寫位置設定於檔案開頭，準備寫入資料。

（一）檔案的開啟

C 語言提供 fopen()函數使用指定模式(mode)來開啟檔案。fopen 函數的一般呼叫格式如下：

FILE *fp;
fp= fopen(檔案名稱," 模式");

例如：fp=fopen("d:\\data\\test.txt","w"); 。說明如下：

1. fopen() 函數有兩個參數，要用逗號隔開。該函數呼叫後傳回一個位址值，透過指定運算子"="指定給檔案指標變數 fp。

2. 檔案指標變數 fp 要在使用前先定義，檔案開啟時，將它指向開啟的檔案，以便對檔案進行讀寫操作。

3. 檔案名稱(filename)是一個字串或字串變數，用來指定欲開啟或建立的檔名，可以包含磁碟名稱、路徑和檔名。注意，檔案路徑中的"\"要寫成"\\"，例如，要開啟 d:\data 中已存在的檔案 test.txt，檔案名稱要寫成"d:\\data\\test.txt"。

4. 模式(mode)指定開啟檔案後的存取方式，該參數是字串，必須小寫，兩邊的雙引號 (" ")不能少，例如"w"。檔案模式是可選參數，預設為 r（唯讀）。如表 9-1 所示：

◇ 表 9-1　檔案開啟模式

模式	功能	模式	功能
r	開啟唯讀文字檔	r+	開啟讀／寫的文字檔
w	開啟或建立一個文字檔，只允許寫入資料	w+	開啟或建立一個文字檔，允許讀取和寫入
a	開啟文字檔從檔尾開始寫入資料	a+	開啟一個文字檔，允許讀取，或在檔尾追加資料
rb	開啟唯讀二進制檔，只允許讀取資料	rb+	開啟一個二進位檔案，允許讀取和寫入
wb	開啟或建立一個二進位檔案，只允許寫入資料	wb+	開啟或建立一個二進位檔案，允許讀取和寫入
ab	開啟一個二進位檔案，並在檔尾寫入資料	ab+	開啟一個二進位檔案，允許讀取或在檔尾追加資料

fopen()函數以指定的模式開啟指定的檔案，檔案模式的含義如下：

1. "r"模式

開啟檔案時，只能從檔案對記憶體輸入資料，而不能從記憶體對該檔案輸出資料。以"r"模式開啟的檔案應該已經存在，不能用"r"模式開啟一個不存在的檔案（即輸入檔案），否則將出現 File Not Found Error 錯誤。這是預設的開啟檔案模式。

2. "w"模式

開啟檔案時，只能從記憶體對該檔案寫入資料（即輸出檔案），而不能從檔案對記憶體輸入資料。如果該檔案不存在，則會在開啟時建立一個以指定檔名命名的檔案。如果原來已經存在一個檔案，則開啟時會將檔案刪除，然後重新建立一個新檔案。

3. "a"模式

如果希望在一個已經存在的檔案的尾端添加(append)新的資料（保留原檔案中已有的資料），則應使用"a"模式開啟。如果該檔案不存在，則建立並寫入新的檔案。開啟檔案時，檔案的位置指標(pointer)移到檔案尾端。

4. "r+"，"w+"，"a+"模式

使用"r+"，"w+"，"a+"模式開啟的檔案可以寫入和讀取資料。使用"r+"模式開啟檔案時，該檔案應該已經存在，這樣才能對檔案進行讀/寫操作；使用"w+"模式開啟檔案時，如果檔案已經存在，則覆蓋現有的檔案。如果檔案不存在，則建立新的檔案並可進行讀取和寫入操作；使用"a+"模式開啟的檔案，則保留檔案中原有的資料，檔案的位置指標移到檔案尾端，此時，可以進行添加或讀取檔案的操作。如果該檔案不存在，則建立新檔案並可以進行讀取和寫入操作。

使用類似的方法可以開啟二進制檔。如果使用 fopen 函數開啟檔案成功，則傳回一個有確定指向的 FILE 類型指標；若開啟失敗，則傳回 NULL。通常開啟失敗有以下 3 個原因：

1. 指定的磁碟名稱或路徑不存在。

2. 檔案名稱中含有無效字元。

3. 以"r"模式或"a"模式開啟一個不存在的檔案。

例 9.1 開啟一個唯讀文字檔

```
#include <stdio.h>
int main( )
{
    FILE *fp1;       /* 定義檔案指標變數 fp1 */
    if((fp1=fopen("d:\\data\\test1.txt","r"))==NULL)
    {
        printf("cannot open this file.\n");
        exit(1);
    }
    return(0);
}
```

本例是一種常用的開啟檔案方式,即用 if 敘述檢查開啟指定檔案是否存在。如果不存在,則 fopen()函數傳回的位址值是 NULL(0 值),螢幕顯示"cannot open this file.",告知使用者無法開啟此檔案。exit 函數是用來關閉所有檔案,終止呼叫的過程。

例 9.2 建立一個讀寫二進制檔案

```c
#include <stdio.h>
int main( )
{
    FILE *fp2;          /* 定義檔案指標變數 fp1 */
    char fn[15];        /* 定義字元陣列 fn */
    puts("Enter file name: ");        /* 提示輸入檔名 */
    scanf("%s",fn);                   /* 接收檔名 */
    fp2=fopen(fn,"wb+");              /* 建立一個讀寫二進制檔 */
    return(0);
}
```

(二)檔案的關閉

檔案在使用完畢後,應該關閉所有檔案,以防止因為沒有關閉檔案而造成的資料遺失。在 C 語言中,使用 fclose 函數來關閉檔案。fclose 函數和 fopen 函數一樣,原型也在 stdio.h 中,其呼叫格式如下:

fclose(檔案指標變數);

例如:fclose(fp);。fclose 函數也傳回一個值,當正常完成關閉檔案時,fclose 函數傳回值為 0,否則傳回 EOF。

C 語言中,在開啟檔案時,建立一個記憶體檔案緩衝區,讀寫資料是透過批次處理方式對磁碟進行工作的;當寫資料時,寫滿緩衝區才對磁碟寫一次,因此,若在緩衝區不滿時結束操作,檔案中的資料可能不完全。關閉檔案就是使檔案指標變數不再指向該檔案,同時將尚未寫入磁碟的資料(存在記憶體緩衝區中的資料)寫入磁碟,這樣就能保證資料不會遺失。

應該養成在檔案存取完畢之後即時關閉檔案的習慣,一方面是避免資料遺失,另一方面是即時釋放記憶體,減少系統資源的佔用。此後,如果想再使用剛才的檔案,則必須重新開啟。

9.3 → 檔案的讀寫函數

建立和開啟檔案的目的是為了對其進行讀寫操作，C 語言提供諸多的檔案讀寫操作函數，本節只介紹常用的字元、字串以及格式化輸入/輸出等函數的使用方法，其他函數可參考有關使用手冊。

9.3.1 字元讀寫函數

fgetc() 和 fputc() 係分別用來從指定檔案中讀取一個字元和寫入一個字元。它們的使用方法說明如下：

（一）fgetc( )函數

fgetc 函數用來從指定的檔案（fp 指向的檔案）讀取一個字元指定給 ch，其一般呼叫格式如下：

> **ch=fgetc(fp);**

其中，ch 是字元變數；fp 是檔案指標變數，該檔案必須是以讀或讀寫模式開啟的。若執行成功，傳回值是被讀取的字元；否則遇到檔案結尾或發生錯誤時傳回值是 EOF。

例 9.3　fgetc 函數的使用

```c
#include  <stdio.h>
int main( )
{
    FILE *fp;            /*定義一個指向 FILE 類型結構的指標變數*/
    char ch;            /*定義變數及陣列為字元類型*/
    fp = fopen("d:\\example02.txt", "r"); /*以唯讀方式開啟指定檔*/
    ch = fgetc(fp);        /*fgetc 函數帶回一個字元指定給 ch*/
    while (ch != EOF)    /*當讀取的字元值等於 EOF 時結束迴圈*/
    {
        putchar(ch);        /*將讀取的字元輸出到螢幕*/
        ch = fgetc(fp);        /*fgetc 函數繼續帶回一個字元指定給 ch*/
    }
    fclose(fp); /*關閉檔案*/
    return(0);
}
```

執行結果如下：

Have a great day!

1. 要求在程式執行前建立檔案 d:\example02.txt，文檔案內容為"Have a great day!"，在螢幕中顯示出該檔案內容。

2. EOF 是檔案結尾標記，在此做為控制迴圈的條件。設計該程式時，除了應考慮到開啟已有的檔案並從檔案中讀取字元的開啟方式外，還應考慮如何判斷該檔案是否存在。

（二）fputc( )函數

fputc 函數用來將一個字元寫入磁碟檔(fp 所指向的檔案)，其一般呼叫格式如下：

fputc(ch,fp);

其中，ch 是要輸出的字元，可以是字元常數，也可以是字元變數；fp 是檔案指標變數。 fputc() 函數若執行成功，傳回值是輸出的字元；否則傳回值是 EOF（即 -1）。EOF 是在 stdio.h 檔案中定義的符號常數，值為 -1。。

例 9.4　fputc 函數的使用

```
#include      <stdio.h>
int main( )
{
    FILE *fp;  /*定義一個指向 FILE 類型結構的指標變數*/
    char ch;   /*定義變數 ch 為字元類型*/
    if ((fp = fopen("d:\\example01.txt", "w")) == NULL)
    /*以只寫方式開啟指定檔*/
    {
        printf("cannot open file\n");
        exit(0);
    }
    ch = getchar();    /*  getchar 函數帶回一個字元指定給 ch*/
    while (ch != '#')   /*當輸入"#"時結束迴圈*/
    {
        fputc(ch, fp);   /*將讀取的字元寫到磁碟檔案中*/
        ch = getchar(); /* getchar 函數繼續帶回一個字元指定給 ch*/
```

```
        }
        fclose(fp);   /*關閉檔案*/
        return(0);
    }
```

若輸入下列內容：

Yesterday once more. #

則 d:\example01.txt 檔案中的內容如下所示：

說明

程式執行時，螢幕上沒有輸出資訊，輸出函數 fputc 將文字 Yesterday once more.寫入磁碟檔 d:\example01.txt 中。當輸入"#"時結束迴圈。

例 9.5 對檔案添加字元

```
    #include    <stdio.h>
    int main( )
    {
        FILE *fp
        char a='o',b='k';      /* a,b 初始化 */
        fp=fopen("d:\\example01.txt","a");      /* 以添加方式開啟檔案 */
        fputc(a,fp);           /* 寫入字元 o */
        fputc(b,fp);           /* 寫入字元 k */
        fclose(fp);            /* 關閉檔案 */
        return(0);
    }
```

說明

本程式中，開啟已存在的檔案 d:\example01.txt 並對檔案添加字元。執行程式之後，d:\example01.txt 檔案中的內容如下所示：

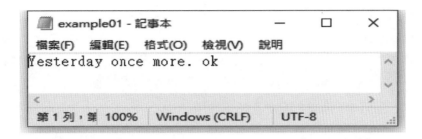

9.3.2 字串讀寫函數

　　fgets()和 fputs()函數係分別用來從指定檔案中讀取一個字串和寫入一個字串。這兩個函數類似之前介紹過的 gets 和 puts 函數，只是 fgets 和 fputs 函數以指定的檔案做為讀寫對象。它們的使用方法說明如下：

（一）fgets()函數

　　fgets 函數用來從指定的檔案讀取一個字串，其一般呼叫格式如下：

fgets(str,n,fp);

其中，str 是字串變數，n 是讀取的字串長度，fp 是檔案指標變數。該函數從指定檔案中讀取一列以'\n'或 EOF 為結尾的字串，並指定給字串變數 str。如果檔案中的字串長度大於設定的長度 n，則只從 fp 指向的檔案讀取 n-1 個字元，然後在最後加上一個'\0'字元。如果在讀完 n-1 個字元之前遇到換行符號'n'或 EOF，則讀取操作結束。fgets 函數傳回值為 str 的起始位址。

例 9.6　fgets 函數的使用

```
#include    <stdio.h>
int main( )
{
    FILE *fp;
    char a[30],str[30];                        /*定義兩個字元陣列*/
    printf("please input filename:\n");
    scanf("%s",a);                             /*輸入檔案名稱*/
    if((fp=fopen(a,"r"))==NULL)                /*判斷檔案是否開啟失敗*/
    {
        printf("can not open!\npress any key to continue\n");
        getchar();
        exit(0);
    }
    fgets(str,sizeof(str),fp);                     /*讀取磁碟檔案中的內容*/
```

```
    printf("%s",str);
    fclose(fp);
    return(0);
}
```

如果所要讀取的磁碟檔中的內容如下圖所示：

若輸入下列內容：

please input filename:
d:\example04.txt

輸出結果如下：

How can I tell her!

（二）fputs()函數

fputs 函數用來將一個字串寫入指定的磁碟檔，其一般呼叫格式如下：

fputs(str,fp);

該函數把給定的字串 str 寫到指定的檔案中，並輸出一個換行符號 '\n'。其中，str 可以是字串常數、陣列名稱、字元類型指標或變數，字串末端的 '\0' 不輸出；fp 是檔案指標變數。若輸出成功，函數值為 0；否則為 EOF。

fputs 函數與 fputc 函數類似，區別在於 fputc 函數每次只向檔案中寫入一個字元，而 fputs 函數每次向檔案中寫入一個字串。

例 9.7　fputs 函數的使用

```
#include    <stdio.h>
int main( )
{
    FILE *fp;
    char a[30],str[30];                    /*定義兩個字元陣列*/
    printf("please input filename:\n");
    scanf("%s",a);                         /*輸入檔案名稱*/
```

```
        if((fp=fopen(a,"w"))==NULL)              /*判斷檔案是否開啟失敗*/
        {
            printf("can not open!\npress any key to continue:\n");
            getchar();
            exit(0);
        }
        printf("please input string:\n");          /*提示輸入字串*/
        getchar();
        gets(str);
        fputs(str,fp);                             /*將字串寫入 fp 所指的檔案中*/
        fclose(fp);
        return(0);
    }
```

若輸入下列內容：

```
please input filename:
d:\example03.txt
please input string:
gone with the wind
```

下圖所示為寫入 d:\example03.txt 檔案中的內容：

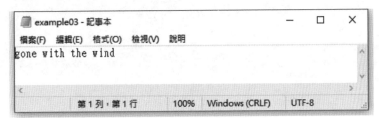

9.3.3　格式化檔案輸入／輸出函數

　　格式化檔案輸入／輸出函數包括 fprintf 函數和 fscanf 函數。它們的功能與 printf 函數和 scanf 函數類似，都是格式化讀寫函數。有一點不同處：fprintf 和 fscanf 函數的讀寫對象不是螢幕或鍵盤，而是磁碟檔案。

（一）fprintf()函數

　　函數 fprintf()係用來將格式化字串輸出到檔案。其一般呼叫格式如下：

fprintf (檔案指標,格式字串,輸入清單);

其中，格式字串的使用與 printf( )中相同，所不同的是 fprintf 函數的操作對象是檔案。例如：fprintf(fp,"%d,%5.2f",i,t);，該敘述的作用是將整數變數 i 和實數變數 t 的值按%d 和%5.2f 的格式輸出到 fp 指向的檔案中。

例 9.8 將數字 65 以字元的形式寫入指定的磁碟檔中

```c
#include     <stdio.h>
int main( )
{
    FILE *fp;
    int i=65;
    char a[30]; /*定義一個字元陣列*/
    printf("please input filename:\n");
    scanf("%s",a); /*輸入檔名*/
    if((fp=fopen(a,"w"))==NULL) /*判斷檔案是否開啟失敗*/
    {
        printf("can not open!\npress any key to continue\n");
        getchar();
        exit(0);
    }
    fprintf(fp,"%c",i); /*將 65 以字元形式寫入 fp 所指的磁碟檔中*/
    fclose(fp);
    return(0);
}
```

若從鍵盤輸入下列內容：

```
please input filename:
d:\example05.txt
```

下圖所示為寫入 d:\example05.txt 檔案中的內容：

（二）fscanf()函數

函數 fscanf()用於從檔案取得格式化字串。其一般呼叫格式如下：

fscanf (檔案指標,格式字串,輸出清單);

其中，fscanf()函數可以接受多個參數，但至少要有第一個指向結構 FILE 的檔案指標，以及第二個所要輸入的格式化字串，隨後是依格式化字串中轉換格式的個數對應的參數，亦即，如果格式化字串中使用 3 個轉換格式，其後就需要 3 個對應的參數。

例 9.9 將檔案中的 5 個字元以整數形式輸出

```
#include <stdio.h>
#include<process.h>
int main()
{
    FILE *fp;
    char i,j;
    char filename[30]; /*定義一個字元陣列*/
    printf("please input filename:\n");
    scanf("%s",filename); /*輸入檔案名稱*/
    if((fp=fopen(filename,"r"))==NULL)/*判斷檔案是否開啟失敗*/
    {
        printf("can not open!\npress any key to continue\n");
        getchar();
        exit(0);
    }
    for(i=0;i<5;i++)
    {
        fscanf(fp,"%c",&j);
        printf("第%d 個字元: %5d\n",i+1,j);
    }
    fclose(fp);
    return(0);
}
```

如果所要讀取的磁碟檔中的內容如下圖所示：

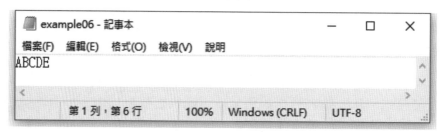

若輸入下列內容：

please input filename:
d:\example06.txt

輸出結果如下：

第 1 個字元: 65
第 2 個字元: 66
第 3 個字元: 67
第 4 個字元: 68
第 5 個字元: 69

9.4 → 隨機檔案的讀寫

　　檔案中有一個位置指標，它總是指向目前的讀寫位置。如果位置指標按位元組順序移動，就是循序讀寫；如果位置指標可以隨意移動位置，就可以實現隨機讀寫。對串流檔可以進行循序讀寫，也可以進行隨機讀寫，關鍵是如何控制檔案的位置指標。

　　所謂隨機讀寫，是指讀寫完上一個字元後，並不一定要讀寫其後續的字元，而可以讀寫檔案中任意位置上的字元。C 語言提供一些隨機定位和隨機讀寫的函數，可以用於隨機檔的讀寫。fread 和 fwrite 兩個函數比較適合用於隨機檔的讀寫。本節將介紹 3 種隨機讀寫函數。

9.4.1　fread( )函數

fread 函數用於隨機讀取檔案，其一般使用格式如下：

```
fread(ptr,size,n,fp);
```

其中，ptr 表示所要讀取資料的儲存位址（起始位址）；size 表示每個元素的大小，單位是位元組；n 表示要讀取的元素個數；fp 表示檔案指標。亦即，fread 函數是從 fp 所指向的檔案中讀取 n 次，每次讀取 size 個位元組，讀取的資料存在 ptr 所指的位址中。例如，fread(a,3,5,fp);是從 fp 所指的檔案中每次讀 3 個位元組送入陣列 a 中，連續讀取 5 次。

例 9.10 fread 函數的使用

```c
#include <stdio.h>
#include <string.h>
int main()
{
    FILE *fp;
    char buffer[100];
    /* 首先開啟讀寫檔案，假設檔案中的內容為 Science is organized
        knowledge. */
     fp = fopen("d:\\egfile1.txt", "r");

    /* 讀取並顯示資料 */
    fread(buffer, 1, 8, fp);
    printf("%s\n", buffer);
    fclose(fp);
    return(0);
}
```

輸出結果如下：

Science

9.4.2 fwrite()函數

fwrite 函數用於隨機寫檔案，其一般使用格式如下：

fwrite(ptr,size,n,fp);

其中，ptr 表示所要輸出資料的位址（起始位址）；size 表示每個元素的大小，單位是位元組；n 表示要讀取的元素個數；fp 表示檔案指標。例如，fwrite(a,3,5,fp);是將 a 陣列中的資訊每次輸出 3 個位元組到 fp 所指向的檔案中，連續輸出 5 次。

例 9.11 fwrite 函數的使用

```c
#include<stdio.h>
 int main ()
{
    FILE *fp;
    char str[] = "Science is organized knowledge.";
    fp=fopen( "d:\\egfile1.txt" , "w");
    fwrite(str, sizeof(str) , 1, fp );
    fclose(fp);
    return(0);
}
```

說明

　　程式執行後，螢幕上並不會有任何顯示，而是將 str 中的字串 （"Science is organized knowledge."） 寫入 d:\egfile1.txt 檔案中，待程式執行結束退出後，可以查看該檔案如下所示。

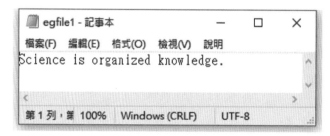

例 9.12 fread 函數和 fwrite 函數的使用

```c
#include <stdio.h>
struct stud                        /*定義結構,儲存學生成績*/
{
    char name[10];
    char adr[20];
    char tel[15];
} info[100];

void save(char *name, int n)              /*定義 save 函數*/
{
    FILE *fp; /*定義一個指向 FILE 類型結構的指標變數*/
    int i;
```

```
    if ((fp = fopen(name, "wb")) == NULL)  /*以唯寫方式開啟指定檔*/
    {
        printf("cannot open file\n");
        exit(0);
    }


    /*將一組陣列輸出到 fp 所指的檔案中*/
    for (i = 0; i < n; i++)
        if (fwrite(&info[i], sizeof(struct stud), 1, fp) != 1)
        /*如果寫入檔案不成功，則輸出寫入錯誤*/
            printf("file write error\n");
    fclose(fp);                          /*關閉檔案*/
}


/*定義 show 函數*/
void show(char *name, int n)
{
    int i;
    FILE *fp;                  /*定義一個指向 FILE 類型結構的指標變數*/
    if ((fp = fopen(name, "rb")) == NULL)   /*以唯讀方式開啟指定檔*/
    {
        printf("cannot open file.\n");
        exit(0);
    }
    for (i = 0; i < n; i++)
    {
    /*從 fp 所指向的檔案讀入資料存到 score 陣列中*/
        fread(&info[i], sizeof(struct stud), 1, fp);
        printf("\n");
        printf("%15s%20s%20s\n", info[i].name, info[i].adr,info[i].tel);
    }
    fclose(fp);            /*關閉檔案*/
}


int main()
{
    int i, n;                 /*整數變數*/
    char a[50];               /*字元陣列*/
    printf("How many ?\n");
    scanf("%d", &n);          /*輸入學生人數*/
    printf("please input filename:\n");
    scanf("%s", a);           /*輸入檔案所在路徑及名稱*/
```

```
        printf("please input name,address,telephone:\n");
        for (i = 0; i < n; i++)    /*輸入學生成績*/
        {
          printf("No. %d:", i + 1);
          scanf("%s%s%s", info[i].name, info[i].adr, info[i].tel);
          save(a, n); /*呼叫函數 save */
        }
        show(a, n); /*呼叫函數 show */
      return 0;
    }
```

若輸入下列內容：

```
How many ?
3
please input filename:
d:\example07.txt
please input name,address,telephone:
No.1:
李四
台中
0910123456
No.2:
張三
台北
0911234567
No.3:
王五
高雄
0912345678
```

輸出結果如下：

李四	台中	0910123456
張三	台北	0911234567
王五	高雄	0912345678

說明

　　本程式將輸入的通訊錄資訊儲存到磁碟檔中，在輸入資訊完畢後，將所輸入的資訊全部顯示出來。

檔案中有一個位置指標，指向目前讀寫的位置，在循序讀寫一個檔案的過程中，每讀寫一個字元，位置指標自動移向下一個字元位置。在對檔案進行操作時，往往不需要從頭開始，可以只對其中指定的內容進行操作。這時，就需要使用檔案定位函數來實現檔案的隨機讀取。本節將介紹 fseek、rewind 和 ftell 等 3 種檔案定位函數。

9.5.1 fseek 函數

　　使用 fseek 函數可以實現改變檔案的位置指標，其呼叫格式為：

fseek(檔案指標變數,位移量,起始點);

其中，「起始點」用 0、1 或 2 代替，0 代表「檔案開始」，1 為「目前位置」，2 為「檔案末端」。位移量的類型是長整數類型，指出從起始點算起，位置指標向前移動的位元組數。起始點可用符號常數和數值代碼代替，其意義如表 9-2。

○ 表9-2 檔案位置指標起始點

起始點	名稱	數字代表
檔案開始	SEEK_SET	0
檔案目前位置	SEEK_CUR	1
檔案末端	SEEK_END	2

　　例如：

```
fseek(fp,100L,0);    將位置指標移到離檔案頭 100 個位元組處
fseek(fp,50L,1);     將位置指標移到離目前位置 50 個位元組處
fseek(fp,-10L,2);    將位置指標從檔案末端處向後退 10 個位元組
```

　　fseek 函數一般用於二進制檔，因為文字檔需要字元轉換，計算位置時往往會發生混亂。

例 9.13 fseek 函數的使用

```
#include <stdio.h>
#include <string.h>
int main ( )
{
    FILE * fp ;
```

```
        char ch[]="This is a test." ;
        char buffer[20] ;

        /*  開啟讀寫檔案*/
        fp=fopen("d:\\file.txt", "w+" ) ;

        /*  資料寫入到檔案*/
        fwrite(ch, strlen(ch)+1, 1, fp);

        /*  尋找檔案的開頭*/
        fseek(fp, 0, SEEK_SET);

        /*  讀取並顯示資料*/
        fread(buffer, strlen(ch)+1, 1, fp);
        printf ( "%s\n", buffer);
        fclose(fp);
        return (0);
}
```

輸出結果如下：

This is a test.

說明

編譯並執行上面的程式，這將建立一個檔案 file.txt，然後寫入內容 This is runoob。接下來使用 fseek()函數來重置寫入指標到檔案的開頭。

例 9.14 fseek 函數的使用

```
#include <stdio.h>
int main()
{
    FILE *fp;
    char a[30],str[50];                       /*定義兩個字元陣列*/
    printf("please input filename:\n");
    scanf("%s",a);                            /*輸入檔案名稱*/
    if((fp=fopen(a,"wb"))==NULL)              /*判斷檔案是否開啟失敗*/
    {
        printf("can not open!\npress any key to continue\n");
        getchar();
        exit(0);
```

```
        }
        printf("please input string:\n");
        getchar();
        gets(str);
        fputs(str,fp);
        fclose(fp);
        if((fp=fopen(a,"rb"))==NULL)          /*判斷檔案是否開啟失敗*/
        {
            printf("can not open!\npress any key to continue\n");
            getchar();
            exit(0);
        }
        fseek(fp,5L,0);
        fgets(str,sizeof(str),fp);
        putchar('\n');
        puts(str);
        fclose(fp);
        return(0);
    }
```

若輸入下列內容：

```
please input filename:
d:\example08.dat
please input string:
Life has its ups and downs.
```

輸出結果如下：

```
has its ups and downs.
```

説明

1. 本程式在對一個二進制檔中寫入一個長度大於 6 的字串，然後從該字串的第 6 個字元開始，輸出後續的字元。

2. 敘述：fseek(fp,5L,0); 是用來將檔案指標指向字串中的第 6 個字元。

9.5.2 rewind 函數

rewind 函數的作用是使位置指標重新返回檔案的開頭，其呼叫格式為：

void rewind(檔案指標變數);

該函數沒有傳回值。

例 9.15　rewind 函數的使用

```
#include<stdio.h>
void main()
{
    FILE *fp1, *fp2;
    fp1=fopen("d:\\file1.txt","r");
    fp2=fopen("d:\\file2.txt","w");
    while(!feof(fp1))
        putchar(getc(fp1));
    rewind(fp1);
    while(!feof(fp1))
        putc(getc(fp1),fp2);
    fclose(fp1);
    fclose(fp2);
    return 0;
}
```

輸出結果如下：

This is a test.

說明

1. 假設文字檔 file1.txt 的內容如下：

This is a test.

　　第一次將它的內容顯示在螢幕上，第二次把它複製到另一檔案 file2.txt 上。

2. 在第一次將檔案的內容輸出到螢幕之後，檔案 file1.c 的位置指標已指到檔案末端，feof 的值為非 0（真）。執行 rewind 函數，將檔案指標移到檔案的開頭，並使 feof 函數的值恢復為 0（假）。

例 9.16　rewind 函數的應用

```
#include <stdio.h>
int main ()
{
    char str[]= "This is an example." ;
    FILE * fp ;
    int ch;
```

```
        fp=fopen ( "d:\\file3.txt", "w" );
        fwrite(str, 1, sizeof (str), fp);
        fclose(fp);

        fp=fopen("d:\\file3.txt", "r");
        while(1)
        {
            ch=fgetc(fp);
            if(feof(fp))
                {break ;}
            printf("%c",ch);
        }
        rewind(fp);
        printf("\n");
        while(1)
        {
            ch=fgetc(fp);
            if(feof(fp))
                {break ;}
            printf("%c", ch);
        }
        fclose(fp);
        return(0);
    }
```

輸出結果如下：

```
        This is an example.
        This is an example.
```

說明

1. 程式中透過以下敘述，第一次輸出"This is an example."。

```
        while(1)
        {
            ch=fgetc(fp);
            if(feof(fp))
                {break ;}
            printf("%c",ch);
        }
```

在輸出"This is an example."後，檔案指標已經移動到該檔案的尾端。

359

2. 使用 rewind 函數再次將檔案指標移到檔案的開始部分。因此當再次使用上列敘述時，就輸出第二次"This is an example."。

例 9.17　rewind 函數的應用

```c
#include <stdio.h>
int main()
{
    FILE *fp;
    char ch,a[50];
    printf("please input filename:\n");
    scanf("%s",a);                      /*輸入檔案名稱*/
    if((fp=fopen(a,"r"))==NULL)         /*以唯讀方式開啟檔案*/
    {
        printf("cannot open this file.\n");
        exit(0);
    }
    ch = fgetc(fp);
    while (ch != EOF)
    {
        putchar(ch);                    /*輸出字元*/
        ch = fgetc(fp);                 /*取得 fp 指向檔案中的字元*/
    }
    rewind(fp);                         /*指標指向檔案開頭*/
    ch = fgetc(fp);
    while (ch != EOF)
    {
        putchar(ch);                    /*輸出字元*/
        ch = fgetc(fp);
    }
    fclose(fp);                         /*關閉檔案*/
    return(0);
}
```

如果所要讀取的磁碟檔中的內容如下圖所示：

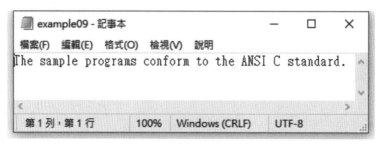

若輸入下列內容：

please input filename:
d:\example09.txt

輸出結果如下：

The sample programs conform to the ANSI C standard.
　The sample programs conform to the ANSI C standard.

9.5.3　ftell 函數

由於檔案中的位置指標經常移動，往往不容易知道其目前位置。ftell 函數的作用是得到串流檔中的目前位置，使用相對於檔案開頭的位移量來表示，其呼叫格式為：

long ftell(檔案指標變數);

如果 ftell 函數傳回值為-1L，表示發生錯誤。例如：

i=ftell(fp);　　　　/*變數 i 存放目前位置*/
if(i==-1L)　printf("error\n");

如果呼叫函數時發生錯誤（如不存在 fp 檔案），則輸出"error"。

fseek 和 ftell 結合起來可以查詢一個檔案的長度大小。首先用 fseek 把檔案位置指標定位到檔案尾端，再用 ftell 查詢目前檔案位置指標的大小，即可得到檔案長度。

例 9.18　求字串長度

```
#include <stdio.h>
int main()
{
    FILE *fp;
    int n;
    char ch,a[50];
    printf("please input filename:\n");
    scanf("%s",a);             /*輸入檔名*/
    if((fp=fopen(a,"r"))==NULL)          /*以唯讀方式開啟該檔*/
    {
        printf("cannot open this file.\n");
        exit(0);
    }
```

```
        ch = fgetc(fp);
        while (ch != EOF)
        {
            putchar(ch);                          /*輸出字元*/
            ch = fgetc(fp);                       /*取得 fp 指向檔案中的字元*/
        }
        n=ftell(fp);
        printf("\nThe length of the string is: %d\n",n);
        fclose(fp);                     /*關閉檔案*/
        return(0);
    }
```

輸出結果如下：

```
please input filename:
d:\example10.txt
This book provides instruction in the use of the C language.
The length of the string is: 63
```

例 9.19 求檔案的長度

```
#include <stdio.h>
int main()
{
    FILE *fp;
    int n;
    char *ch="Have a wonderful day!";
    fp=fopen("d:\\example10.txt","w+");
    fputs(ch,fp);
    rewind(fp);
    fseek(fp,0,SEEK_END);
    n=ftell(fp);
    printf("%d\n",n);
    fclose(fp);
    return 0;

    printf("please input filename:\n");
    scanf("%s",a);              /*輸入檔名*/
    if((fp=fopen(a,"r"))==NULL)          /*以唯讀方式開啟檔案*/
    {
        printf("cannot open this file.\n");
        exit(0);
```

```
        }
        ch = fgetc(fp);
        while (ch != EOF)
        {
            putchar(ch);                    /*輸出字元*/
            ch = fgetc(fp);                 /*取得 fp 指向檔案中的字元*/
        }
        n=ftell(fp);
        printf("\nThe length of the string is: %d\n",n);
        fclose(fp);                         /*關閉檔案*/
        return(0);
    }
```

輸出結果如下：

21

說明

1. 檔案 d:\example10.txt 中的內容如下圖所示：

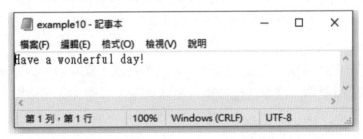

2. 開啟檔案後，使用 fseek 函數把檔案位置指標移到檔案的尾端，再使用 ftell 函數取得此時位置指標距離檔案頭的位元組數，該位元組數就是檔案的長度。

1. 在 C 語言中，從記憶體中將資料寫入檔案中，稱為　(A)輸入　(B)輸出　(C)修改　(D)刪除

2. C 語言可以處理的檔案類型是　(A)文字檔和資料檔　(B)文字檔和二進制檔　(C)資料檔和二進制檔　(D)以上答案都不完全

3. 在進行檔案操作時，「寫檔案」指的是　(A)將記憶體中的資訊存入磁碟　(B)將磁碟中的資訊存入記憶體　(C)將 CPU 中的資訊存入磁碟　(D)將磁碟中的資訊存入 CPU

4. 系統的標準輸入檔是指　(A)鍵盤　(B)螢幕　(C)滑鼠　(D)硬碟

5. 系統的標準輸出檔 stdout 是指　(A)鍵盤　(B)螢幕　(C)軟碟　(D)硬碟

6. 在高階語言中對檔案操作的一般步驟是　(A)開啟檔案->操作檔案->關閉檔案　(B)操作檔案->修改檔案->關閉檔案　(C)讀寫檔案->開啟檔案->關閉檔案　(D)讀檔案->寫檔案->關閉檔案

7. 下列關於檔案的描述中正確的是　(A)對檔案操作必須先關閉檔案　(B)對檔案操作必須先開啟檔案　(C)對檔案的操作順序沒有統一規定　(D)以上三種答案全是錯誤的

8. 若要以"a"方式開啟一個已存在的檔案，則以下敘述正確的是　(A)檔案開啟時，原有檔案內容不被刪除，位置指標移動到檔案尾端，可做添加和讀操作　(B)檔案開啟時，原有檔案內容不被刪除，位置指標移動到檔案開頭，可做重寫和讀操作　(C)檔案開啟時，原有檔案內容被刪除，只可做寫操作　(D)以上各種說法都不正確

9. 當順利執行檔案關閉操作時，fclose 函數的傳回值是　(A) -1　(B) True　(C) 0　(D) 1

10. 要開啟一個已存在的非空檔案"file"用於修改，正確的敘述是
    (A) fp=fopen("file","r");　　(B) fp=fopen("file","a+");
    (C) fp=fopen("file","w");　　(D) fp=fopen('file',"r+");

11. 以下可做為函數 fopen 中第一個參數的正確格式是　(A) d:user\text.txt　(B) d:\user\text.txt　(C) "d:\user\text.txt"　(D) "d:\\user\\text.txt"

12. 若執行 fopen 函數時發生錯誤，則函數的傳回值是　(A)位址值　(B) 0　(C) 1　(D) EOF

13. 為了顯示一個文字檔的內容，在開啟檔案時，檔案的開啟方式應當為　(A) "r+"　(B) "w+"　(C) "wb+"　(D) "ab+"

14. 若要使用 fopen 函數開啟一個新的二進制檔，且該檔案要能讀寫，則檔案模式字串應該是　(A) "ab+"　(B) "wb+"　(C) "rb+"　(D) "ab"

15. 若以"a+"方式開啟一個已存在的檔案，則以下敘述何者不正確？　(A)檔案開啟時，原有檔案內容不被刪除，位置指標移到檔案末端，可作添加和讀操作　(B)檔案開啟時，原有檔案內容不被刪除，位置指標移到檔案開頭，可作重寫和讀操作　(C)檔案開啟時，原有檔案內容被刪除，只可作寫操作　(D)以上皆不正確。

16. 當順利執行檔案關閉操作時，fclose 函數的傳回值是　(A) -1　(B) TURE　(C) 0　(D) 1

17. 已知函數的呼叫格式：fread(buffer, size, count, fp); 其中 buffer 代表的是　(A)一個整數變數，代表要讀入的資料項個數　(B)一個檔案指標，指向要讀的檔案　(C)一個指標，指向要讀入資料的儲存位址　(D)一個儲存區塊，存放要讀的資料項

18. fscanf 函數的正確呼叫格式是　(A) fscanf(fp,格式字串,輸出清單);　(B) fscanf(格式字串,輸出清單,fp);　(C) fscanf(格式字串,檔案指標,輸出清單);　(D) fscanf(檔案指標,格式字串,輸入清單)

19. fwrite 函數的一般呼叫格式是　(A) fwrite(buffer, count, size, fp);　(B) fwrite(fp, size, count, buffer);　(C) fwrite(fp, count, size, buffer)　(D) fwrite(buffer, size, count, fp);

20. fgetc 函數的作用是從指定檔案讀入一個字元，該檔案的開啟方式必須是　(A)只寫　(B)添加　(C)讀或讀／寫　(D)答案 B 和 C 都正確

21. fgets(str,n,fp)函數從檔案中讀入一個字串，以下敘述何者正確？　(A)字串讀入後不會自動加入 '\0'　(B) fp 是檔案類型的指標　(C) fgets 函數將從檔案中最多讀入 n-1 個字元　(D) fgets 函數將從檔案中最多讀入 n 個字元

22. 若呼叫 fputc 函數輸出字元成功，則其傳回值是　(A) EOF　(B) 1　(C) 0　(D)輸出的字元

23. 函數呼叫敘述：fseek(fp,-20L,2); 的含義是　(A)將檔案位置指標移到距離檔案頭 20 個位元組處　(B)將檔案位置指標從目前位置向後移動 20 個位元組　(C)將檔案位置指標從檔案尾端向後退 20 個位元組　(D)將檔案位置指標移到離目前位置 20 個位元組處

24. 利用 fseek 函數可實現的操作是　(A)改變檔案的位置指標　(B)檔案的循序讀寫　(C)檔案的隨機讀寫　(D)以上皆是

25. fseek 函數的正確呼叫格式是 (A) fseek(檔案類型指標, 起始點, 位移量); (B) fseek(fp, 位移量,起始點); (C) feek(位移量, 起始點, fp); (D) feek(起始點, 位移量, 檔案類型指標);

26. 函數 rewind 的作用是 (A)使位置指標重新傳回檔案的開頭 (B)將位置指標指向檔案中所要求的特定位置 (C)使位置指標指向檔案的尾端 (D)使位置指標自動移至下一個字元位置

27. 函數 ftell(fp) 的作用是 (A)得到串流檔中的目前位置 (B)移動串流檔的位置指標 (C)初始化串流檔的位置指標 (D)以上皆是

28. 若 fp 為檔案指標,且檔案已正確開啟,以下敘述的輸出結果為 (A) fp 所指檔案的記錄長度 (B) fp 所指檔案的長度,以位元組為單位 (C) fp 所指檔案的長度,以 bit 為單位 (D) fp 所指檔案目前位置,以位元組為單位

```
fseek(fp,0,SEEK_END);
i=ftell(fp);
printf("i=%d\n",i);
```

29. 若有以下定義和宣告:

```
#include <stdio.h>
struct std
{char num[6];
 char name[8];
 float mark[4];
}stud[10];
FILE *fp;
```

設檔案中以二進制形式存有 10 個班的學生資料,且已正確開啟,檔案指標定位於檔案開頭。若要從檔案中讀取 10 個學生的資料放入 stud 陣列中,以下不能實現此功能的敘述是

(A) for(i=0;i<10;i++)

    fread(&stud[i],sizeof(struct std),1L,fp);

(B) for (i=0;i<10;i++,i++)

    fread(stud+i,sizeof(struct std),1L,fp);

(C) fread(stud,sizeof(struct std),10L,fp);

(D) for(i=0;i<10;i++)fread(stud[i],sizeof(struct std),1L,fp);

30. 設有以下結構類型:

```
struct st
{char name[8];
 int num;
```

```
        float s[4];
    }stud[10];
```

並且結構陣列 stud 中的元素都已有值，若要將這些元素寫到硬碟檔案 fp 中，以下何者不正確？

(A) fwrite(stud, sizeof(struct st), 10, fp);

(B) fwrite(stud, 10*sizeof(struct st), 1, fp);

(C) fwrite(stud, 5*aizeof(struct st), 5, fp);

(D) for(i=0;i<10;i++)
    fwrite(stud+i, sizeof(struct st), 1,fp);

二、填空題

1. 在 C 語言中，檔案可以用＿＿＿方式存取，也可以用＿＿＿方式存取。

2. 在 C 語言中，資料可以用＿＿＿和＿＿＿兩種形式儲存。

3. 在 C 語言中，檔案的存取是以＿＿＿為單位的，這種檔案被稱作＿＿＿檔案。

4. C 語言中呼叫＿＿＿函數開啟檔案，呼叫＿＿＿函數關閉檔案。

5. 呼叫 fopen 函數開啟一文字檔，在「模式」參數中，為輸出而開啟需填入＿＿＿，為輸入而開啟需填入＿＿＿，為追加而開啟需填入＿＿＿。

6. 若 ch 為字元變數，fp 為文字檔指標，可以用兩種不同的檔案輸入敘述＿＿＿，＿＿＿從 fp 所指檔案中讀入一個字元。

7. 若 ch 為字元變數，fp 為文字檔指標，可以用兩種不同的檔案輸出敘述＿＿＿，＿＿＿把一個字元輸出到 fp 所指檔案中。

8. 函數呼叫敘述：sp=fgets(str,n,fp); 從＿＿＿指向的檔案輸入＿＿＿個字元，並把它們放到字元陣列 str 中，sp 得到＿＿＿的位址。

9. 在 C 語言中，＿＿＿函數的作用是向指定的檔案輸出一個字串，輸出成功函數值為＿＿＿。

10. feof(fp)函數用來判斷檔案是否結束，如果遇到檔案結束，函數值為＿＿＿，否則為＿＿＿。

11. 在 C 語言中，檔案指標變數的類型只能是＿＿＿。

12. 為了將新的資料加到一個二進制檔的末端，在開啟檔案時，應該指定的模式是＿＿＿。

13. 若需要將檔案中的位置指標重新回到檔案的開頭位置，可呼叫＿＿＿函數；若需要將檔案中的位置指標指向檔案中倒數第 20 個位元組處可呼叫＿＿＿函數。

14. 在 C 語言中，檔案結束標記 EOF 只能用於＿＿＿檔案。

15. 設有以下結構類型：

```
struct st
{
    char name[8];
    int num;
    float s[4];
}stud[10];
```

並且結構陣列 stud 中的元素都已有值，若要將這些元素寫到硬碟檔案 fp 中，請將以下 fwrite 敘述補充完整。

```
fwrite(stud,_____,1,fp);
```

16. 下面程式使用變數 cnt 統計檔案中字元的個數。請填空。

```
#include <stdio.h>
int main()
{
    FILE *fp; long cnt=0;
    if((fp=fopen("letter.dat",____))==NULL)
    {
        printf("cannot open file.\n");
        exit(0);
    }
    while(!feof(fp))
        {____ ;____ ;}
    printf("cnt=%ld\n",cnt);
    fclose(fp);
    return 0;
}
```

17. 下面程式由鍵盤輸入字元，存放到檔案中，用"#"結束輸入。請填空。

```
#include <stdio.h>
int main()
{
    FILE *fp;
    char ch, fname[10];
    printf("Input name of file\n");
    gets(fname);
    if((fp=fopen(fname,"w"))==NULL)
    {
        printf("cannot open.\n");
        exit(0);
```

```
            }
            printf("Enter data:\n");
            while(____ != '#')
                fputc(____);
            fclose(fp);
            return 0;
        }
```

18. 下面程式從一個二進制檔中讀入結構資料，並把結構資料顯示在螢幕上。請填空。

```
        #include<stdio.h>
        strcut rec
        {
            int num;
            float total;
        }
        int main()
        {
            FILE *f;
            f=fopen("bin.dat","rb");
            reout(f);
            fclose(f);
            return 0;
        }
        reout(____)
        {
            struct rec r;
            while(!feof(f))
            {
                fread(&r,____,l,f);
                printf("%d,%f\n",____);
            }
        }
```

19. 以下程式的功能是顯示磁碟檔案內容的十六進制碼和對應的字元，若對應的字元是非列印字元時則顯示"."。請填空。

```
        #include <stdio.h>
        int main(int argc, char *argv[])
        {
            char letter[17];
            int c,i,cnt;
            FILE *fp;
```

```
        if(____)
        {
                puts("\7Usage:dumpf filename");
                exit();
        }
        if((fp=fopen(argc[1],"r"))==NULL)
        {
                printf("\7file %s can't opened\n",argv[1]);
                exit();
        }
        cnt=0;
        do
        {
            i=0;
            printf("%06x:",cnt*16);
            while((c=gec(fp))!=EOF)
            {
                printf("%02x",c);
                if(c<'' || c>0x7e)
                    letter[i]='.';
                else
                    letter[i]=c;
                if(++i==16) break;
            }
        letter[i]='\0';
        if(i!=16)
            for(;i<16;i++)
                    printf(" ");
                    printf("%s\n",____);
                    ____;
        }while(c!=EOF);
        fclose(fp);
    }
```

20. 以下程式的功能是輸出磁碟檔的內容。請填空。

```
        #include <stdio.h>
        #define SIZE 256
        int main(int argc, char *argv[])
        {
            char buff[SIZE];
            FILE *fpr,*fpd;

            if(argc!=2)
```

```
        {
            puts("\7Usage:type filename");
            exit();
        }
        if((fpr=fopen(argv[1],"r"))==NULL)
        {
            printf("\7 file %s can't opened\n",_____);
            exit();
        }
        if((fpd=fopen("PRN","w"))==NULL)
        {
            puts("\7printer can't used");
            exit();
        }
        while(fgets(_____)!=NULL)
            fputs(_____);
        fclose(fpr);
        fclose(fpd);
        return 0;
    }
```

21. 假設以下程式執行前檔案 gg.txt 的內容為：sample。程式執行後的結果是
_____。

```
        #include <stdio.h>
        void main(void)
        {
            FILE *fp;
            long position;
            fp=fopen("gg.txt","a");
            position=ftell(fp);
            printf("position=%ld\n",position);
            fprintf(fp,"sample data\n");
            position=ftell(fp);
            printf("position=%ld\n",position);
            fclose(fp);
            return 0;
        }
```

22. 以下程式的功能是將檔案 file1.c 的內容輸出到螢幕並複製到檔案 file2.c 中。請填
空。

```
        #include <stdio.h>
        int main()
```

```
        {
            FILE *fp1, *fp2;
            fp1=fopen("file1.c","r");
            fp2=fopen("file2","w");
            while(!feof(fp1))
                putchar(getc(fp1));
            _____;
            while(!feof(fp1))
                putc(_____,fp2);
            fclose(fp1);
            fclose(fp2);
            return 0;
        }
```

23. 以下程式的功能是用「添加」的形式開啟 gg.txt 查看檔案指標的位置，然後對檔案中寫入"data"，再查看檔案指標的位置。其中 ftell(*FILE)傳回 long 類型的檔案指標位置。程式執行前 gg.txt 內容為：sample。請填空。

```
        #include <stdio.h>
        void main(void)
        {
            FILE *fp;
            long position;
            fp=fopen(_____);
            position=ftell(fp);
            printf("position=%ld\n",position);
            fprintf(_____);
            position=ftell(fp);
            printf("position=%ld\n",position);
            fclose(fp);
            return 0;
        }
```

三、程式設計題

1. 從鍵盤輸入一個字串，並逐一將字串的每個字元傳送到磁碟檔案"file"上，字串的結束標記為"#"。

2. 從鍵盤輸入若干列字元存入磁碟檔案"file1.txt"中。

3. 從鍵盤輸入一個字串和一個十進制整數，將它們寫入"file2"檔案中，然後再從"file2"檔案中讀出並顯示在螢幕上。

4. 從鍵盤輸入 3 個學生的資料，將其存入"student"檔案，然後再從"student"檔案中讀出資料並顯示在螢幕上。

5. 編寫程式實現對一個文字檔案內容的反向顯示。

6. 編寫程式在螢幕上顯示文字檔"file3.c"的內容，並將檔案"file3.c"複製到文字檔"file4.c"。

7. 編寫程式檢查檔案位置指標。建立檔案"data.txt"，檢查檔案指標位置，將字串"Sample data"存入檔案中，再檢查檔案指標的位置。

8. 從鍵盤上輸入一個長度小於 20 的字串，將該字串寫入檔案"file5.dat"中，並測試是否有錯。若有錯，則輸出錯誤訊息，然後清除檔案錯誤標記，關閉檔案；否則，輸出已輸入的字串。

9. 從鍵盤輸入一個字串，將其中的小寫字母全部轉換成大寫字母，輸出到磁碟檔案"upper.txt"中保存。輸入的字串以"!"結束。然後再讀取檔案 upper.txt 中的內容並顯示在螢幕上。

10. 編寫程式實現將命令列中指定文字檔的內容添加到另一個文字檔的內容之後。

11. 假設檔案 d:\student.dat 中存放學生的基本情況，這些情況由以下結構來描述：

```
struct student
{long int num;        /*學號*/
 char name[10];       /*姓名*/
 int age;             /*年齡*/
 char gender;         /*性別*/
 int score;           /*成績*/
};
```

編寫程式輸出 5 名學生的學號、姓名、年齡、性別和成績。

12. （續上題）使用檔案 d:\student.dat，輸入學號，讀取對應學號的學生資料並顯示在螢幕上。

13. （續上題）使用 檔案 d:\student.dat 中的學生資料，根據學號隨機更改某位學生的成績並顯示在螢幕上。

14. 編寫程式以字元流形式讀入一個檔案，從檔案中檢索出六種 C 語言的關鍵字並統計，輸出每種關鍵字在檔案中出現的次數。為簡化運算，程式中規定：單字是以空格或'\t','\n'結束的字串。

15. 編寫程式實現人員登錄。每當從鍵盤接收一個姓名，便在檔案"member.dat"中進行尋找。若此姓名已存在，則顯示對應訊息；若檔案中沒有該姓名，則將其存入檔案（若檔案"member.dat"不存在，應在磁碟上建立一個新檔案）。當輸入姓名按 Enter 鍵或處理過程中出現錯誤時程式結束。

· MEMO ·

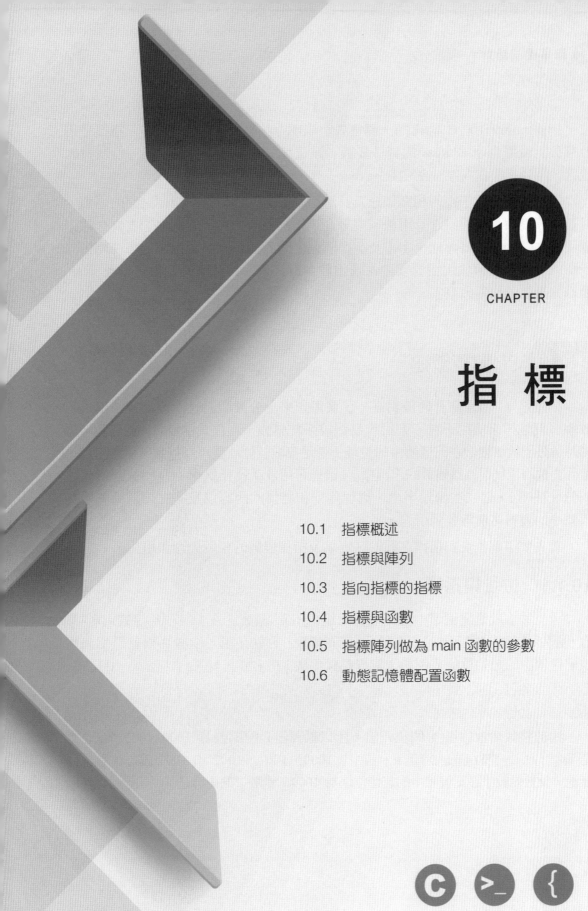

10

CHAPTER

指　標

指標(pointer)是 C 語言的一個重要組成部分，是 C 語言的核心。指標是用於存放記憶體位址(address)的特殊變數，該位址一般是指記憶體中另一個變數的位置，稱為指標指向某一個變數。

本章主要介紹指標的相關概念及其應用。首先介紹變數與指標之間的區別，以及指標變數的相關概念及用法。接著介紹指標與陣列之間的關係，主要介紹指標與一維陣列、二維陣列、字串及字串陣列之間的關係及其應用。還將介紹指向指標的指標、如何使用指標變數做為函數參數、傳回指標值的函數，以及 main 函數的參數等相關內容。

10.1 → 指標概述

指標是 C 語言顯著的優點之一，使用起來十分靈活而且能提高某些程式的效率，但是如果使用不當，則很容易造成系統錯誤。在程式中定義一個變數，編譯時會分配給該變數在記憶體中的位址，透過存取該位址就可以找到所需的變數，這個變數的位址稱為該變數的「指標」。指標可用於：從函數傳回多個傳回值（呼叫傳址呼叫）、建立並處理字串、處理陣列和結構的內容以及建立可以動態增加或減小的資料結構等多種用途。

首先要了解位址與指標之間的區別以及指標變數的相關概念和用法。

10.1.1 位址與指標

「位址」就是記憶體中對每個位元組(byte)的編號。在 C 程式中定義或宣告變數，編譯系統就會分配記憶體空間給已定義的變數，也就是說，變數名稱就是用來代表記憶體中的起始位址。例如，定義整數變數 i 和 j 如下：

```
int i=0;
int j=1;
```

由於整數變數佔用 4 個位元組，所以編譯器分配編號為 1000~1003 的記憶體空間給變數 i，變數 i 的內容是 0。其中，1000、1001、1002 和 1003 就是位址。同樣地，整數變數 j 在記憶體中的起始位址為 1004，變數 j 的內容是 1。如圖 10-1 所示。

記憶體位址　　內容

記憶體位址	內容	
1000	0	變數i
1004	1	變數j
1008	2	
1012	3	
1016	4	
1020	5	

圖 10-1　變數在記憶體中的儲存

如果在程式中定義如下不同資料類型的變數：

```
int a=1, b=2;
float x=3.4, y = 4.5 ;
double m=3.124;
char ch1='a', ch2='b';
```

變數在記憶體中按照資料類型的不同，佔記憶體空間的大小也不同。變數 a，b 是整數變數，在記憶體中各佔 4 個位元組；x，y 是單精度實數變數，各佔 4 個位元組；m 是倍精度實數變數，佔 8 個位元組；ch1、ch2 是字元類型，各佔 1 個位元組。假設變數是從記憶體位址 2000 開始存放。如果變數 a 在記憶體的位址是 2000，佔用 4 個位元組後，變數 b 的記憶體位址就是 2004，變數 m 的記憶體位址為 2016，……，依此類推。該不同資料類型的變數在記憶體中的儲存情況如圖 10-2 所示。

圖 10-2　不同資料類型變數在記憶體中佔用的儲存

10.1.2 變數與指標

在程式中定義一個變數，編譯時就會分配一個記憶體位址給該變數。透過存取該位址可以找到所需的變數，這個變數的位址稱為該變數的指標。如圖 10-3 所示的位址 1000 是變數 i 的指標。

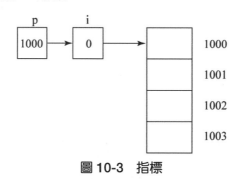

圖 10-3 指標

變數的位址是變數和指標之間連接的管道。如果一個變數包含另一個變數的位址，則可以視為第一個變數指向第二個變數。所謂「指向」就是透過位址來實現的。因為指標變數是指向一個變數的位址，所以將一個變數的位址值指定給該指標變數後，這個指標變數就「指向」該變數。例如，將變數 i 的位址存放到指標變數 ptr 中，ptr 就指向 i，其關係如圖 10-4 所示。

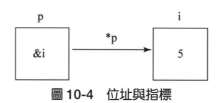

圖 10-4 位址與指標

在程式中是透過變數名稱對記憶體進行存取操作的，但是程式經過編譯後已經將變數名稱轉換為該變數在記憶體中的位址，對變數值的存取都是透過位址進行的。如對圖 10-1 所示的變數 i 和變數 j 進行如下操作：

```
i+j;
```

根據變數名稱與位址的對應關係，找到變數 i 的位址 1000，然後從 1000 開始讀取 4 個位元組資料放到 CPU 暫存器中，再找到變數 j 的位址 1004，從 1004 開始讀取 4 個位元組的資料放到另一個暫存器中，透過 CPU 的加法運算計算出結果。

10.1.3 指標變數

如果將變數的位址保存在記憶體的特定區域，使用變數來存放這些位址，這變數就是「指標變數」。指標變數用以存放另一個變數的位址。亦即，指標變數的內含值就是另一個變數在記憶體中的位址。一個指標變數只允許存放指定類型變數的位址。在 C 語言中有專門用來存放記憶體位址的變數類型，即「指標類型」。

（一）指標變數

定義指標變數的一般格式如下：

> **類型　*指標變數;**

例如：int*ptr;定義一個指向整數類型變數的指標變數 ptr，即 ptr 是一個存放整數類型變數位址的變數。

注意，指標變數可以存放指定類型變數的位址值，包括字元變數、整數變數、實數變數等的位址，也可以存放指標變數的位址。例如：

```
char ch,*ptr1;
int *ptr2,m;
double *ptr3,x;
```

說明

1. ptr1 是字元類型的指標變數，ptr1 中只能存放字元類型變數的位址。如：ptr1=&ch，是合法的指定敘述。執行此指定敘述後，稱 ptr1 指向變數 ch。

2. ptr2 是 int 類型的指標變數，ptr2 中只能存放 int 類型變數位址。如：ptr2=&m;是合法的指定敘述。執行此指定敘述後，稱 ptr2 指向變數 m。

3. ptr3 是 double 類型的指標變數，ptr3 中只能存放 double 類型變數位址。如：ptr3=&x;是合法的指定敘述。執行此指定敘述後，稱 ptr3 指向變數 x。

（二）指標運算子

在 C 語言中有兩個指標運算子：*和&。它們都是一元運算子，亦即，其運算對象都是一個變數。

1. 位址運算子(&)

位址運算子係用來取得某一個變數的位址，其運算元是變數名稱，不允許是常數或運算式。通常只能和變數或陣列配合使用，如：&a，&a[5]。運算結果為運算元在記憶體中第一個位元組的位址。

2. 取值運算子(*)

取值運算子（或稱間接定址運算子）係用來取得指標所指變數的內含值，其運算元是一個指標變數。透過指標對所指向變數的存取，就是一種對變數的「間接存取」方式。

例如：

```
int x,*ptr;
ptr=&x;
```

其中，ptr=&x;敘述是用來把變數的位址存到指標 ptr 中；亦即，ptr 指向 x。

再看一個例子：

```
int *ptr1,*ptr2;
```

其中，ptr1 和 ptr2 是兩個指向整數變數的指標變數。ptr1 和 ptr2 前面的*號不是運算子，而是一個宣告 ptr1 和 ptr2 為指標類型變數的宣告符號。int 是指明該指標變數 ptr1 和 ptr2 的資料類型，規定指標變數所能指向的變數類型。亦即，ptr1 和 ptr2 只能存放整數變數的位址。

注意

1. 運算子&和*具有相同的優先順序，結合方向為由右至左，即*&i 相當於*(&i)。

2. 取值運算子(*)的運算對象必須出現在它的右邊，且運算對象只能是指標變數或位址。

3. 運算結果要看是在等號左邊還是在等號右邊，在左邊代表指標所指（位址）的記憶體區塊（稱左值），在右邊代表指標所指（位址）記憶體區塊中的內含值（稱右值）。

（三）指標變數的指定值

指標變數和普通變數一樣，使用之前不僅需要定義，而且必須指定指標變數的值。未經指定值的指標變數不能使用。指標變數所指定的值與其他變數所指定的值不同。指標變數的值只能指定位址，而不能指定任何其他資料，否則將發生錯誤。C 語言中提供的位址運算子"&"係用來表示變數的位址。其一般形式如下：

```
&變數名稱;
```

例如&a 表示變數 a 的位址，&b 表示變數 b 的位址。指定一個指標變數的值有以下兩種方法。

1. 定義指標變數同時指定值，例如：

```
int a;
int *p=&a;
```

2. 先定義指標變數之後再指定值，例如：

```
int a;
int *p;
p=&a;
```

例 **10.1** 指標變數的指定值應用

```
1    int x=1, y=2;
2    int *ip;      /* 宣告指標變數 ip   */
3    ip=&x;     /*  ip 指向 x*/
4    y=*ip;      /*  y 現在的值為 1   */
```

說明

1. 第 1 行宣告敘述定義 x，y 是整數類型的變數並指定初值。第 2 行宣告敘述定義 ip
   是指標變數，注意它還沒有指向任何變數（如圖 10-5(a)）。第 3 行敘述中&x 表示
   取變數 x 的位址，然後指定給指標變數 ip，即 ip 指向 x。第 4 行敘述中*ip 表示指
   標變數 ip 所指向的變數，即 x。將*ip（或 x）的值指定給變數 y，所以 y 的值為 1
   （如圖 10-5(b)）。

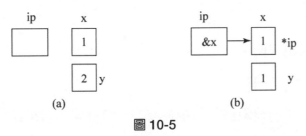

圖 **10-5**

2. 本例中第 2 行宣告敘述和第 4 行敘述中均出現*ip，請區別它們的不同含義。int*ip;
   表示定義指標變數 ip。它前面的"*"只是表示該變數為指標變數。而 y=*ip;中*ip 代
   表的是變數，即，指標變數 ip 所指向的變數 x。

3. 第 3 行 ip=&x;，注意不要寫成*ip=&x。因為 x 的位址是指定給指標變數 ip 而不是
   指定給整數類型變數*ip。

例 10.2 指標變數的指定值應用

```c
#include<stdio.h>
int main()
{
    int a, b;
    int *ptr1,   *ptr2;              /*宣告兩個指標變數*/
    printf("輸入兩個數: ");
    scanf("%d, %d", &a, &b);        /*輸入兩個數*/
    ptr1 = &a;
    ptr2 = &b;                      /*將位址指定給指標變數*/
    printf("輸出: %d, %d\n", *ptr1, *ptr2);
    return 0;
}
```

輸出結果如下：

```
輸入兩個數: 12, 35
輸出: 12, 35
```

說明

1. 本例從鍵盤中輸入兩個數，利用指標的方法將這兩個數輸出。

2. 不允許把一個數值指定給指標變數，例如：

```c
int *ptr;
ptr=1000;
```

這樣的寫法是錯誤的。

（四）指標變數的引用

引用指標變數是對變數進行間接存取的一種形式。對指標變數的引用形式如下：

*變數名稱

其含義是引用指標變數所指向的值。

例 **10.3** 指標變數的引用

```
#include<stdio.h>
int main()
{
    int *ptr,q;
    printf("輸入一個整數:\n");
    scanf("%d",&q);              /*輸入一個整數類型資料*/
    ptr = &q;
    printf("輸出:\n");
    printf("%d\n",*ptr);        /*輸出變數的值*/
    return 0;
}
```

執行結果如下:

```
輸入一個整數:
35
輸出:
35
```

說明

1. 本例使用指標變數實現資料的輸入和輸出。

2. 可以將上述程式改成如下:

```
#include<stdio.h>
int main()
{
    int *ptr,q;
    ptr=&q;
    printf("輸入一個整數:\n");
    scanf("%d",ptr);
    printf("輸出:\n");
    printf("%d\n",q);        /*輸出變數的值*/
    return 0;
}
```

執行結果完全相同。

（五）&* 和 *& 的區別

如果有如下敘述：

```
int a;
p=&a;
```

"&"和"*"運算子的優先順序相同，按由右而左的方向結合。因此，"&*p"先進行"*"運算，"*p"相當於變數 a，再進行"&"運算。"&*p"就相當於取變數 a 的位址。"*&a"先進行"&"運算，"&a"就是取變數 a 的位址，然後執行"*"運算，"*&a"就相當於取變數 a 所在位址的值，實際上就是變數 a。下面透過兩個實例來分別介紹。

例 10.4 &* 的應用

```
#include<stdio.h>
int main()
{
    long i;
    long *p;
    printf("p1ease input a number:\n");
    scanf("%ld",&i);
    p=&i;
    printf("result1: %ld\n",&*p);     /*輸出變數 i 的位址*/
    printf("result2: %ld\n",&i);      /*輸出變數 i 的位址*/
    return 0;
}
```

執行結果如下：

```
p1ease input a number:
35
result1: 6487572
result2: 6487572
```

例 10.5 *& 的應用

```
#include<stdio.h>
int main()
{
    long i;
    long *p;
```

```
        printf("p1ease input a number:\n");
        scanf("%ld",&i);
        p=&i;
        printf("result1: %ld\n",*&i);        /*輸出變數 i 的值*/
        printf("result2: %ld\n",i);          /*輸入變數 i 的值*/
        printf("result3: %ld\n",*p);         /*使用指標形式輸出 i 的值*/
        return 0;
    }
```

執行結果如下：

```
    p1ease input a number:
    35
    result1: 35
    result2: 35
    result3: 35
```

（六）指標的遞增遞減運算

指標的遞增遞減運算不同於普通變數的遞增遞減運算，也就是說，並非簡單地加 1 或減 1。請看下例說明。

例 10.6　指標的遞增遞減運算

```
    #include<stdio.h>
    int main()
    {
        int i;
        int *p;
        printf("p1ease input a number:\n");
        scanf("%d",&i);
        p=&i;                      /*將變數 i 的位址指定給指標變數 p */
        printf("result1: %d\n",p);
        p++;                       /*位址加 1，這裡的 1 並不代表一個位元組*/
        printf("result2: %d\n",p);
        return 0;
    }
```

執行結果如下：

```
    p1ease input a number:
    35
    result1: 6487572
    result2: 6487576
```

說明

　　整數變數 i 在記憶體中佔 4 個位元組，指標 p 是指向變數 i 的位址。p++是指向下一個存放整數變數的位址。所以執行 p++後，p 的值增加 4（4 個位元組），而不是在位址上加 1。如圖 10-6 所示。

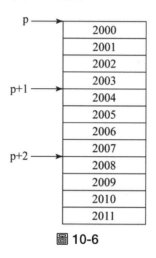

圖 10-6

例 10.7　指標的遞增遞減運算

```
#include<stdio.h>
int main()
{
    short i;
    short *p;
    printf("p1ease input a number:\n");
    scanf("%d",&i);
    p=&i;                    /*將變數 i 的位址指定給指標變數 p */
    printf("result1: %d\n",p);
    p++;                     /*位址加 1，這裡的 1 並不代表一個位元組*/
    printf("result2: %d\n",p);
    return 0;
}
```

執行結果如下：

```
p1ease input a number:
35
result1: 6487574
result2: 6487576
```

　　因為 i 被定義成短整數類型，所以執行 p++後，p 的值增加 2（兩個位元組）。

例 10.8 輸入兩個整數，按由大到小的順序輸出。

```
#include <stdio.h>
int main()
{
    int a1, a2, *p1, *p2, *p;
    scanf("%d, %d",&a1,&a2);
    p1=&a1; p2=&a2;
    if(a1<a2)
        {p=p1;p1=p2;p2=p;}
    printf("a1= %d, a2= %d\n",a1,a2);
    printf("MAX= %d, MIN= %d\n",*p1,*p2);
    return 0;
}
```

執行結果如下：

```
3, 5
a1= 3, a2= 5
MAX= 5, MIN= 3
```

說明

1. 當從鍵盤輸入 3 和 5 時，即 a1=3，a2=5，由於 a1<a2，將 p1 和 p2 交換，交換前的情況如圖 10-7(a)，交換後的情況如圖 10-7(b)。

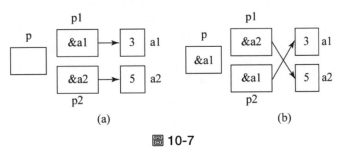

圖 10-7

2. 本例中 a1 和 a2 的值並未交換，它們仍然保留原值，而 p1 和 p2 所指向的變數值發生改變。程式中變數 p 的作用是做為交換 p1 和 p2 值所使用的臨時變數。複合敘述{p=p1;p1=p2;p2=p;}中的三條敘述完成 p1 和 p2 值的交換。

例 10.9　輸入兩個整數，按由大到小的順序輸出。

```c
#include <stdio.h>
int main()
{
    int a1,a2,x,*p1,*p2;
    scanf("%d, %d",&a1,&a2);
    p1=&a1; p2=&a2;
    if(*p1<*p2)
        {x=*p1;*p1=*p2;*p2=x;}
    printf("a1= %d, a2= %d\n",a1,a2);
    printf("MAX= %d, MIN= %d\n",*p1,*p2);
    return 0;
}
```

執行結果如下：

```
3, 5
a1= 5, a2= 3
MAX= 5, MIN= 3
```

說明

　　本例中 p1 和 p2 的指向並未改變，它們仍然保留原值，而 p1 和 p2 所指向的變數值發生改變。程式中變數 x 的作用是做為交換*p1（指標變數 p1 所指向的變數）和*p2（指標變數 p2 所指向的變數）的值所使用的臨時變數。複合敘述 {x=*p1;*p1=*p2;*p2=x;}中的三條敘述完成*p1 和*p2 值的交換。如圖 10-8 所示。

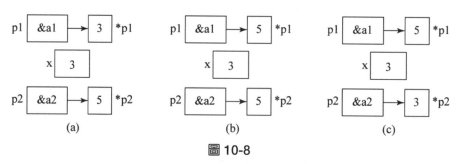

圖 10-8

　　透過例 10.8 和例 10.9 兩個例子，可以看出交換指標和交換指標所指向變數的值是有區別的。

10.2 → 指標與陣列

　　指標變數是用於存放變數的位址，可以指向變數，當然也可存放陣列的起始位址或陣列元素的位址。亦即，指標變數可以指向陣列或陣列元素。對陣列而言，陣列和陣列元素的存取，也同樣可以使用指標變數。下面就分別介紹指標與不同類型的陣列之間的關係。

10.2.1 一維陣列和指標

　　假設定義一個一維陣列，該陣列在記憶體會配置一個記憶體空間，其陣列名稱就是陣列在記憶體的起始位址。若再定義一個指標變數，並將陣列的起始位址傳給指標變數，則該指標就指向該一維陣列。我們說陣列名稱就是陣列的指標，而定義的指標變數就是指向該陣列的指標變數。對一維陣列的存取，既可以用傳統的陣列元素的下標法，也可使用指標的表示方法。例如：

```
int a[10] , *ptr;        /* 定義陣列與指標變數* /
```

　　如果執行指定操作 ptr=a;或 ptr=&a[0];，則 ptr 就得到陣列的起始位址。其中，a 是陣列名稱，代表陣列的起始位址，而&a[0]是陣列元素 a[0]的位址，由於 a[0]的位址就是陣列的起始位址，所以，兩條指定操作效果相同。指標變數 ptr 就是指向陣列 a 的指標變數。

　　若 ptr 指向一維陣列，歸納指標對陣列的表示方法如下：

1. ptr+n 與 a+n 表示陣列元素 a[n]的位址，即&a[n]對整個 a 陣列來說，共有 10 個元素，n 的值為 0~9，則陣列元素的位址就可以表示為 ptr+0~ptr+9 或 a+0~a+9，與 &a[0]~&a[9]完全相同。

2. *(ptr+n)和*(a+n）表示陣列的各元素，同義於 a[n]。

3. 指向陣列的指標變數可以使用陣列的下標形式表示為 ptr[n]，其效果相當於 *(ptr+n)。

　　存取一維陣列 a 元素的方式整理如下：

1. 透過一維陣列名稱 a 的位址存取陣列元素

　　a 代表 a[0]的位址，a+i 代表第 i 個元素的位址，*(a+i)代表第 i 個元素 a[i]。

2. 透過指標存取陣列元素

　　敘述 p=a;把 a[0]的位址值指定給指標變數 p，即：p 指向 a[0]，而 p+i 代表陣列 a 第 i 個元素的位址，*(p+i)則代表第 i 個元素 a[i]。

3. 透過帶註標的指標存取陣列元素

若 p 指向 a[0]，則*(p+i)可以寫成 p[i]。根據以上敘述，在 p=a 的條件下，對陣列元素 a[i]的存取方式可以是：*(a+i)、*(p+i)或 p[i]。

4. 在使用上述幾種不同方式存取陣列元素時，應注意：

(1) a 和 a[0]具有不同含意。a 是一個位址常數，是 a[0]的位址，而 a[0]是一個變數名稱，代表一個存放資料的記憶體區塊。

(2) p 是指標變數，可以對其進行加、減和指定運算。如 p++、p=a、p=&a[i]等運算都是合法的；而由於陣列名稱 a 代表一個位址常數，即一個常數指標，因此，a++、a=p、a+=i 都是不合法的。

例 10.10 從鍵盤輸入 10 個數，以下標法輸入/輸出陣列各元素。

```c
#include <stdio.h>
int main()
{
    int n,a[10],*ptr=a;
    for(n = 0;n<=9;n++)
        scanf( "%d", &a[n]);
    printf("------output1------ \n");
    for(n=0;n<=9;n++)
        printf("%4d",a[n]);
    printf("\n");
    return 0;
}
```

執行程式：

```
1234567890
------output1------
    1   2   3   4   5   6   7   8   9   0
```

例 10.11 使用指標變數表示法輸入/輸出陣列各元素

```c
#include <stdio.h>
int main()
{
    int n,a[10],*ptr=a;        /* 定義時對指標變數初始化 */
    for(n=0;n<=9;n++)
        scanf("%d",ptr+n);
    printf("------output2------\n");
```

```
        for(n=0;n<=9;n++)
            printf("%4d",*(ptr+n));
        printf("\n");
        return 0;
    }
```

執行結果為：

```
1234567890
------output2------
    1   2   3   4   5   6   7   8   9   0
```

10.2.2　指標的運算

（一）指標的加減算術運算

　　對於指向陣列的指標變數，可以加（或減）一個整數 n。假設 ptr 是指向陣列 a 的指標變數，則 ptr+n，ptr-n，ptr++，++ptr，ptr--，--ptr 運算都是合法的。指標變數加（或減）一個整數 n 的意義是把指標指向的目前位置（指向某陣列元素）向前或向後移動 n 個位置。注意：陣列指標變數向前或向後移動一個位置和位址加 1（或減 1）是不同的意義。因為陣列可以有不同的類型，各種類型的陣列元素所佔的位元組長度是不同的。如指標變數加 1，即向後移動 1 個位置，表示指標變數指向下一個資料元素的起始位址，而不是將原位址加 1。例如：

```
int a[5],*ptr;
ptr=a              /* ptr 指向陣列 a，也是指向 a[0] */
ptr=ptr+2;         /* ptr 指向 a[2]，即 ptr 的值為 &ptr[2] */
```

（二）兩個指標變數之間的運算

1. 兩個指標變數相減

　　上述的指標變數的加減運算只能對陣列指標變數進行，對指向其他類型變數的指標變數作加減運算是毫無意義的。

　　只有指向同一陣列的兩個指標變數之間才能進行運算，否則運算毫無意義。

　　兩個指標變數相減所得之差，是兩個指標所指陣列元素之間的元素個數。實際上是兩個指標值（位址）相減之差再除以該陣列元素的長度（位元組數）。例如 ptr1 和 ptr2 是指向同一浮點陣列的兩個指標變數，設 ptr1 的值為 2010H，ptr2 的值為 2000H，而浮點陣列每個元素佔 4 個位元組，所以 ptr1-ptr2 的結果為 (2010H-2000H)/4=4，表示 ptr1 和 ptr2 之間差 4 個元素。注意：兩個指標變數不能進行加法運算。例如，ptr1+ptr2 是無實際意義。

指向同一陣列的兩個指標變數進行關係運算，可以表示它們所指陣列元素之間的關係。例如：

2. 兩個指標變數進行關係運算

ptr1==ptr2	表示 ptr1 和 ptr2 指向同一陣列元素
ptr1>ptr2	表示 ptr1 處於高位址位置
ptr1<ptr2	表示 ptr2 處於低位址位置

10.2.3 二維陣列和指標

在 C 語言中，一個二維陣列可以看成是一個一維陣列，其中每個元素又是一個包含若干個元素的一維陣列。定義一個二維陣列：

```
int a[3][4];
```

表示二維陣列有三列四行共 12 個元素，在記憶體中按列(Row-major)存放，存放形式如圖 10-9 所示。其中 a 是二維陣列的起始位址，可以把 a 視為由三個元素 a[0]、a[1]、a[2]組成的一維陣列。所以：

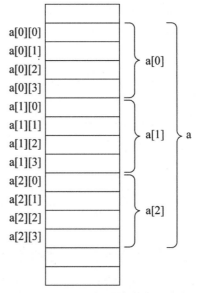

a+0 或 a	同義於 &a[0]
a+1	同義於 &a[1]
a+2	同義於 &a[2]
a 或(a+0)	同義於 a[0]
*(a+1)	同義於 a[1]
*(a+2)	同義於 a[2]

也就是 *(a+i) 同義於 a[i]；a+i 同義於 &a[i]。而每個元素 a[i](0<=i<=2)相當於由四個元素 a[i][0]、a[i][1]、a[i][2]、a[i][3]組成的一維陣列。

圖 10-9　二維陣列在記憶體中的存放形式

a[i]+j	同義於 &a[i][j]	(0<=j<=3)
*(a[i]+j)	同義於 a[i][j]	

所以*(a+i)+j 同義於&a[i][j]；*(*(a+i)+j)同義於 a[i][j]。

我們定義的二維陣列元素為整數類型，每個元素在記憶體佔 4 個位元組，若假定二維陣列從位址 1000 處開始存放，則陣列元素在記憶體的存放位址為

1000~1022。若使用位址法來表示各陣列元素的位址,則&a[1][2]是元素 a[1][2]的位址,a[1]+2 也是其位址。

分析 a[1]+1 與 a[1]+2 的位址關係,它們位址的差並非整數 1,而是一個陣列元素的所佔位元組數 4,原因是每個陣列元素佔 4 個位元組。對第 0 列的起始位址 a 與第 1 列的起始位址 a+1 來說,位址的差也並非 1,而是一列四個元素佔的位元組數 16。

由於陣列元素在記憶體的連續存放,給指向整數類型變數的指標傳遞陣列的起始位址,則該指標指向二維陣列。

        int *ptr, a[3][4];

若指定值:ptr=a[0];,則使用 ptr++就能存取陣列元素。

例 10.12 使用位址法輸入/輸出二維陣列元素

```
#include <stdio.h>
int main()
{
    int a[3][4];
    int i,j;
    printf("輸入二維陣列元素:\n");
    for(i=0;i<3;i++)
        for(j=0;j<4;j++)
            scanf("%d",a[i]+j);        /* 位址法 */
    printf("輸出二維陣列元素:\n");
    for(i=0;i<3;i++)
        { for(j=0;j<4;j++)
            printf("%4d",*(a[i]+j));        /* 輸出位址法所表示的陣列元素 */
          printf("\n");
        }
    return 0;
}
```

執行結果為:

```
輸入二維陣列元素:
1 2 3 4 5 6 7 8 9 10 11 12
輸出二維陣列元素:
    1    2    3    4
    5    6    7    8
    9   10   11   12
```

例 10.13 使用指標法輸入／輸出二維陣列元素

```c
#include <stdio.h>
int main()
{
    int a[3][4], *ptr;
    int i,j;
    ptr=a[0];
    printf("輸入二維陣列元素:\n");
    for(i=0;i<3;i++)
        for(j=0;j<4;j++)
            scanf("%d", ptr++);          /*指標的表示方法 */
    printf("輸出二維陣列元素:\n");
    ptr=a[0];
    for(i=0;i<3;i++)
        { for(j=0;j<4;j++)
            printf("%4d",*ptr++);        /*輸出指標法所表示的陣列元素 */
          printf("\n");
        }
    return 0;
}
```

執行結果為：

```
輸入二維陣列元素:
1 2 3 4 5 6 7 8 9 10 11 12
輸出二維陣列元素:
   1   2   3   4
   5   6   7   8
   9  10  11  12
```

例 10.14 將二維陣列展開為一維陣列

```c
#include <stdio.h>
int main()
{
    int a[3][4], *ptr;
    int i,j;
    ptr=a[0];
    printf("輸入二維陣列元素:\n");
    for(i=0;i<3;i++)
        for(j=0;j<4;j++)
```

```
        scanf("%d", ptr++);   /*指標的表示方法 */
printf("二維陣列展開成一維陣列:\n");
ptr=a[0];
for(i=0; i<12; i++)
    printf("%4d",*ptr++);
printf("\n");
  return 0;
}
```

執行結果為：

```
    輸入二維陣列元素:
1 2 3 4 5 6 7 8 9 10 11 12
二維陣列展開成一維陣列:
    1    2    3    4    5    6    7    8    9   10   11   12
```

存取二維陣列 a 元素的方式整理如下：

1. 透過位址值存取二維陣列元素 a[i][j]

可以使用以下方式之一來存取陣列 a 中任一元素 a[i][j]：

```
*(a[i]+j)
*(*(a+i)+j)
(*(a+i))[j]
*(&a[0][0]+2*i+j)
```

2. 透過一個指標陣列存取二維陣列元素

假設有以下敘述：

int a[2][3],*p[2];   /* p 是一個一維指標陣列，每個陣列元素都是一個
                       指向整數變數的指標*/

for(i=0;i<2;i++)   /*使 p 陣列中每個元素依次指向 a 陣列中每列的
                       起始元素*/
p[i]=a[i];

可以使用以下方式之一來存取二維陣列元素 a[i][j]：

```
*(p[i]+j)
*(*(p+i)+j)
(*(p+i))[j]
p[i][j]
```

3. 透過一個列指標存取二維陣列元素

假設有以下敘述：

int a[2][3],(*ptr)[3];   /* ptr 是一個指標變數，它指向包含三個整數元素
的一維陣列*/

ptr=a;

可以使用以下方式之一來存取二維陣列 a 中任一元素 a[i][j]：

① *(ptr[i]+j)
② *(*(ptr+i)+j)
③ (*(ptr+i))[j]
④ ptr[i][j]

10.2.4　字串與指標

在 C 語言中，可以透過兩種方式存取一個字串，第一種方式就是使用字元陣列來存放一個字串，從而實現對字串的操作；另一種方式就是使用指向字串的指標變數，此時可以不定義陣列。

例 10.15　使用字元指標存取字串

```c
#include <stdio.h>
int main()
{
    char str[]="A String";
    char *p;
    p=str;
    while (*p)
        putchar(*p++);
    return 0;
}
```

執行結果為：

A String

說明

1. 定義一個字元陣列 str，並指定初值為字串"A String"。如圖 10-10 所示。

2. 定義 p 是指向字元類型資料的指標變數。

3. 將字元陣列 str 的起始位址指定給指標變數 p，也就是使 p 指向 str[0]。如圖 10-11 所示。

4. 使用 while 敘述輸出字串"A String"。當*p 等於'\0'（字串的結束標記）時，結束 while 迴圈。該條件運算式也可以表示成：*p!='\0'。

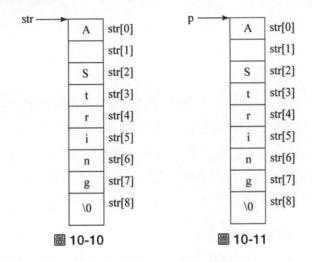

圖 10-10　　　　**圖 10-11**

5. 程式中的 while 迴圈也可以使用下面的 for 迴圈來替換：

```
for (;*p!='\0';p++)
    printf("%c\n",*p);
```

在此 printf 函數中使用"%c"格式字元逐一輸出指標變數 p 所指向的字元。p++使 p 指向下一個元素，如此重複。只要 p 沒有指向'\0'，就執行 printf 函數。

6. 輸出字串時也可以使用"%s"格式字元輸出。

```
printf("%s\n",str);
```

或

```
printf("%s\n",p);
```

結果都是輸出字串"A String"。在使用格式字元"%s"輸出時是從給定的位址（str 或 p）開始逐個字元輸出，直到遇到'\0'為止。

本例也可以不定義字元陣列，而直接定義一個字元類型指標變數指向一個字串。請看下面的例子。

例 10.16 使用字元指標存取字串

```c
#include   <stdio.h>
int main()
{
    char    *p="A String";
    while (*p)
        putchar(*p++);
    return 0;
}
```

說明

1. 程式中雖然沒有定義字元陣列，但字串在記憶體中仍以陣列形式存放。它有一個起始位址，佔用一段連續的記憶體位置，以字元'\0'做為結束標記。

2. 敘述 char *p="A String";，是定義字元類型指標變數 p，並使 p 指向字串"A String"的起始位址。在此要注意：是把字串的起始位址指定給 p，而不是將字串中的字元指定給 p，也不是把字串指定給*p。

例 10.17 利用一維陣列的下標存取字串

```c
#include <stdio.h>
#include <string.h>
 int main()
{
    char *p="A String";
    int i;
    for(i=0;i<strlen(p);i++)
        printf("%c",p[i]);
    return 0;
}
```

執行結果為：

A String

說明

1. 本例中宣告 p 是一個字串指標並指定初值。

2. 無論是字串還是字元陣列的元素，都是存放在連續記憶體中。在輸出敘述中並沒有使用指標，而是利用一維陣列的下標實現對字串中字元的存取。

3. p[i]和*(p+i)兩種存取方式是同義的。

例 10.18 輸入兩個字串，然後將兩個字串連接起來並輸出。

```c
#include <stdio.h>
int main()
{
    char a[]="you are beautiful",b[30],*p1,*p2;
    p1=a;
    p2=b;
    while(*p1!='\0')
    {
        *p2=*p1;
        p1++;              /*指標移動*/
        p2++;
    }
    *p2='\0';             /*在字串的尾端加結束字元*/
    printf("the result is:\n");
    puts(a);          /*輸出字串*/
    return 0;
}
```

執行結果為：

```
the result is:
you are beautiful
```

說明

1. 本例中定義兩個指向字元類型的指標變數。首先 p1 和 p2 分別指向字串 a 和字串 b 的第一個字元的位址。將 p1 所指向的內容指定給 p2 所指向的元素，然後 p1 和 p2 分別加 1，指向下一個元素，直到 *p1 的值為"\0"為止。

2. p1 和 p2 的內含值是同步變化的，如圖 10-12 所示。若 p1 位於 p11 的位置，p2 就位於 p21 的位置；若 p1 位於 p12 的位置，p2 就位於 p22 的位置。

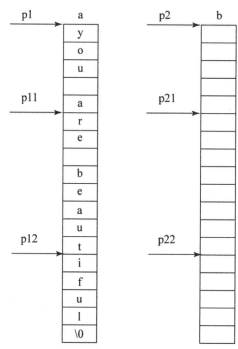

圖 10-12　p1 和 p2 同步變化

　　字串陣列有別於前面講過的字元陣列。字元陣列是一個一維陣列，而字串陣列是以字串做為陣列元素，可以將其看成一個二維字元陣列。下面定義一個簡單的字串陣列：

```
char cutedogs[5][10]=
{
    "Woody",
    "Buzz",
    "Jessie",
    "Rex",
    "Dory"
};
```

説明▶

1. 字元陣列變數 cutedogs 被定義為含有 5 個字串的陣列，每個字串的長度要小於 10（含字串最後的“\0”）。

2. 字串“Woody”和“Jessie”的的長度僅為 5，加上字串結束字元也僅為 6，而記憶體中卻要分別分配一個 10 位元組的空間，這樣就會造成資源浪費。為解決這個問題，可以使用指標陣列，使每個指標指向所需要的字元常數，這種方法雖然需要在陣列中保存字元指標，也佔用空間，但遠少於字串陣列需要的空間。

10.2.5 指標陣列

「指標陣列(Pointer array)」是一個陣列，其元素均為指標類型資料，亦即，指標陣列中的每一個元素都相當於一個指標變數。一維指標陣列的定義形式如下：

類型名稱 陣列名稱[陣列長度]

例 10.19 指標陣列的應用

```c
#include<stdio.h>
int main()
{
    int i;
    char *cutedogs[]={
        "Woody",
        "Buzz",
        "Jessie",
        "Rex",
        "Dory"
    };          /*給指標陣列中的元素指定初值*/

    for(i=0;i<5;i++)
        printf("%s\n",cutedogs[i]);   /*輸出指標陣列中的各元素*/
    return 0;
}
```

執行結果為：

```
Woody
Buzz
Jessie
Rex
Dory
```

10.3 指向指標的指標

一個指標變數可以指向整數變數、實數變數、字元變數,也可以指向指標類型變數。當指標變數用於指向指標類型變數時,稱之為「指向指標的指標變數」。這種雙重指標如圖 10-13 所示。

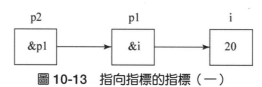

圖 10-13　指向指標的指標(一)

整數變數 i 的位址是&i,將其值傳遞給指標變數 p1,則 p1 指向 i;同時,將 p1 的位址&p1 傳遞給 p2,則 p2 指向 p1。這裡的 p2 就是指向指標變數的指標變數,即指標的指標。指向指標的指標變數定義如下:

　　　類型　　**指標變數名稱;

例如:

　　　int **p2;　　　　　　　　　/*定義一個指標變數 p2 */

該指標變數 p2 指向另一個指標變數 p1,指標變數 p1 又指向整數變數 i。由於指標運算子"*"是由右至左結合,所以上述定義相當於:

　　　int *(*p2);

知道如何定義指向指標的指標,那麼就可以將圖 10-13 使用圖 10-14 表示。

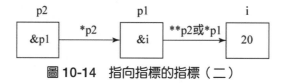

圖 10-14　指向指標的指標(二)

> **例 10.20** 指向指標的指標應用

```c
#include<stdio.h>
int main()
{
    int i;
    char **p;
    char *cutedogs[]={
```

```
            "Woody",
            "Buzz",
            "Jessie",
            "Rex",
            "Dory"
    };          /*指定指標陣列元素初值*/

    for(i=0;i<5;i++)
    {
        p=cutedogs+i;
        printf("%s\n",*p);             /*輸出指標陣列元素*/
    }
    return 0;
}
```

執行結果如下：

```
Woody
Buzz
Jessie
Rex
Dory
```

例 **10.21**　指向指標的指標應用

```
#include<stdio.h>
int main()
{
    int a[10],*p1,**p2,i,n=0;   /*定義陣列、指標、變數等為整數類型*/
    printf("輸入陣列元素: \n");
    for(i=0;i<10;i++)
        scanf("%d",&a[i]);    /*指定陣列 a 中各元素值*/
    p1=a;                      /*將陣列 a 的起始位址指定給 p1 */
    p2=&p1;                    /*將指標 p1 的位址指定給 p2 */
    printf("\n 偶數陣列元素: ");

    for(i=0;i<10;i++)
    {
        if(*(*p2+i)%2==0)
        {
            printf("%4d",*(*p2+i));
            n++;
```

```
            }
        }
        printf("\n");
        printf("偶數的個數: %d\n",n);
        return 0;
    }
```

執行結果如下：

```
輸入陣列元素:
12 23 35 46 27 38 76 54 89 90

偶數陣列元素:   12   46   38   76   54   90
偶數的個數: 6
```

說明

1. 本程式係使用指向指標的指標輸出陣列中的偶數元素，並統計偶數的個數。

2. 將陣列 a 的起始位址指定給指標變數 p1，又將指標變數 p1 的位址指定給指標變數 p2。*p2 指向的是指標變數 p1 所存放的內容，即陣列 a 的起始位址，要想透過指標變數 p2 存取陣列 a 中的元素，就必須在*p2 前面再加一個指標運算子"*"。

3. 還可將程式改寫成：

```c
#include<stdio.h>
int main()
{
    int a[10],*p1,**p2,n=0;          /*定義陣列、指標等為整數類型*/
    printf("輸入陣列元素: \n");
    for(p1=a;p1-a<10;p1++)           /*指標 p 從 a 的起始位址開始變化*/
    {
        p2=&p1;                      /*將指標 p1 的位址指定給 p2   */
        scanf("%d",*p2);             /*透過指標變數指定陣列元素初值*/
    }
    printf("\n 偶數陣列元素: ");
    for(p1=a;p1-a<10;p1++)
    {
        p2=&p1;                      /*將 p1 的位址指定給 p2   */
        if(**p2%2==0)
        {
            printf("%4d",**p2);
            n++;
```

```
        }
    }
    printf("\n");
    printf("偶數的個數: %d\n",n);
    return 0;
}
```

10.4 → 指標與函數

整數變數、實數變數、字元變數、陣列名稱和陣列元素等都可以做為函數參數。此外,指標變數也可以做為函數參數。本節主要介紹指標做為函數參數、傳回指標值的函數以及指向函數的指標變數三者之間的關係。

10.4.1 指標做為函數參數

在 C 語言中,函數的參數傳遞有兩種方式:以值傳遞(Call by value)和以址傳遞(Call by address)。前面講過的整數類型資料、實數類型資料或字元類型資料等都可以做為函數參數進行傳遞,這些類型資料傳遞的是變數的「值(value)」,就稱為「以值傳遞」。

指標變數的值為一個位址,指標變數做為函數參數時,傳遞的是一個指標變數的值,但這個值是另外一個變數的「位址(address)」。因此,這種將變數的位址傳遞給被呼叫函數的方式稱為「以址傳遞」。

函數的實際參數和形式參數都可以採用陣列名稱或指標變數。透過下面的例子來看看如何使用陣列名稱或指標變數來做為函數的參數。

(一) 實際參數和形式參數均為陣列名稱

使用陣列名稱做為函數參數,實際上就是透過陣列的起始位址傳遞陣列,這樣兩個陣列就共用同一段記憶體空間。形式參數陣列中各元素的值發生變化,會使實際參數陣列元素的值同時發生改變。

例 10.22 求學生的平均身高

```
#include <stdio.h>
float average(float array[],int n)        /*自定義求平均身高函數*/
{
    int i;
```

```
        float ave, sum=0;
        for(i=0;i<n;i++)
                sum+=array[i];          /*使用 for 迴圈實現求累加和 sum*/
        ave=sum/n;                      /*總和除以人數求出平均值*/
        return(ave);                    /*傳回平均值*/
}
int main()
{
    float height[10], ave;
    int i,n;
    printf("請輸入學生人數: \n");
    scanf("%d",&n);         /*輸入學生人數*/
    printf("請輸入學生的身高: \n");
    for(i=0;i<n;i++)
        scanf("%f",&height[i]);         /*逐一輸入學生的身高*/
    printf("\n");
    ave=average(height,n);          /*呼叫 average 函數求平均身高*/
    printf("平均身高: %6.2f\n",ave);                /*輸出平均身高*/
    return 0;
}
```

執行結果為：

```
請輸入學生人數:
5
請輸入學生的身高:
175.5
156.5
178.0
183.5
168.0

平均身高: 172.30
```

說明

1. 被呼叫函數中使用單精度實數類型陣列做為形式參數，主呼叫函數中也是使用單精
   度實數類型陣列做為實際參數，也就是說實際參數和形式參數的陣列類型應相同，
   這點和前面講過的是一樣的。

2. 陣列名稱做為函數參數時，應該在主呼叫函數和被呼叫函數中分別定義陣列。被呼叫函數中的陣列 array 沒有指定大小，但是"[]"不能少；因為要處理該陣列中的元素，所以又另設一個參數 n，用來傳遞要處理的陣列元素個數。

（二）實際參數為指標變數，形式參數為陣列名稱

前面介紹指向陣列的指標變數的定義和使用，這裡介紹如何使用指向陣列的指標變數做為實際參數，而形式參數為陣列。

例 10.23 氣泡排序的實現

```c
#include <stdio.h>
void bubble(int a[],int n)
{
    int i,t,j;
    for(i=0;i<n-1;i++)
        for(j=0;j<n-1-i;j++)
            if(*(a+j)>*(a+j+1))          /*判斷相鄰兩個元素的大小*/
            {
                t=*(a+j);
                *(a+j)=*(a+j+1);
                *(a+j+1)=t;              /*借助中間變數 t 進行值交換*/
            }
    printf("排序後的數值:");
    for(i=0;i<n;i++)
    {
        if(i%5==0)                       /*以每列 5 個元素的格式輸出*/
            printf("\n");
        printf("%5d",*(a+i));            /*輸出排序後的陣列元素*/
    }
    printf("\n");
}
int main()
{
    int a[20],i,n;
    int *p;
    p=a;
    printf("請輸入陣列元素的個數:\n");
    scanf("%d",&n);          /*輸入陣列元素的個數*/
    printf("請輸入各個元素值:\n");
    for(i=0;i<n;i++)
```

```
        scanf("%d",p++);        /*指定陣列元素初值*/
    p=a;
    bubble(a,n);                /*呼叫 bubble 函數*/
    return 0;
}
```

說明

1. 氣泡排序(Bubble sort)的演算法：如果要對 n 個數進行氣泡排序，則要進行 n-1 回合(pass)比較，在第一回合比較中要進行 n-1 次的兩兩比較，在第 i 回合比較中要進行 n-i 次兩兩比較。

2. 本程式中，形式參數是陣列，而實際參數是指標變數。

3. 注意上述程式中倒數第 3 行敘述：p=a;，該敘述不可以省略，如果將其省略，則後面呼叫 bubble 函數時，參數 p 指向的就不是陣列 a，這點需要特別注意。

（三）實際參數為陣列名稱，形式參數為指標變數

例 10.24 （續上例），使用陣列名稱做為實際參數，形式參數為指標變數。

```
#include <stdio.h>
void bubble(int *p,int n)
{
    int i,t,j;
    for(i=0;i<n-1;i++)
        for(j=0;j<n-1-i;j++)
            if(*(p+j)>*(p+j+1))            /*判斷相鄰兩個元素的大小*/
            {
                t=*(p+j);
                *(p+j)=*(p+j+1);
                *(p+j+1)=t;               /*借助中間變數 t 進行值交換*/
            }
            printf("排序後的數值:");
            for(i=0;i<n;i++)
            {
                if(i%5==0)                /*以每列 5 個元素的格式輸出*/
                printf("\n");
                printf("%5d",*(p+i));     /*輸出陣列中排序後的元素*/
            }
            printf("\n");
}
```

```
int main()
{
    int a[20],i,n;
    printf("請輸入陣列元素的個數:\n");
    scanf("%d",&n);              /*輸入陣列元素的個數*/
    printf("請輸入各個元素值:\n");
    for(i=0;i<n;i++)
        scanf("%d",a+i);        /*指定陣列元素初值*/
    bubble(a,n);                /*呼叫 bubble 函數*/
    return 0;
}
```

執行結果為：

```
請輸入陣列元素的個數:
10
請輸入各個元素值:
27 25 23 29 21
39 34 38 35 37
排序後的數值:
    21    23    25    27    29
    34    35    37    38    39
```

> **說明**

本例中使用一個指向陣列的指標變數做為形式參數。

（四）實際參數和形式參數均為指標變數

例 10.25 呼叫自定義函數交換兩個變數的值

```
#include <stdio.h>
int main()
{
    int x,y;
    int *p1,*p2;
    printf("輸入兩個整數:\n");
    scanf("%d,%d",&x,&y);
    printf("交換前的兩個整數:\n");
    printf("x=%d,y=%d\n",x,y);
    p1=&x; p2=&y;
    swap(p1,p2);                /*呼叫自定義函數 swap */
```

```
        printf("交換後的兩個整數:\n");
        printf("x=%d,y=%d\n",x,y);
        return 0;
    }

    void swap(int *px, int *py)              /*自定義函數 */
    {
        int temp;
        temp=*px;
        *px=*py;
        *py=temp;
    }
```

執行結果為：

```
    輸入兩個整數:
    10,20
    交換前的兩個整數:
    x=10,y=20
    交換後的兩個整數:
    x=20,y=10
```

說明

1. 本例中，使用指標做為函數參數，實現交換輸入的兩個整數值後輸出。函數 swap 是使用者自定義函數，它的作用是交換兩個指標變數（形式參數 px 和 py）所指向的變數的值（本例中是 x 和 y 的值）。

2. 主函數中定義兩個整數變數 x 和 y，兩個指標變數 p1 和 p2，然後輸入 x 和 y 的值（假設輸入 10 和 20），並且輸出。

3. 指定敘述 p1=&x;和 p2=&y;的作用是使 p1 指向整數變數 x，p2 指向整數變數 y。如圖 10-15(a)所示。

4. 執行 swap 函數時，將實際參數 p1 和 p2 的值（x 和 y 的位址）傳遞給形式參數 px 和 py（注意 px 和 py 也必須是指向整數類型的指標變數）。這樣 px 和 py 的值實際上就是整數變數 x 和 y 的位址，如圖 10-15(b)所示。

5. 函數執行過程中透過三條指定敘述交換*px 和*py 的值，也就是使指標變數 px 和 py 所指向的變數 x 和 y 的值互換，如圖 10-15(c)所示。

6. 函數執行完畢後，函數中的形式參數 px 和 py 不存在，但變數 x 和 y 仍然存在，如圖 10-15(d)所示。

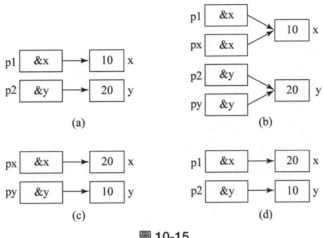

圖 10-15

7. 最後 printf 函數輸出 x 和 y 的值為交換後的值。

8. 函數 swap 沒有傳回值，但在主函數中卻得到兩個被改變的變數的值。

　　下面來介紹巢狀(nested)函數呼叫是如何使用指標變數做為函數參數的。

例 10.26 巢狀函數呼叫

```c
#include <stdio.h>
void swap(int *p1, int *p2)      /*自定義交換函數*/
{
    int temp;
    temp =*p1;
    *p1 =*p2;
    *p2 = temp;
}

void exch(int *ptr1, int *ptr2, int *ptr3)      /*3 個數由大到小排序*/
{
    if (*ptr1 <*ptr2)
        swap(ptr1, ptr2);          /*呼叫 swap 函數*/
    if (*ptr1 <*ptr3)
        swap(ptr1, ptr3);
    if (*ptr2 <*ptr3)
        swap(ptr2, ptr3);
}

int main()
{
```

411

```
        int a, b, c,*q1,*q2,*q3;
        puts("請任意輸入三個數:");
        scanf("%d,%d,%d", &a, &b, &c);
        q1 = &a;              /*將變數 a 位址指定給指標變數 q1*/
        q2 = &b;
        q3 = &c;
        exch(q1, q2, q3);     /*呼叫 exch 函數*/
        printf("\n 交換後的三個數：\n");
        printf("%d,%d,%d\n", a, b, c);
        return 0;
    }
```

執行結果為：

```
請任意輸入三個數:
23,78,52

交換後的三個數：
78,52,23
```

說明

1. 本程式建立一個自定義函數 swap，用於交換兩個變數的值。本程式還建立一個 exch 函數，其作用是將 3 個數由大到小排序，在 exch 函數中呼叫自定義函數 swap，這裡的 swap 和 exch 函數都是以指標變數做為形式參數。

2. 程式執行時，透過鍵盤輸入 3 個數 a、b、c，分別將 a、b、c 的位址指定給 q1、q2、q3，呼叫 exch 函數，將指標變數做為實際參數，將實際參數變數的值傳遞給形式參數，此時 q1 和 ptr1 都指向變數 a，q2 和 ptr2 都指向變數 b，q3 和 ptr3 都指向變數 c；在 exch 函數中又呼叫 swap 函數，當執行 swap(ptr1,ptr2)時，ptr1 也指向變數 a，ptr2 指向變數 b，這一過程如圖 10-16 所示。

3. C 語言中實際參數和形式參數之間的資料傳遞是單向的「以值傳遞」。指標變數做為函數參數也是如此。呼叫函數不可能改變實際參數指標變數的值，但可以改變實際參數指標變數所指變數的值。

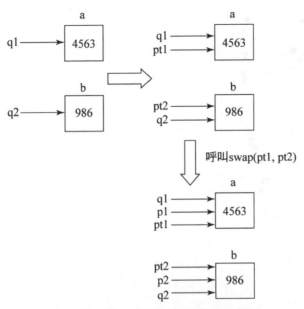

圖 10-16　巢狀呼叫時指標的指向情況

請看下面一個二維陣列使用指標變數做為函數參數的實例。

例 **10.27**　找出二維陣列每列的最大數，並將這些數相加求和。

```
#include <stdio.h>
#define N 4
void max(int (*a)[N],int m)            /*自定義 max 函數*/
{
    int val,i,j,tot=0;
    for(i=0;i<m;i++)
    {
        val=*(*(a+i));                  /*將一列中的第一個元素指定給 val */
        for(j=0;j<N;j++)
            if(*(*(a+i)+j)>val)         /*判斷其他元素是否小於 val */
                val=*(*(a+i)+j);        /*將比 val 大的數重新指定給 val */
        printf("第%d 列最大數為: %d\n",i,val);
        tot=tot+val;
    }
    printf("\n");
    printf("每列中最大的數相加之和: %d\n",tot);
}
int main()
{
    int a[3][N],i,j;
```

```
            int (*p)[N];
            p=&a[0];
            printf("請輸入陣列元素值:\n");
            for(i=0;i<3;i++)
                for(j=0;j<N;j++)
                    scanf("%d",&a[i][j]);        /*指定陣列元素值*/
            printf("\n");
            max(p,3);                          /*呼叫 max 函數，指標變數做為函數參數*/
            return 0;
        }
```

執行結果為：

```
請輸入陣列元素值:
12 23 34 31
34 45 52 67
75 46 25 32

第 0 列最大數為: 34
第 1 列最大數為: 67
第 2 列最大數為: 75

每列中最大的數相加之和: 176
```

說明

　　陣列名稱就是陣列的起始位址，因此也可以將陣列名稱做為實際參數傳遞給形式參數。

10.4.2　傳回指標值的函數

　　一個函數的類型是由其傳回值類型決定的，若函數傳回值為字元(char)類型，則稱為字元類型函數。同理，如果一個函數的傳回值為指標，則稱為傳回指標值的函數（或指標函數）；其概念與字元類型函數等沒有區別，只是在函數傳回時，傳回值的類型是指標類型而已。

　　傳回指標值的函數，一般定義形式如下：

> 類型　*函數名稱(形式參數清單)
> {函數主體 }

其中，「類型」表示函數傳回的指標所指向的類型，函數名稱前的"*"表示此函數的傳回值是指標值。

例 **10.28** 求一維陣列中的最大數

```c
#include <stdio.h>
int main()
{
    int a[10],*q,i;
    for(i=0;i<10;i++)
        scanf("%d",&a[i]);
    q=max(a,10);
    printf("MAX=%d",*q);
    return 0;
}

int max(int a[],int n)
{
    int *p,i;
    for(p=a, i=1;i<n;i++)
        if (*p<a[i])
            p=a+i;
    return(p);
}
```

執行結果為：

```
34 22 39 55 13 88 32 45 65 67
MAX=88
```

說明

函數 max 中定義指標變數 p，使 p 指向陣列中的最大數，最後傳回指標變數 p 的值（位址）到主呼叫函數中。

10.4.3 指向函數的指標變數

前面曾講過函數名稱代表函數的入口位址，因此函數名稱可以做為參數傳遞，被呼叫函數中對應的形式參數必須宣告為指向函數的指標變數類型。亦即，指標變數可以指向整數變數、字串、陣列等，也可以指向一個函數。在編譯時，系統配置一塊記憶體空間給該函數，它有一個起始位址，即函數的入口位址，這個入口位址就是函數的指標，然後透過該指標變數呼叫此函數。

　　一個函數可以傳回一個整數值、字元值、實數值等，也可以傳回指標類型的資料（即位址）。其概念與之前介紹的類似，只是傳回的值的類型是指標類型。傳回指標值的函數簡稱為「指標函數」。

　　定義指標函數的一般形式如下：

> **類型　*函數名稱(參數清單);**

例如：

> int *fun(int x,int y);

其中，fun 是函數名稱，呼叫它以後能得到一個指向整數類型資料的指標。x 和 y 是函數 fun 的形式參數，這兩個參數均為整數類型。函數 fun 的前面有一個"*"，表示此函數是指標類型函數，類型宣告是 int 表示傳回的指標指向整數類型變數。

例 10.29　函數的指標變數應用

```c
#include <stdio.h>
int add(int x, int y)
{
    return(x+y);
}

int main()
{
    int a=10, b=20, c1, c2;
    int (*func)();
    func=add;
    c1=(*func)(a,b);
    c2=add(a,b);
    printf("%d+%d=%d\n",a,b,c1);
    printf("%d+%d=%d\n",a,b,c2);
    return 0;
}
```

執行結果如下：

```
10+20=30
10+20=30
```

1. 函數 add 是傳回整數值的函數，func 是一個指向函數（此函數的傳回值為整數類型）的指標變數。注意：使用小括號把*func 括起來，否則 C 編譯系統會將它視為傳回值為指標（該指標指向整數變數）的函數。

2. 指定敘述"func=add;"的作用是將函數的入口位址指定給指標變數 func。如同陣列名稱代表陣列起始位址一樣，函數名稱代表函數的入口位址。不需要任何括號和參數，更不需要使用位址運算子&。這時 func 就是指向函數 add 的指標變數。

3. 指定敘述"c1=(*func)(a,b);"中的(*func)就是呼叫函數 add。即透過指向函數的指標變數 func 間接呼叫函數 add。(*func)後面的實際參數清單必須與 add 中定義的形式參數清單一致，呼叫後的傳回值是一整數變數值，即 x+y 的值。

4. 程式中分別使用函數名稱和指向函數的指標變數來呼叫函數 add，從執行結果來看，兩種呼叫方法是相同的。

5. 指向函數的指標變數只能指向函數的入口處，而不能指向函數中的某一條敘述。因此像 func++、func--、func+n 等的指標運算是沒有意義的。

例 10.30 函數的指標變數應用

```c
#include <stdio.h>
int main()
{
    int add(int x, int y);
    int times(int x, int y);
    int sum(int (*f1)( ), int (*f2)( ), int a, int b);
    int a=10, b=20, c;
    c=sum(add,times,a,b);
    printf("sum=%d\n",c);
    return 0;
}

int add(int x, int y)
{
    return(x+y);
}
int times(int x, int y)
{
    return(x*y);
}
int sum(int (*f1)( ), int (*f2)( ), int a, int b)
```

```
    {
        return((*f1)(a,b)+(*f2)(a,b));
    }
```

執行結果如下：

```
    sum=230
```

1. 在指定敘述"c=sum(add,times,a,b);"中，實際參數 add 和 times 分別對應函數 sum 的形式參數 f1 和 f2，即將兩個實際參數函數名稱的起始位址傳遞給函數 sum 的形式參數 f1 和 f2。

2. 函數 sum 的形式參數 f1 和 f2 是兩個指向函數的指標變數。

3. 函數 sum 利用形式參數指標變數 f1 和 f2 間接呼叫函數 add 和 times，間接呼叫的兩個函數的傳回值相加後，做為函數 sum 的傳回值傳回給 main 函數中的變數 c，最後輸出變數 c 的值。

10.5 指標陣列做為 main 函數的參數

在前面的程式中，幾乎都會出現 main 函數。main 函數稱為主函數，是執行所有程式的入口。main 函數是由系統呼叫的，當處於操作命令狀態下，輸入 main 所在的檔案名稱，系統即呼叫 main 函數。在前面的內容中，對 main 函數始終做為主呼叫函數進行處理，即允許 main 呼叫其他函數並傳遞參數。

main 函數的第 1 行一般形式如下：

```
    main()
```

可以發現，main 函數是沒有參數的。實際上，main 函數可以是無參數函數，也可以是帶參數函數。對於帶參數的 main 函數來說，就需要對其傳遞參數。main 函數帶參數的格式如下：

```
    main(int argc, char *argv[])
```

函數參數包含一個整數類型和一個指標陣列。當一個 C 程式經過編譯、連結後，會產生可以直接執行的可執行檔。對於 main 函數來說，其實際參數和命令是一起列出的，也就是一個命令列包括命令名稱和需要傳給 main 函數的參數。命令列的一般格式如下：

命令名稱 參數 1 參數 2   參數 n

例如：

d:\debug\1 hello hi chris

命令列中的命令就是可執行檔的檔案名稱，如敘述中的 d:\debbg\1，命令名稱和其後面參數之間必須用空格隔開。命令列與 main 函數的參數間存在一定關係。假設命令列為：

file1 happy bright glad

其中，file 為檔案名稱，也就是一個由 file.c 經過編譯、連結後產生的可執行檔，其後各跟 3 個參數。以上命令列與 main 函數中的形式參數關係如下：

參數 argc 記錄命令列中命令與參數的個數(file、happy、bright、glad)，共 4 個，指標陣列的大小由參數的值決定，即 char*argv[4]，該指標陣列的取值情況如圖 10-17 所示。

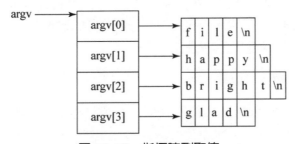

圖 10-17 指標陣列取值

利用指標陣列做為 main 函數的形式參數，可以對程式傳送命令列參數。下面例子介紹帶參數 main 函數的使用。

例 10.31 輸出 main 函數的參數內容

```
#include<stdio.h>
int main(int argc,char *argv[])        /* main 函數為帶參數函數*/
{
    printf("參數清單:\n\n");
    printf("命令名稱：\n");
    printf("%s\n",*argv);
    printf("參數個數：\n");
    printf("%d\n",argc);
    return 0;
}
```

執行結果如下：

```
參數清單：

命令名稱：
L:\Debug\10.31.exe
參數個數：
1
```

10.6 動態記憶體配置函數

在程式（或函數）中，一旦宣告某個變數或陣列後，此變數或陣列在程式（函數）執行期間即使不再使用，也必佔有固定的記憶體空間，不能另作他用。通常把這種記憶體配置稱為「靜態記憶體配置」。在 C 語言中，可以呼叫預定義函數，在程式執行過程，需要時配置記憶體空間，不再需要時可以釋放這些記憶體空間，由系統支配另作他用，通常把這樣的記憶體配置稱為「動態記憶體配置」。以下說明常用的動態記憶體配置函數：

（一）malloc 函數

malloc 函數係用來分配一個指定長度的記憶體空間。其呼叫格式為：

malloc(運算式)

其中，運算式的值表示待分配記憶體空間的位元組數。

使用 malloc 函數時應注意：當不能提供足夠的記憶體空間來分配時，函數得到 NULL（空值）；否則函數值代表所分配記憶體空間的起始位址。在 ANSI 標準中規定：malloc 函數的類型為 void，因此在把傳回位址指定給指標變數時必須進行強制類型轉換。若指標 p 為字元類型，以下敘述將在記憶體中開闢一個位元組的記憶體區塊：

p=(char*) malloc (sizeof (char));

其中，sizeof 是 C 語言的一元運算子，它的運算對象可以是類型名稱、變數名稱、陣列名稱，運算對象出現在它右邊的一對小括號中；運算結果為該類型變數或運算對象在記憶體中所佔的位元組數。因此，char 類型變數在記憶體中佔一個位元組。

以上敘述也可以寫成：

```
p=(char*) malloc (1);
```

由上述函數呼叫開闢的記憶體區塊沒有名稱，它只能透過指標 p 來引用，也就是說，使用間接定址運算子*，以*p 的格式來引用所開闢的動態記憶體區塊。如果在以後的操作中指定另外的值給 p，則上面所配置的動態記憶體區塊就再也無法引用。所以動態配置的記憶體區塊是和指向它的指標息息相關的。

若需要配置一個倍精度類型的記憶體區塊，則可以使用以下敘述：

```
double *s;
s=(double *) malloc (sizeof (double));
```

其中，sizeof(double)用來求得一個倍精度類型記憶體區塊所需的位元組數。(double*)是強制類型轉換，用來將由 malloc 函數得到的位址值轉換成一個倍精度類型記憶體區塊的位址值，使得其類型和指標變數 s 的類型一致。s 得到此倍精度記憶體區塊第一個位元組的位址。注意，不能把強制類型轉換寫成(double)，不寫*號，將表示把所求得的位址值轉換成倍精度類型值。

呼叫 malloc 函數所配置的動態記憶體區塊中未指定任何初值。

由於提供動態配置的記憶體空間並不是無限大的，如果在程式中頻繁開闢動態記憶體區塊，建議使用以下程式片段，以便在 p 得到 NULL 值時能即時處理：

```
if(!(p=(char*) malloc(1))
    {printf("out of memory!\n");
exit(1);}
```

此處 exit 是 C 語言函數，用來使程式中斷執行。

（二）calloc 函數

calloc 函數用來分配一塊連續的記憶體空間，其呼叫格式為：

```
calloc(num, size)
```

其中，num 用來指定要分配的元素個數；size 指定每個元素所佔的記憶體空間（以位元組為單位）。

在 ANSI 標準中，calloc 函數傳回的是 void 類型的指標類型。

calloc 函數與 malloc 函數不同之處是配置若干個連續的記憶體空間。例如：

```
int p;
p=(int*) calloc (10, sized(int));
```

指標 p 得到第一個 int 類型記憶體區塊的起始位址，即 p 指向這 10 個連續記憶體區塊的開頭。

由 calloc 函數配置的連續記憶體空間已由系統設定初值 0（字元類型初值設定空格）。

由 calloc 函數配置的連續記憶體空間仍可呼叫 free 函數進行釋放，如 free(p)，其中 p 是指向由 calloc 函數配置的起始位址。

當 p 指向一連續記憶體區塊起始位址時，對指標的移動和此連續記憶體區塊中每個記憶體區塊的引用方式請參考本章上一小節中的內容。一旦不再有任何指標指向此連續記憶體區塊時，此記憶體區塊將移除。

（三）free 函數

free 函數用來釋放由 malloc 或 calloc 函數分配的記憶體空間。其呼叫格式為：

> **free(指標)**

其中，指標應指向呼叫 malloc 或 calloc 時所分配記憶體區塊的起始位址。

free 函數用來釋放由 malloc 函數配置的記憶體空間。如"free(p);"，將向記憶體交還由 p 所指的記憶體區塊，使這部分記憶體空間可由系統支配，在程式執行期間另作他用。free 函數的功能與前面所說的「丟失」概念不同，被移除的記憶體空間在本程式執行期間既無法再引用，也不能為系統另行支配。注意：在呼叫 free 時，p 必須是一個有效指標。

例 10.32 malloc 函數的應用

```
#include <stdio.h>
int main()
{
    int *a,*b,*c,*min;
    a=(int*) malloc (sizeof(int));
    b=(int*) malloc (sizeof(int));
    c=(int*) malloc (sizeof(int));
    min=(int*) malloc (sizeof(int));
    printf("輸入三個整數: ");
    scanf("%d, %d, %d",a,b,c);
    printf("輸出該三個整數 : %d %d %d\n", *a,*b,*c);
    *min==*a;
    if(*a>*b)
```

```
        *min=*b;
    if(*min>*c)
        *min=*c;
    printf("輸出最小整數： %d\n", *min);
    return 0;
}
```

執行結果如下：

```
輸入三個整數: 12, 23, -5
輸出該三個整數：12 23 -5
輸出最小整數： -5
```

說明

　　本程式使用指標指向三個整數類型記憶體區塊，輸入三個整數，並保持這三個記憶體區塊中的值不變，找出其中最小值並輸出。

例 **10.33** malloc 函數和 free 函數的應用

```
#include <stdio.h>
int main()
{
    int a, b, *p1, *p2;
    p1=(int*) malloc(sizeof(int));
    p2=(int*) malloc(sizeof(int));
    printf("輸入兩個整數: ");
    scanf("%d %d", p1,p2);
    if(*p2>*p1)
        *p1=*p2;
    free(p2);
    printf("max： %d\n", *p1);
    return 0;
}
```

執行結果如下：

```
輸入兩個整數: 12 23
max： 23
```

一、選擇題

1. 變數的指標，其含義是該變數的　(A)值　(B)位址　(C)名稱　(D)標記

2. 若宣告如下：

   ```
   int a[5];
   ```

   則 a 陣列中第一個元素的位址可以表示為　(A) &a　(B) a+1　(C) a　(D) &a[1]

3. 若 int a[10], *p=a;，則 p+5 表示　(A)元素 a[5]的位址　(B)元素 a[5]的值　(C)元素 a[6]的位址　(D)元素 a[6]的值

4. 若有以下定義：

   ```
   int a[10], *p=a;
   ```

   則*(p+5)表示　(A)元素 a[5]的位址　(B)元素 a[5]的值　(C)元素 a[6]的位址　(D)元素 a[6]的值

5. 以下與 int *q[5]; 同義的定義敘述是　(A) int q[5];　(B) int *q　(C) int * (q[5]);　(D) int (*q)[5];

6. 若宣告如下：

   ```
   int *p[3], a[6], i;
   for(i=0; i<3; i++)
        p[i]=&a[2*i];
   ```

   則 *p[0] 是存取 a 陣列元素　(A) a[3]　(B) a[2]　(C) a[1]　(D) a[0]

7. 若宣告如下：

   ```
   int *p[3], a[6], i;
   for(i=0; i<3; i++)
        p[i]=&a[2*i];
   ```

   則 *(p[1]+1) 是存取 a 陣列元素　(A) a[3]　(B) a[2]　(C) a[1]　(D) a[0]

8. 若宣告如下：

   ```
   int a[4]={0,1,2,3}, *p;
   p=a+1;
   ```

   則 *p 的值為　(A) 0　(B) 1　(C) 2　(D) 3

9. 若宣告如下：

   ```
   int a[]={2,4,6,8,10,12}, *p=a;
   ```

   則 *(a+5) 的值為　(A) 6　(B) 8　(C) 10　(D) 12

10. 若宣告如下：

> int a[4]={0,1,2,3},*p;
> p=&a[1];

則 ++(*p) 的值為　(A) 0　(B) 1　(C) 2　(D) 3

11. 下列程式片段的輸出結果為　(A) 0　(B) 1　(C) 2　(D) 3

> int a[3]={1,2,3}, *p;
> p=&a[1];
> printf("%d", ++(*p));

12. 敘述 int(*ptr)(); 的含義是　(A) ptr 是指向一維陣列的指標變數　(B) ptr 是指向 int 型資料的指標變數　(C) ptr 是指向函數的指標，該函數傳回一個 int 型資料　(D) ptr 是一個函數名稱，該函數的傳回值是指向 int 型資料的指標

13. 設 p1 和 p2 是指向同一個字串的指標變數，ch 為字元變數，則下列敘述何者不正確？　(A) ch=*p1+*p2;　(B) p2=ch;　(C) p1=p2;　(D) ch=*p1*(*p1);

14. 下列敘述何者正確？　(A) char *a="Taiwan"; 同義於 char *a; *a="Taiwan";　(B) char str[10]={"Taiwan"}; 同義於 char str[10];str[]={"Taiwan"};　(C) char *s="Taiwan"; 同義於 char *s; s="Taiwan";　(D) char c[4]="abc",d[4]="abc"; 同義於 char c[4]=d[4]="abc";

15. 設有下列程式片段，則下列敘述正確的是　(A) s 和 p 完全相同　(B)陣列 s 中的內容和指標變數 p 中的內容相同　(C) s 陣列長度和 p 所指向的字串長度相等　(D) *p 與 s[0]相等

> char s[]="Taiwan"; char *p; p=s;

16. 下列程式片段的執行結果為　(A) cde　(B)字元'c'　(C)字元'c'的位址　(D)無確定的輸出結果

> char *s="abcde";
> s+=2;
> printf("%d", s);

17. 若宣告如下：

> int a[2][3];

則對 a 陣列的第 i 列、第 j 行元素值的正確存取為　(A) *(*(a+i)+j)　(B) (a+1)[j]　(C) *(a+i+j)　(D) *(a+i)+j

18. 若宣告如下：

> int a[3][5], i, j;

則下列何者無法用來表示 a[i][j]的位址？　(A) &a[i][j]　(B) *(a[i]+j)　(C) *(a+i)+j　(D) &a[0][0]+5*i+j

19. 若宣告和敘述如下：

    int a[2][3], (*p)[3];
    p=a;

    則對 a 陣列元素位址的正確存取為　(A) *(p+2)　(B) p[2]　(C) p[1]+1　(D) (p+1)+2

20. 若宣告和敘述如下：

    int a[2][3], (*p)[3];
    p=a;

    則對 a 陣列元素的正確存取為　(A) (p+1)[0]　(B) *(*(p+2)+1)　(C) *(p[1]+1)　(D) p[1]+2

21. 若宣告如下：

    int a[3][5], i, j;

    則下列何者無法用來存取陣列 a 中的任一元素？　(A) *(a[i]+j)　(B) *(*(a+i)+j)　(C) *(*(a+i))[j]　(D) *(&a[0][0]+5*i+j)

22. 若宣告如下：

    int a[2][3]={2,4,6,8,10,12};

    則 *(a[1]+2) 的值為　(A) 6　(B) 8　(C) 10　(D) 12

23. 若宣告如下：

    int a[2][3]={2,4,6,8,10,12};

    則 *(*(a+1)+2) 的值為　(A) 6　(B) 8　(C) 10　(D) 12

24. 已有函數 max(a,b)，為了讓函數指標變數 p 指向函數 max，正確的指定方式是
    (A) p=max;　(B) *p=max;　(C) p=max(a,b);　(D) p=max(a,b);

25. 若有以下定義：

    int x[4][3]={1,2,3,4,5,6,7,8,9,10,11,12};
    int (*p)[3]=x;

    則能夠正確表示陣列元素 x[1][2]的運算式是　(A) *((*p+1)[2])　(B) (*p+1)+2　(C) *(*(p+5))　(D) *(*(p+1)+2)

二、填空題

1. 若宣告如下：

>   int a[4]={0,1,2,3}, *p;
>   p=a;

  則 *p 的值為_____。

2. 若宣告如下：

>   int a[4]={0,1,2,3}, *p;
>   p=a+1;

  則 *p++ 的值為_____。

3. 若宣告如下：

>   int a[4]={0,1,2,3}, *p;
>   p=&a[2];

  則 *p-- 的值為_____。

4. 若宣告如下：

>   int a[]={2,4,6,8,10,12}, *p=a;

  則 *(p+1) 的值為_____。

5. 若宣告如下：

>   int a[]={1,2,3,4,5,6,7,8,9,0},*p,i;
>   p=a;

  則 a[p-a] 的值為_____。

6. 若宣告如下：

>   int a[]={1,2,3,4,5,6,7,8,9,0},*p,i;
>   i=2;
>   p=a;

  則 *(a+i) 的值為_____。

7. 若宣告如下：

>   int a[]={1,2,3,4,5,6,7,8,9,0},*p,i;
>   i=2;
>   p=a;

  則 *(&a[i]) 的值為_____。

8. 執行下列程式片段的結果為_____。

```
int main()
{
    int x;
```

```
        fib(6,&x);
        printf("x= %d",x);
        return 0;
    }
    fib(int n,int *s)
    {
        int f1,f2;
        if(n==1||n==2) *s=1;
        else {fib(n-1,&f1);
        fib(n-2,&f2);
        *s=f1+f2; }
    }
```

9. 執行下列程式片段的結果為_____。

```
    int main()
    {
        int a,b,k=3,m=5,*p1=&k, *p2=&m;
        a=p1==&m;
        b=(-*p1)/(*p2)+2;
        printf("a= %d, b= %d",a,b);
        return 0;
    }
```

10. 下列程式片段的執行結果為_____。

```
    int main()
    {
        int a[]={1,2,3,4,5,6,7,8},*p;
        p=a;*(p+2)+=1;
        printf("%d, %d\n",*p,*(p+3));
        return 0;
    }
```

11. 下列程式片段的執行結果為_____。

```
    int main()
    {
        int a[4]={1,2,3,4};
        int i,*p;
        p=a;
        printf("%d, %d",*p,++*p);
        return 0;
    }
```

12. 下列程式片段的執行結果為_____。

```c
int main()
{
    int x[]={1,2,3,4,5};
    int s,i,*p;
    s=0;
    p=&x[0];
    for(i=1;i<5;i++)
        s+=*(p+i);
    printf("tot= %d",s);
    return 0;
}
```

13. 下列程式片段的執行結果為_____。

```c
int main()
{
    int x[5]={1,3,5,7,9}, *p, **pp;
    p=x;
    pp=&p;
    printf("%d", *(p++));
    printf("%3d\n", **pp);
    return 0;
}
```

14. 下列程式若第一個 printf 敘述輸出的是 62fe00，則第二個 printf 敘述的輸出結果為_____。

```c
int main()
{
    int a[5]={2,4,6,8,10}, *p;
    p=a;
    printf("%x\n", p);
    printf("%x\n", p+3);
    return 0;
}
```

15. 下列程式片段的執行結果為_____。

```c
int *p,**ptr,i;
    i=10;
    p=&i;
    ptr=&p;
    printf("%d\n",*p);
```

16. 下列程式片段的執行結果為_____。

```
int *p,**ptr,i;
i=10;
p=&i;
ptr=&p;
printf("%d\n",**ptr);
```

17. 下列程式片段的執行結果為_____。

```
int i,k,**s,*p;
p=&i;s=&p;
**s=10;
k=**s;
printf("%d\n",**s);
```

18. 下列程式片段的執行結果為_____。

```
char *s1="AbcdEf", *s2="aB";
s1++;
t=(strcmp(s1,s2)>0);
printf("%d\n",t);
```

19. 執行下列程式片段的結果為_____。

```
s(char *s)
{
    char *p=s;
    while(*p) p++;
    return(p-s);
}
int main()
{
    char *a="Canada";
    int i;
    i=s(a);
    printf("%d",i);
    return 0;
}
```

20. 下列程式片段的執行結果為_____。

```
int main()
{
    static char a[]="Hello",b[]="World";
    char *p1, *p2; int k;
    p1=a; p2=b;
```

```
            for(k=0;k<=5;k++)
                if(*(p1+k)==*(p2+k))
                    printf("%c", *(p1+k));
            return 0;
        }
```

21. 下列程式片段的執行結果為_____。

```
            swap(int *p1,int *p2)
            {
                int p;
                p=*p1; *p1=*p2; *p2=p;
            }
            int main()
            {
                int a=3, b=5, *ptr1, *ptr2;
                ptr1=&a; ptr2=&b;
                swap(ptr1, ptr2);
                printf("*ptr1= %d,*ptr2= %d\n", *ptr1, *ptr2);
                return 0;
            }
```

22. 執行下列程式片段的結果為_____。

```
            char a[]="123",*p;
            int s=0;
            for(p=a;*p!='\0';p++)
                s=10*s+*p-'0';
            printf("%d\n",s);
```

23. 執行下列程式片段的結果為_____。

```
            char a[]="12345",*p;
            int i=0;
            p=a;
            while(*p)
            {
                if(i%2==0) *p='#';
                p++; i++;
            }
            puts(a);
```

24. 執行下列程式片段的結果為_____。

```
            int main()
            {
                char *p, s[]="abcde";
```

```
                    for(p=s; *p!='\0';)
                    {
                        printf("%s\n", p);
                        p++;
                        if(*p!='\0') p++;
                        else break;
                    }
                    return 0;
                }
```

25. 若宣告如下：

```
        int a[2][3]={1,2,3,4,5,6};
```

   則 *a[1]+1 的值為＿＿＿＿。

26. 若宣告如下：

```
        int a[2][3]={2,4,6,8,10,12};
```

   則 *(a[1]+2) 的值為＿＿＿＿。

27. 若宣告如下：

```
        int a[2][3]={2,4,6,8,10,12};
```

   則 *(&a[0][0]+4) 的值為＿＿＿＿。

28. 若宣告如下：

```
        int a[2][3]={2,4,6,8,10,12};
```

   則 *(&a[0][0]+2*2+1) 的值為＿＿＿＿。

29. 若宣告如下：

```
        int a[2][3]={2,4,6,8,10,12};
```

   則 *(*(a+1)+2) 的值為＿＿＿＿。

30. 若宣告如下：

```
        int a[2][3]={2,4,6,8,10,12};
```

   則 *(*(a+1)+0) 的值為＿＿＿＿。

31. 下列程式片段的輸出結果為＿＿＿＿。

```
        int a[]={1,2,3,4,5,6,7,8,9,10,11,12}, *q[3], k;
        for(k=0; k<3;k++)
            q[k]=&a[k*4];
        printf("%d ", q[2][3]);
```

32. 下列程式片段的輸出結果為＿＿＿＿。

```
        int a[]={1,2,3,4,5,6,7,8,9,10,11,12}, *q[4], k;
        for(k=0; k<4; k++)
            q[k]=&a[k*3];
        printf("%d ", q[2][0]);
```

33. 下列程式片段的輸出結果為_____。

```
int a[]={2,4,6,8,10,12}, *q[2], k;
for(k=0; k<3; k++)
    q[k]=&a[k*2];
printf("%d ", q[1][2]);
```

34. 下列程式片段的輸出結果為_____。

```
int a[]={2,4,6,8,10,12}, *q[3], k;
for(k=0; k<3; k++)
    q[k]=&a[k*2];
printf("%d\n", q[1][2]);
```

35. 下列程式片段的輸出結果為_____。

```
int a[3][2]={2,4,6,8,10,12};
printf("%d", **a);
```

36. 下列程式片段的輸出結果為_____。

```
int a[3][2]={2,4,6,8,10,12};
printf("%d\n", *(*(a+1)));
```

37. 下列程式片段的輸出結果為_____。

```
int a[3][2]={2,4,6,8,10,12};
printf("%d\n", *(*(a+1)+2));
```

38. 下列程式片段的輸出結果為_____。

```
int a[3][2]={2,4,6,8,10,12};
printf("%d\n", *(*(a+2)));
```

39. 下列程式片段的輸出結果為_____。

```
int a[3][2]={2,4,6,8,10,12};
printf("%d\n", *(*(a+2)+1));
```

40. 下列程式片段的輸出結果為_____。

```
int i=1;
int j=2;
int a[2][3]={2,4,6,8,10,12};
printf("%d\n", *(&a[0][0]+3*i+j));
```

41. 下列程式片段的輸出結果為_____。

```
int i=1;
int j=2;
int a[2][3]={2,4,6,8,10,12};
printf("%d\n", *(*(a+i)+j));
```

42. 下列程式片段的輸出結果為_____。

```
int main()
{
    int a[20],*p[4],i,k=0;
    for(i=0;i<20;i++) a[i]=i;
        for(i=0;i<4;i++) p[i]=&a[i*(i+1)];
            for(i=0;i<4;i++) k+=p[i][i];
    printf("%d\n",k);
}
```

43. 下列程式片段的輸出結果為_____。

```
#define M 6
#define NUM 21
int main()
{
    int a[NUM],*p[M],i,j,add;
    for(i=0;i<M;i++)
        {add=i*(i+1)/2; p[i]=&a[add];}
    for(i=0;i<M;i++)
        {p[i][0]=1;p[i][i]=1;}
    for(i=2;i<M;i++)
        for(j=1;j<i;j++)
            p[i][j]=p[i-1][j-1]+p[i-1][j];
    for(i=0;i<M;i++)
    {
        for(j=0;j<=i;j++) printf("%4d",p[i][j]);
        printf("\n");
    }
    return 0;
}
```

三、程式設計題

1. 從鍵盤輸入三個數，要求設三個指標變數 p1，p2，p3，使 p1 指向三個數的最小數，p2 指向中間數，p3 指向最大數，然後按由小到大的順序輸出。

2. 編寫程式，透過指標運算找出三個整數中的最小值。

3. 使用傳回指標的函數求長方形的周長。

4. （續上題）使用傳回值為指標的函數。

5. 從鍵盤輸入 10 個整數，先將其中的奇數輸出，再求所有奇數之和。

6. 編寫程式，實現將陣列中的 10 個元素值按相反順序排列，並以每列 5 個元素的格式輸出。

7. 找出陣列 a 中的最大值和該值所在的元素下標，10 個陣列元素值從鍵盤輸入。

8. 使用指標實現 10 個整數的氣泡排序。

9. 從鍵盤輸入 10 個整數，利用指向一維陣列元素的指標變數做為函數參數。將陣列 a 的元素值按相反順序輸出。

10. 印出兩位數中能被 3 整除且至少有一位是 5 的整數及其個數。

11. 透過指標運算將十進制正整數轉換成十六進制數。

12. 透過指標運算將十進制正整數轉換成二進制數。

13. 透過指標運算將八進制正整數轉換成十進制數。

14. 輸入兩個字串，將這兩個字串連接後輸出。

15. 使用指標實現字串的複製，並將字串輸出。

16. 使用指標實現從輸入的 10 個字串中找出最長的字串。

17. 將字串 s 中的內容按反向輸出，但不改變字串中的內容。

18. 編寫程式實現對英文的 12 個月份按升冪排序。

19. 從鍵盤接收一個字串，然後按照字元順序從小到大進行排序，並刪除重複的字元。

20. 從鍵盤輸入一列字元，統計其中大寫字母和小寫字母的個數。

· MEMO ·

11

CHAPTER

結構和聯合

迄今為止，我們在程式中用到的都是基本型態的資料。在編寫程式時，簡單的變數型態是不能滿足程式中各種複雜資料的要求的，因此 C 語言還提供了結構型態的資料。結構型態資料是由基本型態按照一定規則組成的。聯合的一般格式與結構類似，但它們之間還是有區別的：結構的大小是所有成員資料大小的總和，而聯合的大小與成員資料中最大的成員相同。

本章目的在於使讀者瞭解結構的概念，熟悉結構和聯合的定義方式與使用方法，學會定義結構陣列、聯合陣列、結構指標及聯合指標，以及包含結構的結構，並透過一些實例說明，使讀者能夠對結構和聯合有更深刻的瞭解。

11.1 結 構

在此之前所介紹的類型都是基本類型，如整數類型 int、字元類型 char 等，並且介紹了陣列類型。在實際問題中，往往需要用到一組具有不同的資料類型的資料。例如，在學生成績單中：姓名稱應為字元類型；學號可為整數類型或字元類型，分數應為整數類型。既然是存放一組資料，那麼首先想到的就是用陣列，但這裡顯然不能用一個陣列來存放這一組資料。因為陣列中各元素的類型和長度都必須一致。為解決這個問題，C 語言允許使用者自己指定這樣一種資料結構，即將不同類型的資料組成一個組合項，也就是說在這個組合項中包含若干個類型不同的資料。將使用者自己指定的這樣一種資料結構稱為結構(structure)。

11.1.1 結構的概念

結構是一種構造類型，它是由若干成員(member)組成的。每一個成員可以是一個基本資料類型，也可以是一個構造類型。因為結構是一種使用者自定義構造成的資料類型，那麼在使用之前必須先定義它。這就像前面講過的函數一樣，如果使用者要使用自定義的函數，必須先定義該函數。

使用關鍵字 struct 來宣告結構，其呼叫格式如下：

```
struct 結構名稱
{
    成員清單
};
```

關鍵字 struct 表示宣告結構，其後的結構名稱表示該結構的類型名稱。大括號中的變數構成結構的成員，也就是呼叫格式中的成員清單處。在宣告結構時，要注意大括號最後面要有一個分號(；)。

例如，宣告一個結構：

```
struct product
{
    char name[10];          /*產品名稱*/
    char shape[20];         /*產品名稱*/
    char color[10];         /*產品顏色*/
    char func[20];          /*產品功能*/
    int price;              /*產品價格*/
    char origin[20];        /*產品產地*/
};
```

上面的程式使用關鍵字 struct 宣告一個名為 product 的結構類型，在結構中定義的變數是 product 結構的成員，這些變數表示產品名稱、形狀、顏色、功能、價格和產地，可以根據結構成員中不同的作用選擇與其相對應的類型。

11.1.2 結構變數的定義

前面介紹了如何使用 struct 關鍵字來建構一個新的類型結構，以滿足程式的設計要求。如何使用建構出來的類型才是建構新類型的目的。

如果要使用結構類型的資料，則需要利用結構類型來定義結構類型的變數。定義結構變數有以下 3 種方法：

（一）先定義結構，再宣告結構變數

上一節中宣告一個 product 結構類型，接下來可以用 struct product 定義兩個結構變數，例如：

```
struct product product1;
struct product product2;
```

struct product 是結構類型名稱，而 product1 和 product2 是結構變數名稱。既然都是使用 product 類型定義的變數，那麼這兩個變數就具有相同的結構。

定義一個基本類型的變數與定義一個結構類型變數的不同之處在於：定義結構變數不僅要求指定變數為結構類型，而且要求指定為某一特定的結構類型，如 struct product；而定義基本類型的變數時（如整數類型變數），只需要指定 int 類型即可。

（二）定義結構類型的同時宣告結構變數

這種定義變數的格式如下：

struct 結構名稱

```
{
    成員清單
}變數名稱清單;
```

可以看到，在呼叫格式中將定義的變數名稱放在宣告結構的末端處。但是需要注意的是，變數的名稱要放在最後的分號前面。

例如，使用 struct product 結構類型名稱：

```
struct product
{
    char name[10];          /*產品名稱*/
    char shape[20];         /*產品名稱*/
    char color[10];         /*產品顏色*/
    char func[20];          /*產品功能*/
    int price;              /*產品價格*/
    char origin[20];        /*產品產地*/
}product1,product2;         /*定義結構變數*/
```

這種定義變數的方式與第一種方式相同，即定義兩個 sttuct product 類型的變數 product1 和 product2。

（三）直接定義結構類型變數

其呼叫格式如下：

```
struct
{
    成員清單
}變數名稱清單;
```

可以看出，這種方式沒有給出結構名稱，如定義變數 product1 和 product2：

```
struct
{
    char name[10];          /*產品名稱*/
    char shape[20];         /*產品名稱*/
    char color[10];         /*產品顏色*/
    char func[20];          /*產品功能*/
    int price;              /*產品價格*/
    char origin[20];        /*產品產地*/
}product1,product2;         /*定義結構變數*/
```

説明

1. 類型與變數是不同的。例如，只能對變數進行指定值操作，而不能對一個類型進行操作。這就像使用 int 類型定義變數 iInt，可以指定 iInt 的值，但是不能指定 int 的值。在編譯時，對類型是不分配記憶體空間的，只對變數分配空間。

2. 結構的成員也可以是結構類型的變數，例如：

```
struct date                              /*日期結構*/
{
    int year;                            /*年*/
    int month;                           /*月*/
    int day;                             /*日*/
};
struct student                           /*學生資訊結構*/
{
    int num;                             /*學生學號*/
    char name[20];                       /*學生姓名*/
    char gender;                         /*學生性別*/
    int age;                             /*學生年齡*/
    struct date birthday;                /*學生出生日期*/
}student1,student2;
```

以上程式宣告一個日期的結構類型，其中包括年、月、日；還宣告一個學生資訊的結構類型，並且定義兩個結構變數 student1 和 student2。在 struct student 結構類型中，可以看到有一個成員是表示學生的出生日期，使用的是 struct date 結構類型。

11.1.3　結構變數的存取

定義結構類型變數以後，便可以存取這個變數。但要注意的是，不能直接將一個結構變數做為一個整體進行輸入和輸出。例如，不能將 product1 和 product2 進行以下輸出：

```
printf("%s%s%s%d%s",product1);
printf("%s%s%s%d%s",product2);
```

要對結構變數進行指定值、存取或運算，實質上就是對結構成員進行操作。結構變數成員的一般格式如下：

結構變數名稱.成員名稱

在存取結構的成員時，可以在結構的變數名稱後面加上成員運算子"."和成員的名稱。例如：

```
product1.name="coffee table";
product1.price=1000;
student1.birthday.year=2011;
student1.birthday.month=11;
student1.birthday.day=21;
```

上面的指定敘述就是對 product1 結構變數中的成員 name 和 price 兩個變數進行指定操作。

如果成員本身又屬於一個結構類型，就要使用若干個成員運算子，一級一級地找到最低一級的成員，只能對最低一級的成員進行指定、存取以及運算操作。例如，對上面定義的 student1 變數中的出生日期進行指定：

結構變數的成員可以像普通變數一樣，進行各種運算。例如：

```
product2.price=product1.price+100;
product1.price++;
```

因為"."運算子的優先順序最高，所以 product1.price++是 product1.price 成員進行遞增運算，而不是先對 price 進行遞增運算。

還可以存取結構變數成員的位址，也可以存取結構變數的位址，例如：

```
scanf("%d",&product1.price);          /*輸入成員 price 的值*/
printff("%o",&product1);              /*輸出 product1 的起始位址*/
```

例 11.1　存取結構變數

```
#include <stdio.h>
struct product               /*宣告結構*/
{
   char   name[10];          /*產品的名稱*/
   char   shape[20];         /*形狀*/
   char   color[10];         /*顏色*/
   int price;                /*價格*/
   char origin[20];          /*產地*/
};
int main()
{
   struct product product1;                 /*定義結構變數*/
```

```
        printf("please enter product's name\n");      /*訊息提示*/
        scanf("%s",&product1.name);                    /*輸出結構成員*/
        printf("please enter product's shape\n");     /*訊息提示*/
        scanf("%s",&product1.shape);                   /*輸出結構成員*/
        printf("please enter product's color\n");     /*訊息提示*/
        scanf("%s",&product1.color);                   /*輸出結構成員*/
        printf("please enter product's price\n");     /*訊息提示*/
        scanf("%d",&product1.price);                   /*輸出結構成員*/
        printf("please enter product's origin\n");    /*訊息提示*/
        scanf("%s",&product1.origin);                  /*輸出結構成員*/
        printf("\n");
        printf("Name: %s\n",product1.name);            /*輸出成員變數*/
        printf("Shape: %s\n",product1.shape);
        printf("Color: %s\n",product1.color);
        printf("Price: %d\n",product1.price);
        printf("Origin: %s\n",product1.origin);
        return 0;
}
```

執行結果如下：

```
please enter product's name
Icebox
please enter product's shape
Streamline
please enter product's color
Black
please enter product's price
1500
please enter product's origin
Taiwan

Name: Icebox
Shape: Streamline
Color: Black
Price: 1500
Origin: Taiwan
```

說明

1. 在本例中宣告結構類型表示商品，然後定義結構變數，之後對變數中的成員進行指
   定操作，最後將結構變數中儲存的資訊輸出。

2. 先宣告結構變數類型用來表示商品的類型，在結構中定義有關的成員。

3. 在主函數 main 中，使用 struct product 定義結構變數 product1，然後根據輸出的訊息提示，輸入對應的結構成員資料。輸入結構時成員在 scanf 函數中，存取結構成員變數的位址&product1.origin。

4. 當所有資料都輸入完畢後，存取結構變數 product1 中的成員，使用 printf 函數將其輸出。

11.1.4 結構類型的初始化

結構類型與其他基本類型一樣，也可以在定義結構變數時指定初始值。例如：

```
struct student            /*學生結構*/
{
    char name[20];        /*姓名*/
    char gender;          /*性別*/
    int grade;            /*年級*/
} stu1={"Davis",'F',3};   /*定義變數並設定初始值*/
```

在初始化時要注意，定義的變數後面使用等號，然後將其初始化的值放在大括號中，並且每一個資料要與結構的成員清單的順序一樣。

例 11.2 結構類型的初始化

```
#include <stdio.h>
struct student            /*學生結構*/
{char name[20];           /*姓名*/
 char gender;             /*性別*/
 int grade;               /*年級*/
} stu1={"Davis",'M',3};   /*定義變數並設定初始值*/
int main()
{
    struct student stu2={"James",'M',3};   /*定義變數並設定初始值*/
    /*將第一個結構中的資料輸出*/
    printf("the stu1's information:\n");
    printf("Name: %s\n",stu1.name);
    printf("Gender: %c\n",stu1.gender);
    printf("Grade: %d\n",stu1.grade);      /*將第二個結構中的資料輸出*/
    printf("the stu2's information:\n");
    printf("Name: %s\n",stu2.name);
```

```
        printf("Gender: %c\n",stu2.gender);
        printf("Grade: %d\n",stu2.grade);
        return 0;
}
```

執行結果如下：

```
the stu1's information:
Name: Davis
Gender: M
Grade: 3
the stu2's information:
Name: James
Gender: M
Grade: 3
```

說明

1. 本例使用兩種初始化結構的方式，一種是在宣告結構及定義變數的同時進行初始化，另一種是在定義結構變數後進行初始化。

2. 從程式中可以看到，宣告結構時定義 stu1 並且對其進行初始化操作，將要指定的值放在後面的大括號中，每一個資料都與結構中的成員資料相對應。

3. 在 main 函數中，使用宣告的結構類型 struct student 定義變數 stu2，並且進行初始化的操作。

4. 最後將兩個結構變數中的成員輸出，並比較二者資料的區別。

11.2 → 結構陣列

　　當要定義 10 個整數類型變數時，前面介紹過可以將這 10 個變數定義成陣列的形式。結構變數中可以存放一組資料，例如：一個學生資訊包含姓名、性別和年級等。當需要定義 10 個學生的資料時，也可以使用陣列的形式，這時稱陣列為結構陣列。

　　結構陣列與之前介紹的陣列的區別就在於，陣列中的元素是根據要求定義的結構類型，而不是基本類型。

11.2.1　定義結構陣列

定義一個結構陣列的方式與定義結構變數的方法相同，只是結構變數換成陣列。定義結構陣列的一般格式如下：

```
struct    結構名稱
{
    成員清單 ;
} 陣列名稱;
```

例如，定義學生資訊的結構陣列，其中包含 5 個學生的資訊：

```
struct student                      /*學生結構*/
{
    charname[20];                   /*姓名*/
    int    num;                     /*學號*/
    char gender;                    /*性別*/
    int grade;                      /*年級*/
} stu[5];                           /*定義結構陣列*/
```

這種定義結構陣列的方式是宣告結構類型的同時定義結構陣列，可以看到結構陣列和結構變數的位置是相同的。

就像定義結構變數那樣，定義結構陣列也可以有不同的方式。例如，先宣告結構類型再定義結構陣列：

```
struct student    stu[5];           /*定義結構陣列*/
```

或者直接定義結構陣列：

```
struct                              /*學生結構*/
{
    char name[20];                  /*姓名*/
    int    num;                     /*學號*/
    char gender;                    /*性別*/
    int grade;                      /*年級*/
} stu[5];                           /*定義結構陣列*/
```

上面的程式都是定義一個陣列，其中的元素為 struct stu 類型的資料，每個資料中又有 4 個成員變數，如下圖所示。

	name	num	gender	grade
stu[0]	James	12011	M	3
stu[1]	Mary	12013	F	3
stu[2]	Wendy	12014	F	3
stu[3]	Alice	12015	F	3
stu[4]	Beck	12016	M	3

陣列中各資料在記憶體中的儲存是連續的，如圖 11-1 所示。

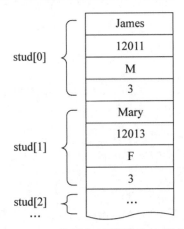

圖 11-1　資料在記憶體中的儲存

11.2.2　初始化結構陣列

與初始化基本類型的陣列相同，也可以對結構陣列進行初始化操作。初始化結構陣列的呼叫格式如下：

> **struct**　結構名稱
> {
> 　成員清單 ；
> } 陣列名稱={初始值清單 };

例如，對學生資訊結構陣列進行初始化操作：

```
struct student                          /*學生結構*/
{
    char name[20];                      /*姓名*/
    int   num;                          /*學號*/
    char gender;                        /*性別*/
    int grade;                          /*年級*/
```

```
} stu[5]={{"James",12011,'M',3},
        {"Mary",12013,'F',3},
        {"Wendy",12014,'F',3},
        {"Alice",12015,'F',3},
        {"Beck",12016,'M',3}};          /*定義陣列並設定初始值*/
```

對陣列進行初始化時，最外層的大括號表示所列出的是陣列中的元素。因為每一個元素都是結構類型，所以每一個元素也使用大括號，其中包含每一個結構元素的成員資料。

在定義陣列 stu 時，也可以不指定陣列中的元素個數，這時編譯器會根據陣列後面的初始值清單中的元素個數，來確定陣列中元素的個數。例如：

```
stu[]={…};
```

定義結構陣列時，可以先宣告結構類型，再定義結構陣列。同樣，對結構陣列進行初始化操作時，也可以使用同樣的方式，例如：

```
struct stu[5]={{"James",12011,'M',3},
            {"Mary",12013,'F',3},
            {"Wendy",12014,'F',3},
            {"Alice",12015,'F',3},
            {"Beck",12016,'M',3}};          /*定義陣列並設定初始值*/
```

例 11.3 初始化結構陣列，並輸出學生資訊。

```
#include <stdio.h>
struct student                  /*學生結構*/
{char name[20];                 /*姓名*/
 int    num;                    /*學號*/
 char gender;                   /*性別*/
 int grade;                     /*年級*/
 } stu[5]={{"James",12011,'M',3},
        {"Mary",12013,'F',3},
        {"Wendy",12014,'F',3},
        {"Alice",12015,'F',3},
        {"Beck",12016,'M',3}};          /*定義陣列並設定初始值*/
int main()
{
    int i;                      /*迴圈控制變數*/
    for(i=0;i<5;i++)            /*使用 for 進行 5 次迴圈*/
    {
```

```
            printf("No. %d student:\n",i+1);   /*首先輸出學生的名次*/
            /*使用變數 i 做下標，輸出陣列中的元素資料*/
            printf("Name: %s, Number: %d\n",stu[i].name,stu[i].num);
            printf("Gender: %c, Grade: %d\n",stu[i].gender,stu[i].grade);
            printf("\n");    /*跳列*/
        }
        return 0;
    }
```

執行結果如下：

```
No. 1 student:
Name: James, Number: 12011
Gender: M, Grade: 3

No. 2 student:
Name: Mary, Number: 12013
Gender: F, Grade: 3

No. 3 student:
Name: Wendy, Number: 12014
Gender: F, Grade: 3

No. 4 student:
Name: Alice, Number: 12015
Gender: F, Grade: 3

No. 5 student:
Name: Beck, Number: 12016
Gender: M, Grade: 3
```

說明

1. 在本例中，結構陣列透過初始化的方式儲存學生資訊。輸出查看學生的資訊，因為所查看的學生資訊是一樣的，因此可以使用迴圈操作。

2. 將所需要的學生資訊宣告為 struct student 結構類型，同時定義結構陣列 stu，並對其初始化資料。需要注意的是，資料的類型要與結構中的成員變數的類型相符合。

3. 定義的陣列包含 5 個元素，輸出時使用 for 敘述進行輸出操作。其中，定義變數 i 來控制迴圈操作。因為陣列的下標是從 0 開始的，所以對變數 i 指定值為 0。

4. 在 for 敘述中，先顯示每個學生的輸出次序，其中因為 i 的初值為 0，所以要加上 1。之後將陣列中的元素所表示的資料輸出，這時變數 i 做為陣列的下標，然後透過結構成員的存取得到正確的資料，最後將其輸出。

11.3 → 結構指標

一個指向變數的指標表示的是變數所佔記憶體的起始位址。如果一個指標指向結構變數，那麼該指標指向的是結構變數的起始位址。同樣，指標變數也可以指向結構陣列中的元素。

11.3.1 指向結構變數的指標

既然指標指向結構變數的位址，因此，可以使用指標來存取結構中的成員。定義結構指標的一般格式如下：

> 結構類型　*指標名稱

例如，定義一個指向 struct student 結構類型的 pstr 指標變數如下：

> **struct student *pstr;**

使用指向結構變數的指標存取成員有兩種方法，pstr 為指向結構變數的指標。

（一）使用點運算子存取結構成員

> **(*pstr).成員名稱**

結構變數可以使用點運算子(.)對其中的成員進行存取。*pstr 表示指向的結構變數，因此使用點運算子可以應用結構中的成員變數。

例如，pstr 指標指向 stu1 結構變數，存取其中的成員：

> **(*pstr).num=12011;**

例 11.4　透過指標使用點運算子存取結構變數的成員

```
#include <stdio.h>
int main()
{
    struct student                    /*學生結構*/
```

```
    {char name[20];               /*姓名*/
     int    num;                  /*學號*/
     char gender;                 /*性別*/
     int grade;                   /*年級*/
    }stu={"Carol",12012,'F',2};   /*對結構變數進行初始化*/
    struct student* pstr;         /*定義結構類型指標*/
    pstr=&stu;        /*指標指向結構變數*/
    printf("-----the student's information-----\n");
    printf("Name: %s\n",(*pstr).name);   /*使用指標存取變數中成員*/
    printf("Number: %d\n",(*pstr).num);
    printf("Gender: %c\n",(*pstr).gender);
    printf("Grade: %d\n",(*pstr).grade);
    return 0;
}
```

執行結果如下：

```
-----the student's information-----
Name: Carol
Number: 12012
Gender: F
Grade: 2
```

説明

1. 本例使用之前宣告過的學生結構。對結構定義變數初始化指定值，然後使用指標指向該結構變數，最後透過指標存取變數中的成員進行顯示。

2. 首先在程式中宣告結構類型，同時定義變數 stu，對變數進行初始化操作。

3. 定義結構指標變數 pstr，然後執行"pstr=&stu;"操作，使得指標指向 stu 變數。

4. 然後在 printf 函數中使用指向結構變數的指標存取成員變數，將學生的訊息輸出。

（二）使用指向運算子存取結構成員

```
    pstr->成員名稱;
```

例如，使用指向運算子(->)存取一個變數的成員：

```
    pstr->num=12012;
```

假如 stu 為結構變數，pstr 為指向結構變數的指標，可以看出以下 3 種格式的效果是同義的。

1. stu.成員名稱

2. (*pstr).成員名稱

3. pstr->成員名稱

注意

在使用"->"存取成員時，要注意分析以下情況：

1. pstr->grade，表示指向的結構變數中成員 grade 的值。

2. pstr->grade++，表示指向的結構變數中成員 grade 的值，使用後該值加 1。

3. ++pstr->grade，表示指向的結構變數中成員 grade 的值加 1，計算後再進行使用。

例 11.5 使用指向運算子存取結構對象成員

```c
#include <stdio.h>
#include <string.h>
struct student          /*學生結構*/
{
    char name[20];      /*姓名*/
    int   num;          /*學號*/
    char gender;        /*性別*/
    int grade;          /*年級*/
}stu;                   /*定義變數*/
int main()
{
    struct student* pstr;               /*定義結構類型指標*/
    pstr=&stu;                          /*指標指向結構變數*/
    strcpy(pstr->name,"Carol");         /*將字串常數複製到成員變數中*/
    pstr->num=12012;                    /*對成員變數指定值*/
    pstr->gender='F';
    pstr->grade=2;
    printf("-----the student's information-----\n");
    printf("Name: %s\n",stu.name);   /*使用變數直接輸出*/
    printf("Number: %d\n",stu.num);
    printf("Gender: %c\n",stu.gender);
    printf("Grade: %d\n",stu.grade);
    return 0;
}
```

執行結果如下：

```
-----the student's information-----
Name: Carol
Number: 12012
Gender: F
Grade: 2
```

> 說明

1. 在本例中，定義結構變數但不對其進行初始化操作，使用指標指向結構變數並為其成員進行指定值操作。

2. 在程式中使用 strcpy 函數將一個字串常數複製到成員變數中，使用該函數要在程式中引入標頭檔 string.h。

3. 可以看到在指定成員的值時，使用的是指向運算子存取的成員變數，在程式的最後使用結構變數和點運算子直接將成員的資料輸出。

11.3.2 指向結構陣列的指標

結構指標變數不但可以指向一個結構變數，還可以指向結構陣列，此時指標變數的值就是結構陣列的起始位址。

結構指標變數也可以直接指向結構陣列中的元素，這時指標變數的值就是該結構陣列元素的起始位址。例如，定義一個結構陣列 stu[5]，使用結構指標指向該陣列：

```
struct student* pstr;
pstr=stu;
```

因為陣列不使用下標時表示的是陣列的第一個元素的位址，所以指標指向陣列的起始位址。如果想利用指標指向第 3 個元素，則在陣列名稱後附加下標，然後在陣列名稱前使用位址運算子(&)，例如：

```
pstr=&stu[2];
```

> 例 11.6　使用結構指標變數指向結構陣列

```
#include <stdio.h>
struct student                    /*學生結構*/
{
    char name[20];                /*姓名*/
```

```
    int    num;                        /*學號*/
    char gender;                       /*性別*/
    int grade;                         /*年級*/
} stu[5]={{"James",12011,'M',3},
        {"Mary",12013,'F',3},
        {"Wendy",12014,'F',3},
        {"Alice",12015,'F',3},
        {"Beck",12016,'M',3}};   /*定義陣列並設定初始值*/
int main()
{
    struct student* pstr;
    int index;
    pstr=stu;
    for(index=0;index<5;index++,pstr++)
    {
        printf("No. %d student:\n",index+1);      /*輸出學生的名次*/
        /*使用變數 index 做下標，輸出陣列中的元素資料*/
        printf("Name: %s, Number: %d\n",pstr->name,pstr->num);
        printf("Gender: %c, Grade: %d\n",pstr->gender,pstr->grade);
        printf("\n");                    /*跳列*/
    }
    return 0;
}
```

執行結果如下：

```
No. 1 student:
Name: James, Number: 12011
Gender: M, Grade: 3

No. 2 student:
Name: Mary, Number: 12013
Gender: F, Grade: 3

No. 3 student:
Name: Wendy, Number: 12014
Gender: F, Grade: 3

No. 4 student:
Name: Alice, Number: 12015
Gender: F, Grade: 3

No. 5 student:
```

```
Name: Beck, Number: 12016
Gender: M, Grade: 3
```

> **說明**

1. 在本例中,使用之前宣告的學生結構類型定義結構陣列,並對其進行初始化操作。透過指向該陣列的指標,將其中元素的資料輸出顯示。

2. 在程式中定義一個結構陣列 stu[5],定義結構指標變數 pstr 指向該陣列的起始位址。

3. 使用 for 敘述,對陣列元素進行迴圈操作。在迴圈敘述區段中,pstr 剛開始是指向陣列的起始位址,也就是第一個元素的位址,因此使用 pstr->存取的是第一個元素中的成員。使用輸出函數顯示成員變數表示的資料。

4. 當一次迴圈敘述結束之後,迴圈變數進行遞增操作,同時 pstr 也執行遞增運算。需要注意的是,pstr++表示 pstr 的增加值為一個陣列元素的大小,也就是說 pstr++表示的是陣列元素中的第二個元素 stu[1]。

11.3.3 結構做為函數參數

函數是有參數的,可以將結構變數的值做為一個函數的參數。使用結構做為函數的參數有 3 種形式:使用結構變數做為函數參數、使用指向結構變數的指標做為函數參數以及使用結構變數的成員做為函數參數。

(一)使用結構變數做為函數參數

使用結構變數做為函數的實際參數時,採取的是「以值傳遞」方式,即會將結構變數所佔記憶體空間的內容全部依序傳遞給形式參數,形式參數也必須是同類型的結構變數。例如:

> **void display(struct student stu);**

在形式參數的位置使用結構變數,但是函數呼叫期間,形式參數也要佔用記憶體空間。這種傳遞方式在空間和時間上開銷(cost)都比較大。

另外,根據函數參數傳值方式,如果在函數內部修改了變數中成員的值,則改變的值不會傳回到主呼叫函數中。

例 11.7　使用結構變數做為函數參數

```
#include <stdio.h>
#include <stdlib.h>
struct student                        /*學生結構*/
{
    char name[20];                    /*姓名*/
    float score[3];                   /*分數*/
}stu={"Carol",98,89,93};              /*定義變數*/
void display(struct student stu)      /*形式參數為結構變數*/
{
    printf("-----Information-----\n");
    printf("Name: %s\n",stu.name);        /*存取結構成員*/
    printf("物理: %.2f\n",stu.score[0]);
    printf("數學: %.2f\n",stu.score[1]);
    printf("英文: %.2f\n",stu.score[2]);  /*計算平均分數*/
    printf("平均分數:  %.2f\n",(stu.score[0]+stu.score[1]+\
            stu.score[2])/3);
}
int main()
{
    display(stu);            /*呼叫函數，結構變數做為實際參數進行傳遞*/
    return 0;
}
```

執行結果如下：

```
-----Information-----
Name: Carol
物理: 98.00
數學: 89.00
英文: 93.00
平均分數: 93.33
```

說明

1. 在本例中，宣告一個簡單的結構類型表示學生成績，編寫一個函數，使得該結構類型變數做為函數的參數。

2. 在程式中宣告一個簡單的結構表示學生成績的資訊，在這個結構中定義一個字元陣列名稱，還定義一個實數類型陣列表示 3 門課的分數。在宣告結構的最後同時定義變數，並進行初始化。

3. 之後定義一個 display 函數，其中使用結構變數做為函數的形式參數。在函數主體中，使用參數 stu 存取結構中的成員，輸出學生的姓名和 3 門課的成績，並在最後透過運算式計算出平均成績。

4. 在主函數 main 中，使用 stu 結構變數做為參數，呼叫 display 函數。

（二）使用指向結構變數的指標做為函數參數

在使用結構變數做為函數的參數時，在傳值的過程中空間和時間的開銷比較大。有一種更好的傳遞方式，就是使用結構變數的指標做為函數的參數進行傳遞。

在傳遞結構變數的指標時，只是傳遞結構變數的起始位址，並沒有將變數的副本進行傳遞。例如，宣告一個傳遞結構變數指標的函數如下：

> **void display(struct student* stu)**

這樣使用形式參數 stu 指標就可以存取結構變數中的成員。要注意的是，因為傳遞的是變數的位址，如果在函數中改變成員中的資料，那麼傳回主呼叫函數時變數會發生改變。

例 11.8 使用結構變數指標做為函數參數

```
#include<stdio.h>
struct student                  /*學生結構*/
{
    char name[20];              /*姓名*/
    float score[3];             /*分數*/
}stu={"Carol",98,89,93};        /*定義變數*/
void display(struct student* stu) /*形式參數為結構變數的指標*/
{
    printf("-----Information-----\n");
     /*使用指標存取結構變數中的成員*/
    printf("Name: %s\n",stu->name);

    printf("英文分數: %.2f\n",stu->score[2]);   /*輸出英文的分數*/
    stu->score[2]=90.0f;   /*更改成員變數的值*/
}
int main()
{
    struct student* pstr=&stu;              /*定義結構變數指標*/
    display(pstr);              /*呼叫函數，結構變數做為實際參數進行傳遞*/
```

```
        printf("更動後英文分數: %.2f\n",pstr->score[2]);   /*輸出成員的值*/
        return 0;
    }
```

執行結果如下：

```
-----Information-----
Name: Carol
英文分數: 93.00
更動後英文分數: 90.00
```

說明

1. 本例對例 11.7 做了一點小更動，其中使用結構變數的指標做為函數的參數，並且在函數中更改結構成員的資料。透過前後兩次的輸出，比較二者的區別。

2. 在本例中，函數的參數是結構變數的指標，因此在函數主體中要透過使用指向運算子"->"存取成員的資料。為了簡化操作，只將英文成績進行輸出，並且最後更改成員的資料。

3. 在主函數 main 中，先定義結構變數指標，並將結構變數的位址傳遞給指標，將指標做為函數的參數進行傳遞。函數呼叫完畢後，再顯示一次變數中的成員資料。透過輸出結果可以看到，在函數中透過指標改變成員的值，在傳回主呼叫函數的值發生變化。

（三）使用結構變數的成員做為函數參數

使用這種方式為函數傳遞參數與普通的變數做為實際參數是一樣的，是傳值方式傳遞。例如：

display(student.score[0]);

要注意的是：傳值時，實際參數與形式參數的類型需一致。

11.4 包含結構的結構

在介紹有關結構變數的定義時提及：結構中的成員不僅可以是基本類型，也可以是結構類型。

例如，定義一個學生資訊結構類型，其中的成員包括姓名、學號、性別、出生日期。其中，成員出生日期又屬於一個結構類型，因為出生日期包括年、月、日 3 個成員。這樣，學生資訊結構類型就是包含結構的結構。

例 **11.9** 包含結構的結構

```
#include <stdio.h>
struct date                               /*時間結構*/
{
    int year;                             /*年*/
    int month;                            /*月*/
    int day;                              /*日*/
};
struct stu                                /*學生資訊結構*/
{
    char name[30];                        /*姓名*/
    int num;                              /*學號*/
    char gender;                          /*性別*/
    struct date birthday;                 /*出生日期*/
}stu={"Carol",12012,'F',{2004,11,16}};    /*結構變數初始化*/
int main()
{
    printf("-----Information-----\n");
    printf("Name: %s\n",stu.name);        /*輸出結構成員*/
    printf("Number: %d\n",stu.num);
    printf("Gender: %c\n",stu.gender);
    printf("Birthday: %d,%d,%d\n",stu.birthday.year,
    stu.birthday.month,stu.birthday.day); /*將成員結構資料輸出*/
    return 0;
}
```

執行結果如下：

```
-----Information-----
Name: Carol
Number: 12012
Gender: F
Birthday: 2004,11,16
```

說明

1. 在本例中，定義兩個結構類型，一個表示日期，一個表示學生的個人資訊。其中，日期結構是個人資訊結構中的成員。透過使用個人資訊結構類型表示學生的基本資訊內容。

2. 程式中在初始化包含結構的結構 sruct stu 類型時要注意，因為出生日期是結構，所以要使用大括號將指定值的資料包含在內。

3. 在存取成員結構變數的成員時，例如，stu.birthday.year、stu.birthday 表示存取 stu 變數中的成員 birthday，因此 stu.birthday.year 表示 stu 變數中結構變數 birthday 的成員 year 變數的值。

11.5　聯 合

聯合(union)看起來很像結構，只不過關鍵字由 struct 變成 union。聯合和結構的區別在於：結構係定義一個由多個資料成員組成的特殊類型，而聯合是定義一塊為所有資料成員共用的記憶體。

11.5.1　聯合的概念

聯合也稱為共用，它使幾種不同類型的變數存放到同一段記憶體中。所以聯合在同一時刻只能有一個值，它屬於某一個資料成員。由於所有成員位於同一塊記憶體，因此聯合的大小就等於最大成員的大小。

定義聯合的類型變數的一般格式如下：

```
union    聯合名稱
{
    成員清單 ;
} 變數清單;                 /* 最後的分號不可少 */
```

例如，下面的程式定義一個聯合，包括的資料成員有整數類型、字元類型和實數類型：

```
union dataunion
{
    int i;
    char c;
    float f;
}variable;
```

其中，variable 為定義的聯合變數，而 union dataunion 是聯合類型。還可以像結構那樣，將類型的宣告和變數定義分開：

```
union dataunion variable;
```

可以看到，聯合定義變數的方式與結構定義變數的方式很相似。要注意的是，結構變數的大小是其所包括的所有資料成員大小的總和，其中每個成員分別佔有自己的記憶體；而聯合的大小是所包含資料成員中最大記憶體長度的大小。例如，上面定義的聯合變數 variable 的大小就與 float 類型的大小相等。

11.5.2 聯合變數的存取

聯合變數定義完成後，就可以存取其中的成員資料。存取的呼叫格式如下：

聯合變數.成員名稱 ；

例如，存取前面定義的 variable 變數中的成員資料的方法：

```
variable.i;
variable.c;
variable.f;
```

注意：不可以直接存取聯合變數，例如，printf("%d",variable); 。

例 **11.10** 使用聯合變數

```
#include<stdio.h>
union dataunion                /*宣告聯合類型*/
{                              /*成員變數*/
    int i;
    char c;
};
int main()
{
    union dataunion uni        /*定義聯合變數*/
    uni.i=97;                  /*指定聯合變數中成員的值*/
    printf("int: %d\n",uni.i); /*輸出成員變數資料*/
    printf("char: %c\n",uni.c);
    uni.c='A';                 /*改變成員的資料*/
    printf("int: %d\n",uni.i)  /*輸出成員變數資料*/
    printf("char: %c\n",uni.c);
    return 0;
}
```

執行結果如下：

```
int: 97
char: a
```

```
int: 65
char: A
```

說明

1. 在本例中定義聯合變數，透過定義的顯示函數，存取聯合中的資料成員。

2. 在程式中改變聯合的一個成員，其他成員也會隨之改變。當指定某個特定成員的值時，其他成員的值也會有一致的含義，這是因為它們的值的每一個二進制位元都被新值所覆蓋。

11.5.3 聯合變數的初始化

在定義聯合變數時，可以同時對變數進行初始化操作。初始化的值放在一對大括號中。

對聯合變數初始化時，只需要一個初始值就足夠，其類型必須和聯合的第一個成員的類型一致。

例 11.11 聯合變數的初始化

```c
#include <stdio.h>
union dataunion                  /*宣告聯合類型*/
{                                /*成員變數*/
    int i;
    char c;
};
int main()
{
    union dataunion uni={97};    /*定義聯合變數，並初始化*/
    printf("int: %d\n",uni.i);   /*輸出成員變數資料*/
    printf("char: %c\n",uni.c);
    return 0;
}
```

執行結果如下：

```
int: 97
char: a
```

說明

1. 在本例中，在定義聯合變數的同時初始化，並將存取變數的值輸出。

2. 如果聯合的第一個成員是一個結構類型，則初始化值中可以包含多個用於初始化該結構的運算式。

11.5.4　聯合類型的資料特點

在使用聯合類型時，需要注意以下特點：

1. 同一記憶體區段可以用來存放幾種不同類型的成員，但是每次只能存放其中一種，而不能同時存放所有的類型。也就是說在聯合中，只有一個成員作用，其他成員都不作用。

2. 聯合變數中發生作用的成員是最後一次存放的成員。在存入一個新的成員後，原有的成員就失去作用。

3. 聯合變數的位址和它的各成員的位址是一樣的。

4. 不能對聯合變數名稱指定值，也不能存取變數名稱來得到一個值。

11.6 → 列舉類型

使用關鍵字 enum 可以宣告列舉類型(Enumeration type)，這也是一種資料類型。使用該類型可以定義列舉類型變數，一個列舉變數包含一組相關的識別字，其中每個識別字都對應一個整數值，稱為「列舉常數」。

例如，定義一個列舉類型變數，其中每個識別字都對應一個整數值：

```
enum colors(red,green,blue);
```

colors 就是定義的列舉類型變數，在括號中的第一個識別字對應數值 0，第二個對應 1，依此類推。

在定義列舉類型的變數時，可以指定某個特定識別字的對應整數值，緊跟其後的識別字對應的值依次加 1。例如：

```
enum colors(red=1,green,blue);
```

這樣的話，red 的值為 1，green 為 2，blue 為 3。

例 **11.12** 使用列舉類型

```c
#include<stdio.h>
enum colors{red=1,blue,green} color; /*定義列舉變數，並初始化*/
int main()
{
    int icolor;                      /*定義整數變數*/
    scanf("%d",&icolor);             /*輸入資料*/
    switch(icolor)                   /*判斷 icolor 值*/
    {
        case red:                    /*列舉常數，red 表示 1*/
        printf("the choice is red\n");
        break;
        case blue:                   /*列舉常數，blue 表示 2*/
        printf("the choice is blue\n");
        break;
        case green:                  /*列舉常數，green 表示 3*/
        printf("the choice is green\n");
        break;
        default:
        printf("???\n");
        break;
    }
    return 0;
}
```

執行結果如下：

```
3
the choice is green
```

說明

1. 在本例中，透過定義列舉類型觀察其使用方式，其中每個列舉常數在宣告的作用範圍內都可以視為一個新的資料類型。

2. 在程式中首先定義一個列舉變數。在初始化時，將第一個列舉常數(red)值指定為 1，之後的列舉常數就會依次加 1。透過 switch 敘述判斷輸入的資料與這些識別字是否符合，然後執行 case 敘述中的操作。

 **習題** | EXERCISE

一、選擇題

1. C 語言結構資料類型變數在程式執行期間　(A)所有成員一直駐留在主記憶體中　(B)只有一個成員駐留在主記憶體中　(C)部分成員駐留在主記憶體中　(D)沒有成員駐留在主記憶體中

2. 當宣告一個結構變數時，系統分配給它的主記憶體是　(A)各成員所需主記憶體空間的總和　(B)結構中第一個成員所需主記憶體空間　(C)成員中佔主記憶體空間最大者所需的容量　(D)結構中最後一個成員所需主記憶體空間

3. 設有以下宣告敘述

　　　　struct stu
　　　　{int a;
　　　　 float b;
　　　　}stutype;

則下列的敘述不正確的是　(A) struct 是結構資料類型的關鍵字　(B) struct stu 是使用者定義的結構資料類型　(C) stutype 是使用者定義的結構資料類型名稱　(D) a 和 b 都是結構成員名稱

4. 若有如下定義：

　　　　struct data
　　　　{int i;
　　　　 char ch;
　　　　 double f;
　　　　}stu;

則結構變數 stu 佔用主記憶體的 byte 數是　(A) 1　(B) 2　(C) 8　(D) 16

5. 當宣告一個聯合變數時，系統分配給它的主記憶體是　(A)各成員所需主記憶體空間的總和　(B)結構中第一個成員所需主記憶體空間　(C)成員中佔主記憶體空間最大者所需的容量　(D)結構中最後一個成員所需主記憶體空間

6. 以下對 C 語言中聯合資料類型資料的敘述正確的是　(A)可以對聯合變數名稱直接指定值　(B)一個聯合變數中可以同時存放其所有成員　(C)一個聯合變數中不能同時存放其所有成員　(D)聯合資料類型定義中不能出現結構資料類型的成員

7. 設有以下宣告，則下列不正確的敘述是　(A) ud 所佔的主記憶體長度等於成員 f 的長度　(B) ud 的位址和它的各成員位址都是同一位址　(C) ud 可以做為函數參數　(D)不能對 ud 指定值，但可以在定義 ud 時對它初始化

```
union data
{int i;
  char c;
  float f;
}ud;
```

8. C 語言聯合資料類型變數在程式執行期間　(A)所有成員一直駐留在主記憶體中　(B)只有一個成員駐留在主記憶體中　(C)部分成員駐留在主記憶體中　(D)沒有成員駐留在主記憶體中

9. 下列程式的執行結果為　(A) 6　(B) 8　(C) 10　(D) 12

```
#include <stdio.h>
int main()
{
    struct date
    {int year, month, day;
    }today;
    printf("%d\n", sizeof(struct date));
    return 0;
}
```

10. 下列程式的執行結果為　(A) 6　(B) 8　(C) 10　(D) 12

```
#include <stdio.h>
int main()
{
    struct date
    {int year, month, day;
    }today;
    printf("%d\n", sizeof(today));
    return 0;
}
```

11. 下列程式的執行結果為　(A) 1　(B) 3　(C) 5　(D) 7

```
#include <stdio.h>
int main()
{
    struct test
    {int x;
     int y;
    }num[2]={1,3,5,7};
    printf("%d\n", num[1].x);
    return 0;
}
```

12. 下列程式的執行結果為　(A) 0　(B) 1　(C) 3　(D) 6

```
#include <stdio.h>
int main()
{
    struct testx
    {int x;
     int y;
    }cn[2]={1,3,2,7};
    printf("%d\n", cn[0].y/cn[0].x*cn[1].x);
    return 0;
}
```

13. 以下 scanf 函數對結構變數成員的呼叫敘述，何者不正確？

(A) scanf("%s",pup[0].name);　　(B) scanf("%d",&pup[0].age);

(C) scanf("%d",&(p->gender));　　(D) scanf("%d",p->age);

```
struct pupil
{char name[20];
 int age;
 int gender;
}pup[5],*p;
p=pup;
```

14. 有以下定義和敘述，則以下存取形式不合法的是　(A) ptr->i1++　(B) *ptr->i2

(C) ++ptr->i0　(D) *ptr->i1

```
struct stu
{int i1;
 struct stu *i2,*i0;
};
static struct stu a[3]={2,&a[1],'\0',4,&a[2],&a[0],6,'\0',&a[1]},*ptr;
ptr=a;
```

15. 設有如下定義：

```
struct sk
{int n;
 float x;
}data,*p;
```

若要使 P 指向 data 中的 n，正確的指定敘述是　(A) p=&data.n;　(B) *p=data.n;

(C) p=(struct sk*)&data.n;　(D) p=(struct sk*)data.n;

16. 若有以下宣告和敘述：

```
struct stu
{int age;
 int num;
}std,*p;
p=&std;
```

下列何者對結構變數 std 中成員 age 的存取方式不正確？　(A) std.age　(B) p->age　(C) (*p).age　(D) *p.age

17. 若有下列程式片段：

```
struct dent
{int n;
 int *m;
};
int a=1,b=2,c=3;
struct dent s[3]={{101,&a},{102,&b},{103,&c}};
int main()
{
    struct dent *p;
    p=s;
    printf("%d\n", *(++p)->m);
    return 0;
}
```

程式的執行結果為　(A) 1　(B) 2　(C) 3　(D) 6

18. 若有以下宣告和敘述，則對 pup 中 gender 的正確存取方式是　(A) p.pup.gender　(B) p->pup.gender　(C) (*p).pup.gender　(D) (*p).gender

```
struct pupil
{char name[20];
 int gender;
}pup,*p;
p=&pup;
```

19. 設有以下敘述：

```
struct st
{int n;
 struct st *next;
};
static struct st a[3]={5,&a[1],7,&a[2],9,'\0'},*p;
p=&a[0];
```

則運算式 ++p->n 的值為　(A) 5　(B) 6　(C) 7　(D) 9

20. 下列程式片段的輸出結果為 (A) 10,20,20 (B) 50,60,21 (C) 51,60,21 (D) 60,70,31。

```
struct stu
{int x;
 int *y;
} *p;
int dt[4]={10,20,30,40};
struct stu a[4]={50,&dt[0],60,&dt[1],70,&dt[2],80,&dt[3]};
int main()
{
    p=a;
    printf("%d,",++p->x);
    printf("%d,",(++p)->x);
    printf("%d\n",++(*p->y));
    return 0;
}
```

21. 下列程式的執行結果為 (A) 2 (B) 4 (C) 6 (D) 8

```
#include <stdio.h>
int main()
{union
    {long a;
     int b;
     char c;
    }m;
    printf("%d\n", sizeof(m));
    return 0;
}
```

22. 下列程式的執行結果為 (A) 2 (B) 4 (C) 6 (D) 8

```
#include <stdio.h>
int main()
{union
    {double a;
     int b;
     char c;
    }m;
    printf("%d\n", sizeof(m));
    return 0;
}
```

二、填空題

1. 下列程式的執行結果為_____。

```c
#include <stdio.h>
int main()
{struct stu
    {char name[9];
     int age;};
    struct stu class[10]={"John",17,"Paul",19,"Mary",18};
    printf("%c\n",class[2].name[0]);
    return 0;
}
```

2. 下列程式的執行結果為_____。

```c
#include <stdio.h>
struct stu
{char name[9];
 int age;};
struct stu class[10]={"John",17,"Paul",19,"Mary",18,"Adam",16};
int main( )
{
    printf("%c\n", class[3].name);
    return 0;
}
```

3. 下列程式的執行結果為_____。

```c
#include <stdio.h>
struct stu
{char name[8];
 int age;};
struct stu class[5]={"John",16,"Paul",17,"Mary",18};
int main( )
{
    printf("%s\n", class[0].name);
    return 0;
}
```

4. 下列程式的執行結果為_____。

```c
#include <stdio.h>
struct stu
{char name[8];
 int age;};
struct stu class[5]={"John",16,"Paul",17,"Mary",18};
```

```
int main( )
{
    printf("%d\n", class[2].age);
    return 0;
}
```

5. 下列程式的執行結果為_____。

```
#include <stdio.h>
struct stu
{char name[8];
 int age;};
struct stu class[5]={"John",16,"Paul",17,"Mary",18};
int main( )
{
    printf("%c\n", class[2].name[1]);
    return 0;
}
```

6. 下列程式的執行結果為_____。

```
#include <stdio.h>
int main()
{
    struct test
    {int x;
     int y;
    }num[2]={1,3,5,7};
    printf("%d\n", num[1].y);
    return 0;
}
```

7. 下列程式的執行結果為_____。

```
#include <stdio.h>
int main()
{
    struct test
    {int x;
     int y;
    }num[2]={1,3,5,7};
    printf("%d\n", num[0].x);
    return 0;
}
```

8. 下列程式的執行結果為_____。

```c
#include <stdio.h>
int main( )
{
    struct test
    {int x;
     int y;
    }num[2]={1,3,5,7};
    printf("%d\n", num[0].y/num[0].x*num[1].x);
    return 0;
}
```

9. 下列程式的執行結果為_____。

```c
#include <stdio.h>
int main( )
{
    struct test
    {int x;
     int y;
    }num[2]={2,4,6,8};
    printf("%d\n", num[1].x/num[0].y*num[1].x);
    return 0;
}
```

10. 下列程式的執行結果為_____。

```c
#include <stdio.h>
int main( )
{
    struct test
    {int x;
     int y;
    }num={1,3,5,7};
    printf("%d\n", num.y/num.x*num.x);
    return 0;
}
```

11. 下列程式片段的執行結果為_____。

```c
struct stu
{int num;
 int age;
};
struct stu stu[3]={{11201,20},{11202,19},{11203,21}};
```

```
int main()
{
    struct stu *p;
    p=stu;
    printf("%d\n", (p++)->num);
    return 0;
}
```

12. 下列程式片段的執行結果為_____。

```
struct stu
{int num;
 int age;
};
struct stu stu[3]={{11201,20},{11202,19},{11203,21}};
int main()
{
    struct stu *p;
    p=stu;
    printf("%d\n", (*p).age);
    return 0;
}
```

13. 下列程式的執行結果為_____。

```
#include <stdio.h>
struct n
{int x;
 char c;};
int main()
{
    struct n a={10,'x'};
    func(a);
    printf("%d,%c",a.x,a.c);
    return 0;
}
func(struct n b)
{b.x=20;
 b.c='y';
}
```

14. 下列程式的執行結果為_____。

```
#include <stdio.h>
int main()
```

```
    {
        struct test2
        {struct
            {int x;
             int y;
            }in;
         int a;
         int b;}e;
        e.a=1;e.b=2;
        e.in.x=e.a*e.b;
        e.in.y=e.a+e.b;
        printf("%d,%d\n", e.in.x, e.in.y);
        return 0;
    }
```

15. 下列程式的執行結果為＿＿＿＿＿＿。

```
        #include <stdio.h>
        struct test3
        {double i;
         char arr[20];};
        int main()
        {
            struct test3 bt;
            printf("%d\n",sizeof(bt));
            return 0;
        }
```

16. 下列程式片段的執行結果為＿＿＿＿＿＿。

```
        int main()
        {
            static struct test4
            {char x[4],*s;
            }test4={"abc","def"};
            static struct s2
            {char *test;
             struct test4 stest4;}s2={"ghi",{"jkl","mno"}};
            printf("%c,%c\n",test4.x[0],*test4.s);
            printf("%s,%s\n",test4.x,test4.s);
            printf("%s,%s\n",s2.test,s2.stest4.s);
            printf("%s,%s\n",++s2.test,++s2.stest4.s);
            return 0;
        }
```

17. 下列程式片段的執行結果為_____。

```
struct test
{int a;
 int *b;}s[4],*p;
int main()
{
    int n=1,i;
    for(i=0;i<4;i++)
    {
        s[i].a=n;
        s[i].b=&s[i].a;
        n=n+2;
    }
    p=&s[0];
    p++;
    printf("%d,%d\n",(++p)->a,(p++)->a);
    return 0;
}
```

18. 下列程式片段的執行結果為_____。

```
struct stu
{int a;
 float b;
 char *c;};
int main()
{
    static struct stu x={19,83.5,"Mary"};
    struct stu *px=&x;
    printf("%d%.1f%s\n",x.a,x.b,x.c);
    printf("%d%.1f%s\n",px->a,(*px).b,px->c);
    printf("%d%s\n",*px->c-1,&px->c[1]);
    return 0;
}
```

19. 若有如下定義：

```
union data
{int i;
 char ch;
 double f;}a;
```

則聯合變數 a 佔用主記憶體的 byte 數是_____。

20. 下列程式片段的執行結果為＿＿＿＿。

```c
#include <stdio.h>
int main()
{union
        {double a;
         int b;
         char c;}um;
    printf("%d\n", sizeof(um));
    return 0;
}
```

21. 下列程式的執行結果為＿＿＿＿。

```c
#include <stdio.h>
int main()
{union
        {int a[2];
         long b;
         char c[4];}us;
    us.a[0]=0x39;
    us.a[1]=0x38;
    printf("%lx,", us.b);
    printf("%c\n", us.c[0]);
    return 0;
}
```

22. 下列程式片段的執行結果為＿＿＿＿。

```c
#include <stdio.h>
int main()
{
    int i;
    union
    {int a, b;
     unsigned char c;}um;
    um.b=0x123;
    printf("%x, %x\n",um.a,um.c);
    return 0;
}
```

23. 下列程式的執行結果為＿＿＿＿。

```c
#include <stdio.h>
union um
{int i;
```

```
   char ch[2];}up;
int main()
{
    up.ch[0]=13;
    up.ch[1]=0;
    printf("%d\n",up.i);
    return 0;
}
```

24. 下列程式片段的執行結果為_____。

```
typedef union
{long a[2];
 int b[4];
 char c[8];}TEST;
TEST good;
int main()
{
    printf("%d\n",sizeof(good));
    return 0;
}
```

25. 下列程式片段的執行結果為_____。

```
int main()
{struct test2
        {
            union
            {int x;
            int y;}more;
            int a;
            int b;}e;
    e.a=1; e.b=2;
    e.more.x=e.a*e.b;
    e.more.y=e.a+e.b;
    printf("%d,%d",e.more.x,e.more.y);
    return 0;
}
```

26. 下列程式片段的執行結果為_____。

```
union test
{int a;
 int b;};
union test s[4];
```

```
            union test *p;
            int main()
            {
                int n=1,i;
                for(i=0;i<4;i++)
                {
                    s[i].a=n;
                    s[i].b=s[i].a+1;
                    n=n+2;
                }
                p=&s[9];
                printf("%d,",p->a);
                printf("%d",++p->a);
                return 0;
            }
```

27. 下列程式片段的執行結果為_____。

```
            int main()
            {union test2
                {struct
                        {int x;
                         int y;
                        }um;
                    int a;
                    int b;
                }e;
                e.a=1;
                e.b=2;
                e.um.x=e.a*e.b;
                e.um.y=e.a+e.b;
                printf("%d%d",e.um.x,e.um.y);
                return 0;
            }
```

28. 下列程式的執行結果為_____。

```
            #include <stdio.h>
            struct test
            {char low;
             char high;};
            union u
            {struct test byte;
             int word;}uu;
```

```
int main()
{
    uu.word=0x1234;
    printf("Word value: %04x\n",uu.word);
    printf("High value: %02x\n",uu.byte.high);
    printf("Low value: %02x\n",uu.byte.low);
    uu.byte.low=0xff;
    printf("Word value: %04x\n",uu.word);
    return 0;
}
```

29. 下列程式的執行結果為_____。
```
enum coin{penny,nickel,dime,quarter,dollar};
char*name[]={"penny","nickel","dime","quarter","dollar"};
int main()
{
    enum coin money1,money2;
    money1=dime;
    money2=dollar;
    printf("%d %d\n",money1,money2);
    printf("%s %s\n",name[(int)money1],name[(int)money2]);
    return 0;
}
```

30. 下列程式片段的輸出結果為_____。
```
typedef int INT;
int main()
{
    INT a,b;
    a=5;
    b=6;
    printf("a=%d\tb=%d\n",a,b);
    float INT;
    INT=3.0;
    printf("2*INT= %.2f\n",2*INT);
    return 0;
}
```

三、程式設計題

1. 編寫程式輸入某人的姓名、性別和年齡，然後再予以輸出。

2. 編寫程式輸入 3 名學生的學號、數學成績和程式設計成績，然後再予以輸出。

3. 編寫程式輸入 5 名學生的學號、數學的期中考成績和期末考成績，然後輸出學號和數學平均成績。

4. 編寫程式輸出十二個月名稱及每個月的天數。

5. 假設有三人的姓名和年齡存在結構陣列中：張三 16 歲、李四 18 歲、王五 17 歲，編寫程式輸出 3 人中最年輕的姓名和年齡。

6. 編寫程式計算如下所示結構的大小。

```
struct psrec
{int i;
 char arr[20];
};
```

7. 使用結構指標輸入一名學生的學號、數學成績和程式設計成績，然後再加以輸出。

8. 使用靜態結構輸出 3 名學生的學號、數學成績和程式設計成績

9. 設計一個候選人的選票程式。假設有 3 位候選人，每一次輸入要選擇候選人的姓名，最後輸出每個人的得票結果。

10. 設計一個程式，可以存放學校中所有人員（包括學生和老師）的資料。學生的資料包括身分、姓名、編號、性別和班級；老師的資料包括身分、姓名、編號、性別和職稱。

    提示：由於老師和學生兩者資料中只有一項是不相同的，所以可以使用聯合，這樣設計一個結構類型就可以滿足設計要求。

11. 編寫程式將 4 名學生的排名、姓名以及平均分數放在一個結構陣列中，然後按學生姓名查詢其排名和平均分數。查詢可連續進行，直到輸入 0 時結束。

12. 編寫程式將 10 名學生的學號、姓名、四項成績以及平均分數放在一個結構陣列中，學生的學號、姓名和四項成績由鍵盤輸入，然後計算出平均分數放在結構對應的欄位中，然後輸出 10 名學生的資訊。

13. 編寫程式來統計學生成績。其功能包括輸入學生姓名和成績，按成績由高到低排列輸出，前 70% 的學生為及格(pass)，而後 30% 的學生為不及格(fail)。

14. 編寫程式輸入若干員工的姓名及其電話號碼（八位數字），以字元#結束輸入。然後輸入姓名，尋找該員工的電話號碼。資料從 s[1]開始存放。

前置處理

前置處理(preprocessing)是 C 語言特有的功能。前置處理係指原始程式在編譯之前，先經前置處理器(preprocessor)進行程式碼的修改，然後才交由編譯器進行真正的編譯動作，最後得到編譯好的目的檔（可執行檔）。前置處理指令(Preprocessor directives)以"#"開頭，是在編譯之前就需要處理的指令。C 語言提供巨集定義(Macro definition)、檔案引入(File inclusion)和條件編譯(Conditional compilation)三種前置處理指令，它們可以出現在程式的任何地方。前置處理指令的使用便於程式的修改、閱讀、移植和除錯，也便於實現模組化程式設計。

本章主要講解巨集定義、檔案引入、條件編譯等三種前置處理指令的內容。巨集定義是用一個識別字來表示一個字串，在巨集呼叫中使用該字串替換巨集名稱。檔案引入是前置處理的一個重要功能，可用於將多個檔案連接成一個檔案進行編譯，並產生一個目的檔。條件編譯允許只編譯程式中滿足條件的程式區段，從而減少記憶體的成本，並提高程式的效率。

12.1 巨集定義

巨集(macro)名稱是用來代表一個常數、運算式或格式字串的識別字。其後所出現的相同識別字是一個巨集呼叫，每呼叫一次便被展開成所定義的一段字串，用來取代此一呼叫。巨集定義(Macro definition)提供一種可以替換程式中字串的機制，它是使用前置處理指令 #define 實現的。巨集定義分為帶參數和不帶參數兩種形式，下面分別介紹。

12.1.1 不帶參數的巨集定義

不帶參數的巨集定義一般形式如下：

#define　巨集名稱　字串

其中，# 表示這是一條前置處理指令；巨集名稱是一個識別字，必須符合 C 語言識別字的規定；字串可以是常數、運算式或格式字串等。例如：

#define PI 3.14159　　　　/*不可以在尾端加分號*/

該巨集定義的作用是在該程式中使用 PI 替換 3.14159，在編譯前置處理時，每當在程式中遇到 PI 就自動用 3.14159 代替。在前置處理時，前置處理器把程式檔中出現的巨集名稱都用字串來取代。字串也可以是空白，表示從程式檔中刪除所定義的巨集名稱。注意，#define 是巨集替換(Macro substitution)指令。巨集替換不是 C 敘述，尾端不能加分號。如果加了分號，則會連分號一起進行替換。

　　通常，#define 指令寫在程式檔開頭、函數之前，做為程式的一部分，在此程式範圍內有效。習慣上，巨集名稱用大寫字母表示，以便與變數名稱區別。使用巨集名稱代替一個字串，可以減少程式中重複書寫某些字串的工作量。

　　當需要改變某一個常數時，只需改變 #define 指令列。例如，

```
#define PI 3.1415926      /*  識別字 PI 變成 3.1415926 */
```

　　關於不帶參數的巨集定義，有以下幾點需要強調。

1. 如果在程式中的字串含有巨集名稱，則不進行替換。例如：

```
#include <stdio.h>
#define TEST "this is an example"              /*巨集定義*/
int main()
{   /*定義字元陣列並指定初值*/
    char exp[30]="This TEST is not that TEST";
    printf("%s\n",exp);
    return 0;
}
```

　　執行結果如下：

```
This TEST is not that TEST
```

　　注意，上面程式中的字串 TEST 並沒有用"this is an example"來替換，因此，如果字串中含有巨集名稱，則不進行替換。

2. 如果巨集定義中的字串超過一列，可以在該列尾端使用倒斜線"\"續列。例如：

```
#include <stdio.h>
#define LOOP    for(lines=1; lines<=n; lines++){      \
                    for(cnt=1; cnt<=n-lines; cnt++)   \
                        putchar(' ');                 \
                    for(cnt=1; cnt<=2*lines-1; cnt++) \
                        putchar('*');                 \
                    printf("\n");                     \
                }                    /*巨集定義*/

int main()
{
    int cnt, lines, n;
    printf("number of lines= ");
    scanf("%d", &n);
    printf("\n");
    LOOP
    return 0;
}
```

執行結果如下：

```
number of lines= 6

         *
        ***
       *****
      *******
     *********
    **********
```

3. #define 指令出現在程式中函數的外面，巨集名稱的有效範圍是從定義之後到該程式結束。注意，在編寫程式時，通常將所有 #define 指令放到程式的開始處，而不是將它們分散在整個程式中。

4. #undef 指令可以終止巨集定義的作用範圍。若一個巨集名稱刪除了原來的定義，便可被重新定義為其他的值。例如在程式中定義：

```
#define   YES   1
```

後來又用下列巨集定義刪除：

```
#undef   YES
```

那麼，程式中再出現 YES 時就是未定義的識別字。亦即， YES 的作用範圍是從定義的地方開始到 #undef 之前結束。

5. 巨集定義用於前置處理指令，只做字元替換，不分配記憶體空間。這一點不同於變數的定義。

例 12.1　不帶參數的巨集定義應用

```c
#include <stdio.h>
#define PI 3.1415926
#define R 3.1
int main()
{
    float s;
    s=2*PI*R;
    printf("s= %f\n",s);
    return 0;
}
```

執行結果如下：

```
s= 19.477875
```

經過前置處理後將得到如下程式：

```
#include <stdio.h>
int main()
{
    float s;
    s=2*3.1415926*3.1;
    printf("s= %f\n",s);
    return 0;
}
```

說明

1. 巨集名稱通常採用大寫字母，以便與程式中的其他變數名稱區別。

2. 巨集定義是使用巨集名稱代替一個字串，只是做簡單的替換，而不做語法檢查，只有在對已巨集展開後的原始程式編譯時才會顯示錯誤。

3. 字串可以是一個關鍵字、某個符號或是空白。例如：

```
#define BOOL     int
#define BEGIN    %
#define END    #
#define DO
```

4. 定義一個巨集名稱之後，在沒有移除該定義前，巨集名稱就不能再定義為其他不同的值。其作用範圍是從定義處開始到該原始程式檔的結束。

5. 巨集定義時，可以使用已定義過的巨集名稱。例如：

```
#define MESSAGE     "this is a string"
#define PRN     printf(MESSAGE)
```

12.1.2　帶參數的巨集定義

帶參數的巨集定義不僅進行簡單的字串替換，還要進行參數的替換。其一般形式如下：

#define 巨集名稱(形式參數清單)　字串

巨集定義中的參數稱為形式參數，巨集呼叫中的參數稱為實際參數。對於帶參數的巨集展開是將巨集名稱後面括號中的實際參數從左到右代替 #define 命令列中的形式參數。例如：

```
#define AREA(a,b) a*b   /* 定義矩形面積 AREA，a 和 b 是邊長 */
area=AREA (3,2); /* 把實際參數 3 和 2 分別代替形式參數 a 和 b */
```

前置處理器使用一個字串代替另一個字串時，它是原封不動地進行替換，不做任何檢查。

巨集替換時，在巨集名稱與帶參數的左括號之間不能有空格，否則會將空格以後的字元都做為替換字串的一部分，這樣就形成不帶參數的巨集定義。例如：

```
#define   S   (x)   PI*x*x
```

則定義的 S 為不帶參數的巨集名稱，它代表字串"(x) PI*x*x"。

在帶參數巨集定義中，形式參數不分配記憶體空間，因此不必做類型定義。

例 12.2 帶參數的巨集定義應用

```
#include <stdio.h>
#define PI 3.1415926
#define AREA(x) PI*x*x                 /*帶參數的巨集定義*/
int main()
{
    float r,s;
    r=2.5;
    s=AREA(r);
    printf("s= %f\n",s);
    return 0;
}
```

執行結果如下：

```
s= 19.634954
```

說明

1. 在對帶參數巨集定義時，巨集名稱與形式參數清單之間不能有空格。

2. 對帶參數的巨集，在進行巨集替換時，按 #define 命令列中指定的字串從左向右進行置換。若遇到形式參數字元就用對應的實際參數來代替。若遇到的字元不是形式參數則保留原樣。

3. 上面的程式經前置處理後實際上是下面這個程式。

```
#include <stdio.h>
int main()
{
    float r,s;
    r=2.5;
    s=3.1415926*r*r;
    printf("s= %f\n",s);
    return 0;
}
```

　　如果巨集定義的字串包含巨集名稱中的形式參數（如 x、y），則將實際參數代替對應的形式參數。字串中應包含有參數清單中所指定的形式參數。如果巨集定義的字串中的字元不是參數字元（如 x+y 中的+號），則保留。例如：

```
#define    SUM(x,y)    x+y
```

在該巨集定義中，x, y 是形式參數。

　　注意：要使用括號將整個巨集定義的字串中的各個參數全部括起來，以確保能得到正確的結果。如果不加括號，則結果可能是正確的，也可能是錯誤的。請看下面的簡單程式：

```
#include <stdio.h>
#define MIX(a,b) a*b+b                     /*巨集定義求  a*b+b */
int main()
{
    printf("rst1: %d\n",MIX(5,9));         /*巨集定義呼叫*/
    printf("rst2: %d\n",MIX(5,3+6));       /*巨集定義呼叫*/
    return 0;
}
```

　　執行結果如下：

```
rst1: 54          /*正確結果*/
rst2: 30          /*錯誤結果*/
```

▶ 說明

1. 當形式參數 a=5，b=9 時，在字串中的參數不加括號的情況下呼叫 MIX(a,b)，可以輸出正確的結果。

2. 當形式參數 a=5，b=3+4 時，在字串中的參數不加括號的情況下呼叫 MIX(a,b)，執行計算如下運算式：

```
5*3+6+3+6
```

得到的結果是 30，很顯然輸出的結果是錯誤的。為了避免出現上面這種情況，在進行巨集定義時要將運算式的參數加上括號。例如：

```
#include <stdio.h>
#define MIX(a,b) ((a)*(b)+(b))          /*巨集定義求  a*b+b */
int main()
{
    printf("rst1: %d\n",MIX(5,9));      /*巨集定義呼叫*/
    printf("rst2: %d\n",MIX(5,3+6));    /*巨集定義呼叫*/
    return 0;
}
```

執行結果如下：

```
rst1: 54
rst2: 54
```

說明

下列巨集定義：

```
#define MIX(a,b) ((a)*(b)+(b))          /*巨集定義求  a*b+b */
```

也可以改寫為：

```
#define MIX(a,b) (a)*(b)+(b)          /*巨集定義求兩個整數的混合運算*/
```

得到的結果是一樣的。

看看下面兩個例子，歸納巨集呼叫與函數呼叫的區別。

例 **12.3** 利用函數呼叫輸出 1~10 的平方

```
#include <stdio.h>
int square (int n)                              /*定義函數 square */
{
    return(n*n);
}
int main()
```

```
    {
        int i=1;
        while (i<=10)
            printf("%d   ",square(i++));
        return 0;
    }
```

執行結果如下：

```
1   4   9   16   25   36   49   64   81   100
```

例 12.4 **利用巨集定義改寫上例程式**

```
#include <stdio.h>
#define   square(n) ((n)*(n))                        /*巨集定義 */
int main()
{
    int i=1;
    while (i<=10)
        printf("%d   ",square(i++));
    return 0;
}
```

執行結果如下：

```
2   12   30   56   90
```

說明

　　顯然這不是我們期望的結果。原因在於每次迴圈時，square(i++)經巨集替換後變為：(i++)*(i++)，在輸出一個數的平方後，i 增加了 2，所以在輸出 2，12，30，56，90 後就結束。

　　由上面兩個例子，可以歸納巨集呼叫與函數呼叫有下列的不同點：

1. 函數呼叫時，先求出實際參數運算式的值，然後代入形式參數。而使用帶參數的巨集名稱只是進行簡單的字元替換。

2. 函數呼叫是在程式執行時處理的，而巨集展開則是在編譯時進行的，並不分配記憶體空間、不進行值的傳遞，也沒有「傳回值」的概念。

3. 函數中的實際參數和形式參數都要定義類型，兩者的類型要一致。而在帶參數的巨集定義中，形式參數不分配記憶體空間，因此不必做類型定義。

4. 呼叫函數只可以得到一個傳回值，而使用巨集定義可以得到多個結果。

5. 巨集展開後會使程式變長，而函數呼叫不會。

6. 巨集替換只佔用編譯時間，並不佔執行時間，而函數呼叫則會佔用執行時間。

12.2 → 檔案引入

前置處理器中的「檔案引入(include)」是指一個程式檔將另外一個檔案的所有內容含括到目前的檔案之中。用在檔案開頭的被引入檔案稱為「標頭檔(Header files)」。

C 語言提供#include 指令來在編譯時將另一檔案引入進來，被引入的檔案必須用雙引號或角括號括起來。其格式有下列兩種：

#include   <檔案名稱>   /* 搜尋系統目錄 */

或

#include   "檔案名稱"   /* 搜尋目前目錄 */

其中，被引入的檔案是原始程式檔而不是目的檔(.OBJ)，其副檔名一般是".h"。一個#include 指令只能指定一個被引入的檔案。如果要引入 n 個檔案，則需要使用 n 個#include 指令。

在使用檔案引入指令時，要注意角括號<filename>和雙引號"filename"兩種格式的區別。使用角括號時，系統到存放 C 函式庫函數標頭檔所在的目錄中尋找要引入的檔案，這是標準方式；而使用雙引號時，系統先在使用者目前目錄中尋找要引入的檔案，若找不到，再到存放 C 函式庫函數標頭檔所在的目錄中尋找。通常，如果是呼叫函式庫函數，使用#include 指令來引入相關的標頭檔，則使用角括號可以節省尋找的時間。如果要引入的是使用者自己編寫的檔案，一般使用雙引號。使用者自己編寫的檔案通常是在目前目錄中，如果檔案不在目前目錄中，雙引號可以給出檔案路徑。

使用檔案引入可以方便實現程式的修改。當需要修改某些參數時，不必逐一修改程式，只需修改一個標頭檔即可。如果 file1.c 中引入檔 file2.h，那麼在編譯後就成為一個檔案，而不是兩個檔案。這時如果 file2.h 中有全域靜態變數，則該全域變數在 file1.c 檔案中也是有效的，這時不需要再用 extern 宣告。

檔案是可以巢狀引入的，即在一個被引入檔中還可以引入另一個被引入檔。如果檔案 1 引入檔案 2，檔案 2 引入檔案 3，則可以在檔案 1 中使用兩個#include 指令分別引入檔案 2 和檔案 3。但，檔案 3 必須出現在檔案 2 之前。

　　檔案引入也是一種模組化程式設計的手段。在程式設計中,可以把一些具有公用性的變數、函數的定義或宣告以及巨集定義等連接在一起,單獨構成一個檔案。例如在開發一個應用系統中若定義了許多巨集,可以把它們收集到一個單獨的標頭檔中(例如:user.h)。假設 user.h 檔中包含有如下內容:

```
#include   <stdio.h>
#include   <string.h>
#include   <malloc.h>
#define    FALSE    0
#define    NO    0
#define    YES    1
#define    TRUE    1
#define    TAB    '\t'
#define    NULL    '\0'
```

　　當某程式中需要用到上面這些巨集定義時,可以在程式檔中寫入引入檔案指令:

```
#include    "user.h"
```

說明

1. 一個檔案引入指令一次只能指定一個被引入檔,若要引入 n 個檔案,則要使用 n 個引入檔案命令。

2. 可以巢狀引入檔案,即在一個被引入檔案中又可以引入另一個被引入檔。例如:在檔案 user.h 中又使用引入命令將檔案 stdio.h、string.h 和 malloc.h 引入進來。

3. 被引入檔案(stdio.h、string.h 和 malloc.h)與其所在的引入檔(user.h),在編譯後已成為同一個檔案。因此,在使用檔案引入指令#include"user.h"後,標頭檔 stdio.h、string.h 和 malloc.h 中的巨集定義等內容就在標頭檔 user.h 中生效,不必再進行定義。

例 **12.5** 引入檔案應用

　　假設檔案 f1.h 內容如下:

```
#define P printf
#define S scanf
#define D "%d"
#define C "%c"
```

檔案 f2.c 內容如下：

```c
#include <stdio.h>
#include "f1.h"                  /*引入檔案 f1.h*/
int main()
{
    int a;
    P("please input:\n");
    S(D,&a);                     /*呼叫 f1 中的巨集定義*/
    P("the number is:\n");
    P(D,a);                      /*呼叫 f1 中的巨集定義*/
    P("\n");
    P(C,a);
    P("\n");
    return 0;
}
```

程式執行結果如下所示。

```
please input:
36
the number is:
36
$
```

說明

1. 經常用在檔案開頭的被引入檔案稱為「標頭檔」或「標題檔」，一般是以 .h 為副檔名，如本例中的 f1.h。

2. 通常將下列內容存放到 .h 檔案中：

   (1) 巨集定義

   (2) 結構、聯合和列舉宣告

   (3) typedef 宣告

   (4) 外部函數宣告

   (5) 全域變數宣告

12.3 → 條件編譯

　　C 語言前置處理器提供了條件編譯(Conditional compiling)的功能,可以按不同的條件去編譯不同的敘述區段,以產生不同的目標檔。「條件編譯」是對程式中的某段原始程式碼,在滿足一特定的條件時才進行編譯,而當條件不滿足時則編譯另一敘述區段。也就是說條件編譯敘述可以讓編譯器(compiler)知道哪些程式區段需要編譯,哪些可以直接刪除。和一般的條件敘述(if, else if, else...)不同的是,條件編譯在編譯之前就已經決定。反之,一般的條件敘述需要在執行時,依照變數值去判斷執行程式區段,所以整個程式都會被全部編譯。

　　C 語言提供#if、#elif、#defined、#ifdef、#ifndef 等條件編譯指令,說明如下。

12.3.1 #if 指令

　　#if 指令的一般形式如下:

#if 常數運算式
　　敘述區段
#endif

　　其含義是:如果#if 指令後的常數運算式為真,則編譯#if 到#endif 之間的敘述區段,否則跳過這敘述區段。#endif 指令用來表示#if 區段的結束。

例 **12.6**　#if 指令的應用

```
#include <stdio.h>
#define NUM 50
int main()
{
    int i=0;
    #if NUM>50        /*判斷 NUM 是否大於 50 */
        i++;
    #endif
    #if NUM==50
        i=i+50;
    #endif
    #if NUM<50
        i--;
    #endif
```

```
        printf("Now i is: %d\n",i);
        return 0;
    }
```

執行結果如下：

Now i is:50

若將敘述：

#define NUM 50

改為：

#deflne NUM 10

則程式執行結果如下：

Now i is: -1

同樣，若將敘述：

#define NUM 50

改為：

#define NUM 100

則程式執行結果如下：

Now i is: 1

#else 的作用是提供#if 為假時的另一種選擇，其作用和前面講過的條件判斷中的 else 相近。

例 12.7　#else 指令的應用

```
#include <stdio.h>
#define NUM 50
int main()
{
    int i=0;
    #if NUM>50
        i++;
    #else
        #if NUM<50
            i--;
        #else
```

```
            i=i+50;
        #endif
    #endif
    printf("i is: %d\n",i);
    return 0;
}
```

執行結果如下：

i is: 50

#elif 指令用來建立一種「如果……或者如果……」，這與多分支 if 敘述中的 else if 類似。

#elif 的一般形式如下：

```
#if 運算式
     敘述區段
#elif 運算式 1
     敘述區段
#elif 運算式 2
     敘述區段
#elif 運算式 n
     敘述區段
#endif
```

在執行結果不發生改變的前提下可將上例改寫成如下。

例 **12.8**　#elif 指令的應用

```
#include <stdio.h>
#define NUM 50
int main()
{
    int i=0;
    #if NUM>50
        i++;
    #elif NUM==50
        i=i+50;
    #else
        i--;
    #endif
    printf("i is: %d\n",i);
    return 0;
}
```

執行結果如下：

```
i is: 50
```

12.3.2　#ifdef 及 #ifndef 指令

在#if 條件編譯指令中，需要判斷符號常數所定義的值。但有時只需要知道這個符號常數是否被定義過，而不需要判斷其值，這時就不需要使用#if，而可以採用#ifdef 與#ifndef 指令，分別表示「如果有定義」及「如果無定義」。下面分別介紹這兩個指令。

（一）#ifdef 指令

#ifdef 的一般形式如下：

```
#ifdef 巨集名稱
    敘述區段
#endif
```

其含義是：如果巨集名稱(Macro Substitution Name)已被定義過，則對「敘述區段」進行編譯；如果未定義，則不編譯敘述區段。

#ifdef 可與#else 連用，形式如下：

```
#ifdef 巨集名稱
    敘述區段 1
#else
    敘述區段 2
#endif
```

其含義是：如果巨集名稱已被定義過，則編譯敘述區段 1，否則編譯敘述區段 2。

例 12.9　#ifdef 指令與#else 指令的應用

```
#ifdef    IBM_PC
  #define    INTEGER_SIZE    32
#else
  #define    INTEGER_SIZE    64
#endif
```

說明

若 IBM_PC 在前面已被定義過，例如：#define IBM_PC 0，則編譯命令列：

```
#define    INTEGER_SIZE    32
```

否則，編譯命令列：

```
#define    INTEGER_SIZE    64
```

這樣，原始程式可以不做任何修改就可以用於不同類型的電腦系統。

例 **12.10** #ifdef 指令與#else 指令的應用

```
#include <stdio.h>
#define R 1
int main()
{
    float c,ca,sa;
    printf ("輸入一個數: ");
    scanf("%f",&c);
    #ifdef R
        ca=3.14159*c*c;
        printf("圓面積: %f\n",ca);
    #else
        sa=c*c;
        printf("矩形面積: %f\n",sa);
    #endif
    return 0;
}
```

執行結果如下：

```
輸入一個數: 5
圓面積: 78.539749
```

說明

1. 在本例中，輸入一個實數，根據需要設定條件編譯，使其能以該實數為半徑輸出圓的面積，或以該實數為邊長輸出矩形的面積。

2. 在巨集定義中定義巨集 R，因此在條件編譯時，編譯 #ifdef 後的敘述區段，然後計算並輸出圓面積。

（二） #ifndef 指令

#ifndef 的一般形式如下：

```
#ifndef 巨集名稱
        敘述區段
#endif
```

其含義是：如果未定義 #ifndef 後面的巨集名稱，則編譯敘述區段；如果有定義，則不編譯敘述區段。

同樣，#ifndef 也可以與#else 連用，一般形式如下：

```
#ifndef 巨集名稱
        敘述區段 1
#else
        敘述區段 2
#endif
```

其含義是：如果未定義#ifndef 後面的巨集名稱，則編譯敘述區段 1；如果有定義，則編譯敘述區段 2。

若用#ifndef 形式實現上例，只需改寫成下面的形式，其作用完全相同：

例 12.11 #ifndef 指令與 #else 指令的應用

```
#ifndef    IBM_PC
#define    INTEGER_SIZE    64
#else
#define    INTEGER_SIZE    32
#endif
```

說明

1. 在偵錯時，常常希望輸出一些需要的資訊，而在偵錯完成後，不再輸出這些資訊。這可以在原始程式中插入如下的條件編譯：

```
# ifdef    DO
    printf("a=%d,b=%d\n",a,b);
# endif
```

2. 如果在它的前面定義過識別字"DO"，則在程式執行時輸出 a 和 b 的值，以便在程式偵錯時進行分析。偵錯完成後只需將定義識別字"DO"的巨集定義刪除即可。

例 **12.12** #ifdef 和 #ifndef 的應用

```c
#include <stdio.h>
#define STR "diligence is the parent of success\n"
int main()
{
    #ifdef STR
        printf(STR);
    #else
        printf("idleness is the root of all evil\n");
    #endif
        printf("\n");
    #ifndef ABC
        printf("idleness is the root of all evil\n");
    #else
        printf(STR);
    #endif
    return 0;
}
```

執行結果如下：

```
diligence is the parent of success

idleness is the root of all evil
```

12.3.3 · #undef 指令

前面介紹#define 命令時提到過#undef 指令，使用#undef 指令可以刪除事先定義好的巨集定義。#undef 的主要目的是將巨集名稱侷限在僅需要它們的程式區段中。

#undef 指令的一般形式如下：

#undef 巨集名稱

例如：

```c
#define MAX_SIZE 100
char array[MAX_SIZE];
#undef MAX_SIZE
```

在上述程式中，首先使用#define 定義識別字 MAX_SIZE，然後使用#undef 刪除巨集定義。也就是說，直到遇到#undef 敘述之前，MAX_SIZE 的定義都是有效的。

12.3.4　#line 指令

#line 指令用於顯示_LINE_與_FILE_的內容。_LINE_存放目前編譯的行號，_FILE_存放目前編譯的檔案名稱。其一般形式如下：

> **#line 行號【"檔案名稱"】**

其中，行號為任一正整數，可選的檔案名稱為任意有效檔案識別字。行號為程式中目前行號，檔案名稱為原始檔案的名稱。#line 指令主要用於除錯及其他特殊應用。

例 12.13 輸出行號

```
#line 100
#include <stdio.h>
int main()
{
    printf("1.目前行號: %d\n",__LINE__);
    printf("2.目前行號: %d\n",__LINE__);
    return 0;
}
```

執行結果如下：

```
1.目前行號: 103
2.目前行號: 104
```

12.3.5　#pragma 指令

#pragma 指令的作用是設定編譯器的狀態，或者指示編譯器完成一些特定的動作。不同的編譯器可以提供不同的#pragma 指令的使用。

（一）#pragma 指令

#pragma 指令的一般形式如下：

> **#pragma 參數**

參數可以分為以下幾種：

1. message 參數：在編譯訊息視窗中輸出對應的資訊。

2. code_seg 參數：設定程式中函數程式存放的程式區段。

3. once 參數：保證標頭檔被編譯一次。

（二）預定義巨集名稱

ANSI 標準說明以下 5 個預定義巨集替換名稱。

1. _LINE_：目前被編譯程式的行號。

2. _FILE_：目前程式的檔案名稱。

3. _DATE_：目前程式的建立日期。

4. _TIME_：目前程式的建立時間。

5. _STDC_：用來判斷目前編譯器是否為標準 C。若其值為 1，則表示符合標準 C，否則不是標準 C。

例 12.14 #pragma 指令的應用

```
#include <stdio.h>
#include <conio.h>

void func();
#pragma startup func
#pragma exit func
void main()
{
    printf("\nNow is in the main function.");
}

void func()
{
    printf("\nNow is in the func function.");
}
```

執行結果如下：

```
Now is in the main function.
```

一、選擇題

1. 若要將數學函式庫的標頭檔引入到程式中，應在程式的開頭加上 (A) #include <stdio.h> (B) #include <stdlib.h> (C) #include <math.h> (D) #define <math.h>

2. 欲將一個檔案 file.c 引入到程式中，應該在程式的開頭加上 (A) #include <file.c> (B) #INCLUDE <FILE.C> (C) include <file.c> (D) #define <file.c>

3. 「檔案引入」前置處理敘述的使用形式中，當 #include 後面的檔案名稱用一對雙引號(" ")括起時，尋找被引入的檔的方式為 (A)直接按系統設定的標準方式搜索目錄 (B)先在原始程式所在目錄搜索，再按系統設定的標準方式搜索 (C)僅僅搜索原始程式所在的目錄 (D)僅僅搜索目前的目錄

4. 在 C 語言中，前置處理命令都是以符號 (A) $ (B) # (C) & (D) * 開頭的

5. 下列敘述何者不正確？ (A)前置處理命令列都必須以#號開始 (B)在 C 程式中，凡是以#號開頭的敘述都是前置處理命令列 (C) C 程式是在執行過程中對前置處理命令列進行處理 (D)以下是正確的巨集替換 #define IBM_PC

6. 下列敘述何者正確？ (A)在程式的一列上可以出現多個有效的前置處理命令列 (B)使用帶參數的巨集名稱時，參數的類型應與巨集替換時的一致 (C)巨集名稱替換並不佔用執行時間，只佔編譯時間 (D)在以下定義中 CR 是稱為「巨集名稱」的標記符 #define CR 045

7. 在巨集替換#define PI 3.14159 中，用巨集名稱 PI 代替一個 (A)常數 (B)單精度實數 (C)倍精度實數 (D)字串

8. 以下有關巨集名稱替換的敘述何者不正確？ (A)巨集名稱替換不佔用進行時間 (B)巨集名稱無類型 (C)巨集名稱替換只是字元替換 (D)巨集名稱必須用大寫字母表示

9. C 語言的編譯系統對巨集名稱命令的處理是 (A)在程式執行時進行 (B)在程式連接時進行 (C)和 C 程式中的其他敘述同時進行編譯的 (D)在對源程式中其他成分正式編譯之前進行的

10. 以下正確的描述是 (A) C 語言的前置處理功能是指完成巨集名稱替換和引入檔案的呼叫 (B)前置處理指令只能位於 C 源程式檔案的首部 (C)凡是 C 源程式中列首以"#"標記的控制列都是前置處理指令 (D) C 語言的前置處理器就是源程式進行初步的語法檢查

11. 以下在任何情況下計算平方數時都不會引起歧義的巨集替換是　(A) #define POWER(x) x*x　(B) #define POWER(x) (x)*(x)　(C) #define POWER(x) (x*x)　(D) #define POWER(x) ((x)*(x))

12. C 語言提供的前置處理功能包括條件式編譯，其基本形式為：

```
#XXX 識別字
    程式區段 1
#else
    程式區段 2
#endif
```

其中，XXX 可以是　(A) define 或 include　(B) ifdef 或 include　(C) ifdef 或 ifndef 或 define　(D) ifdef 或 ifndef 或 if

13. 下列程式片段的執行結果為　(A) 5　(B) 6　(C) 7　(D) 9

```
#define SQ(r)    r*r
int main()
{
 int x=1,y=2,t;
 t=SQ(x+y);
 printf("%d\n",t);
}
```

14. 下列程式片段的執行結果為　(A) 5　(B) 6　(C) 7　(D) 9

```
#define SQ(r)    (r)*(r)
int main()
{
 int x=1,y=2,t;
 t=SQ(x+y);
 printf("%d\n",t);
}
```

15. 下列程式片段的執行結果為　(A) 5　(B) 6　(C) 7　(D) 9

```
#define SQ(r)    ((r)*(r))
int main()
{int x=1,y=2,t;
 t=SQ(x+y);
 printf("%d\n",t);
}
```

16. 下列程式片段的執行結果為　(A) 5　(B) 6　(C) 7　(D) 9

```
#define SQ(r)    (r*r)
int main()
```

```
{int x=1,y=2,t;
 t=SQ(x+y);
 printf("%d\n",t);
}
```

17. 下列程式片段的執行結果為　(A) 5　(B) 6　(C) 7　(D) 8

```
#define X 3
#define Y X+2
#define Z Y*X/2
int main()
{printf("%d\n",Z);
}
```

18. 下列程式的執行結果是　(A) total= 9　(B) total= 10　(C) total= 12　(D) total= 18

```
#define ADD(x) x+x
int main()
{int m=1,n=2,k=3;
 int tot=ADD(m+n)*k;
 printf("total= %d",tot);
}
```

19. 下列程式的執行結果是　(A) 10　(B) 15　(C) 100　(D) 150

```
#define   MF(x,y)   x<y?x:y
int main()
{int i=10,j=15,k;
 k=10*MF(i,j);
 printf("%d\n",k);
}
```

20. 下列程式的執行結果是　(A) 10　(B) 15　(C) 100　(D) 150

```
#define   MF(x,y)   x<y?x:y
int main()
{int i=10,j=15,k;
 k=(MF(i,j))*10;
 printf("%d\n",k);
}
```

21. 以下程式的執行結果是　(A) 12　(B) 14　(C) 22　(D) 24

```
#define   N   3
#define Y(n)   ((N+1)*n)
int main()
{int k;
 k=2*(N+Y(2));
```

```
                printf("%d\n",k);
                }
```

22. 下列程式片段的執行結果為　(A) 10　(B) 5　(C) 6　(D)巨集替換不合法

```
                #include <stdio.h>
                #include <stdlib.h>
                #define MOD(x,y) x%y
                int main()
                {int z,a=12,b=125;
                 z=MOD(b,a);
                 printf("%d\n",z++);}
```

23. 下列程式片段的執行結果為　(A) 8　(B) 9　(C) 10　(D) 11

```
                #include <stdio.h>
                #define    F(x)    2.5+x
                #define    PR(a)    printf("%d",(int)(a))
                #define    PRINT(a)    PR(a); putchar('\n')
                int main()
                {int x=3;
                 PRINT(F(2)*x);
                }
```

24. 以下程式的輸出結果為　(A) 12　(B) 15　(C) 16　(D) 20

```
                #include<stdio.h>
                #define PROD(x,y) x*y
                int main()
                {int a=3,b=4,c;
                 c=PROD(a,b);
                 printf("%d\n",c);
                }
```

25. #define 能作簡單的替換，用巨集名稱替換計算多項式 4*x*x+3*x+2 之值的函數 f，正確的巨集替換是　(A) #define f(x) 4*x*x+3*x+2　(B) #define f 4*x*x+3*x+2 (C) #define f(a) (4*a*a+3*a+2)　(D) #define (4*a*a+3*a+2) f(a)

26. 對下面程式片段：

```
                #define A 3
                #define B(a) ((A+1)*a)
                :
                x=3*(A+B(7));
```

正確的判斷是　(A)程式錯誤，不能巢狀巨集替換　(B) x=93　(C) x=21　(D)程式錯誤，巨集替換不許有參數

27. 以下程式的輸出結果為　(A) 12.0　(B) 9.5　(C) 12.5　(D) 33.5

```
#define    PT    5.5
#define    S(x)    PT*x*x
int main()
{int a=1,b=2;
 printf("%4.1f\n",S(a+b));
}
```

28. 以下程式的執行結果是　(A) 11　(B) 12　(C) 13　(D) 15

```
#include <stdio.h>
#define    FUN(a)    2.5+a
#define    PR(b)    printf("%d",(int)(b))
#define    PRINT1(b)    PR(b);putchar('\n')
int main()
{int x=2;
 PRINT1(FUN(5)*x);
}
```

29. 下列程式片段的執行結果為　(A) c=4　(B) a=25, b=7　(C) a=25, b=7, c=4　(D)以
上皆非

```
#define DEBUG
int main()
{int a=25,b=7,c;
 c=a%b;
 #ifdef DEBUG
 printf("a=%d, ",a);
 printf("b=%d, ",b);
 #endif
 printf("c=%d\n",c);
}
```

30. 下列程式片段的執行結果為　(A) a=3, b=2, c=1　(B) a=3, b=2　(C) c=1　(D)以上
皆非

```
#define DEBUG
int main()
{int a=3,b=2,c;
 c^=a/b;
 #ifdef DEbug
 printf("a=%d, b=%d, ",a,b);
 #endif
 printf("c=%d\n",c);
}
```

二、填空題

1. 下列程式片段的執行結果為_____。

```
#define X 5
#define Y X+1
#define Z Y*X/2
int main()
{
    int a; a=Y;
    printf("%d\n",Z);
    printf("%d\n",--a);
    return 0;
}
```

2. 下列程式片段的執行結果為_____。

```
#include <stdio.h>
#define   S(x)   x*x
int main()
{
    int a,k=3;
    a=S(k+1);
    printf("a=%d\n",a);
    return 0;
}
```

3. 下列程式片段的執行結果為_____。

```
#define MAX(A,B) A>B?A:B
#define PRINT(Y) printf("Y=%d\t",Y)
int main()
{
    int a=1,b=2,c=3,d=4,t;
    t=MAX(a+b,c+d);
    PRINT(t);
    return 0;
}
```

4. 下列程式片段的執行結果為_____。

```
#include <stdio.h>
#define M 2
#define N (M+3)
#define NN N*N/2
int main()
{
```

```c
        printf("%d, ",NN);
        printf("%d",5*NN);
        return 0;
    }
```

5. 下列程式片段的執行結果為＿＿＿＿。

```c
        #include <stdio.h>
        #define   MIN(x,y) (x)<(y)?(x):(y)
        int main()
        {
            int i,j,k;
            i=5;
            j=30;
            k=100*MIN(i,j);
            printf("%d\n",k);
            return 0;
        }
```

6. 下列程式片段的執行結果為＿＿＿＿。

```c
        #define WIDTH 80
        #define LENGTH WIDTH+20
        int main()
        {
            int x=LENGTH*10;
            printf("%d",x);
            return 0;
        }
```

7. 下列程式片段的執行結果為＿＿＿＿。

```c
        #define MUL(z) (z)*(z)
        int main()
        {
            printf("%d\n",MUL(1+2)+3);
            return 0;
        }
```

8. 下列程式片段的執行結果為＿＿＿＿。

```c
        #include <stdio.h>
        #define N 2
        #define M N+1
        #define NUM (M+1)*M/2
        int main()
        {
```

```
            int i;
            for(i=1;i<=NUM;i++)
                printf("%d",i);
            return 0;
        }
```

9. 下列程式片段的執行結果為_____。

```
            #include <stdio.h>
            #define A 3
            #define B 5
            #define PRINT printf("\n")
            #define PRINT1 printf("%d", A*B); PRINT
            #define PRINT2(x,y) printf("%d",x*y)
            int main()
            {
                PRINT1;
                PRINT2(A+1,B+1);
                return 0;
            }
```

10. 下列程式片段的執行結果為_____。

```
            #include <stdio.h>
            #define BP(x,y) {x^=y;y^=x;x^=y;}
            int main()
            {
                int a=3,b=5;
                BP(a,b);
                printf("%d,%d\n",a,b);
                return 0;
            }
```

11. 下列程式片段的執行結果為_____。

```
            #define POWER(x) ((x)*(x))
            int main()
            {
                int i=1;
                while (i<=4)
                    printf("%d   ",POWER(i++));
                printf("\n");
                return 0;
            }
```

12. 下列程式片段的執行結果為_____。

```
#define EXCH(a,b) {int t; t=a;a=b;b=t;}
int main()
{
    int x=3,y=6;
    EXCH(x,y);
    printf("x=%d,y=%d\n",x,y);
    return 0;
}
```

13. 下列程式片段的執行結果為_____。

```
#include <stdio.h>
#define A 3
#define B(x) A*x/2
int main()
{
    float c,a=5.678;
    c=B(a);
    printf("%4.1f\n",c);
    return 0;
}
```

14. 下列程式片段的執行結果為_____。

```
#define SW1(a,b) a<b? a:b
int main()
{
    int m=3,n=5;
    printf("%d\n",SW1(m,n));
    return 0;
}
```

15. 下列程式片段的執行結果為_____。

```
#define SW2(a,b) (a>b? a:b)+1
int main()
{
    int i=3,j=5,k;
    printf("%d\n",SW2(i,j));
    return 0;
}
```

16. 下列程式片段的執行結果為_____。

```
#define SW3(x,y) (x)>(y)? (x):(y)
#define T(x,y,r) x*r*y/4
int main()
{
    int a=1,b=3,c=5,s1,s2;
    s1=SW3(a=b,b-a);
    s2=T(a++,a*++b,a+b+c);
    printf("s1=%d,s2=%d\n",s1,s2);
    return 0;
}
```

17. 下列程式片段的執行結果為_____。

```
#define SW4(a,b,c) ((a)>(b)? ((a)>(c)? (a):(c)):((b)>(c)? (b):(c)))
int main()
{
    int x,y,z;
    x=1;y=2;z=3;
    printf("%d, ",SW4(x,y,z));
    printf("%d, ",SW4(x+y,y,y+x));
    printf("%d\n",SW4(x,y+z,z));
    return 0;
}
```

18. 下列程式片段的執行結果為_____。

```
#define PR(a) printf("%2d",(int)(a))
#define PRINT(a) PR(a);printf(" ok!")
int main()
{
    int i,a=1;
    for(i=0;i<3;i++)
        PRINT(a+i);
    printf("\n");
    return 0;
}
```

19. 下列程式片段的執行結果為_____。

```
#define PR printf
#define NL "\n"
#define D "%d"
#define D1 D NL
#define D2 D D NL
```

```
#define D3 D D D NL
#define D4 D D D D NL
int main()
{
    int a,b,c,d;
    a=1;b=2;c=3;d=4;
    PR(D1,a);
    PR(D2,a,b);
    PR(D3,a,b,c);
    PR(D4,a,b,c,d);
    return 0;
}
```

20. 下列程式片段的執行結果為_____。

```
#define   PR(ar)   printf("%d",ar)
int main()
{
    int j,a[]={1,2,3,4,5,6,7,8},i=5;
    for(j=3; j; j--)
      {switch(j)
            {case 1:
              case 2:PR(a[i++]);break;
              case 3:PR(a[--i]);
            }
      }
}
```

21. 下列程式片段的執行結果為_____。

```
int b=3;
#define b   5
#define f(x) b*(x)
int y=7;
printf("%d\n",f(y+1));
#undef b
printf("%d\n",f(y+1));
#define b   9
printf("%d\n",f(y+1));
```

22. 下列程式片段的執行結果為_____。

```
int a=10,b=20,c;
c=a/b;
#ifdef DEBUG
```

```
                printf("a=%d,b=%d,",a,b);
                #endif
                printf("c=%d\n",c);
```

23. 下列程式片段的執行結果為_____。

```
                #define LETTER 0
                int main()
                {
                    char str[20]="Team Taiwan",c;
                    int i;
                    i=0;
                    while((c=str[i])!='\0')
                    {
                        i++;
                        #if LETTER
                        if(c>='a' && c<='z')
                            c=c-32;
                        #else
                        if(c>='A' && c<='Z')
                            c=c+32;
                        #endif
                        printf("%c",c);
                    }
                    return 0;
                }
```

三、程式設計題

1. 編寫一個求圓面積和圓周長的程式。先分別定義圓周率 P 為 3.14159，半徑 R 為 5，圓周長 L=2PR，圓面積 S=PR^2。

2. 編寫一個求圓面積的程式。先定義計算圓面積的公式，然後求半徑為 6 的圓面積。

3. 編寫程式計算 $x=1+2+3$、$x=1\times2\times3$ 和 $x=1-2-3$，並輸出其結果。其中輸出敘述要求使用巨集定義指令。

4. 試使用巨集定義方式定義陣列的類型及其大小，然後編寫輸出字元類型的陣列元素 a[0]~a[9] 的程式。其中字元類型陣列 a 元素之內容為 a、b、c、...、j。

5. 假設 a[0]='A'、a[1]='B'、a[2]='C'、...、a[12]='M'，試編寫輸出 a[0]~a[12] 的程式。要求使用巨集定義方式定義陣列的類型及其大小。

6. 假設 a[0]=100、a[1]=101、a[2]=102、...、a[10]=110，試編寫計算及輸出 a[0]~a[10] 之和的程式。要求使用巨集定義方式定義陣列的類型及其大小。

7. 試使用巨集定義，編寫將 100 分別以十、八、十六進制形式輸出的程式。

8. 試使用巨集定義，編寫將 0xffffffff 以十進制形式輸出的程式。

9. 試使用下列名詞代替 C 語言的敘述和符號，編寫 C 語言可以執行的程式並輸出 No pains, no gains.。

REMC	main()
REMSTART	{
PRINT	printf
END	}

10. 試按照如下的對應關係進行巨集定義，然後使用巨集替換編寫執行 C 語言程式所示功能的程式。

REMC	main()
START	{
DEFINE	int i=0,sum=0;
LOOP	for(i=0;i<=10;i++)
ADD	sum+=1;
PRINT	printf("sum= %d\n",sum);
END	}

11. 輸入兩個整數，求它們相除的餘數。要求使用帶參數的巨集實現。

12. 定義一個交換兩個參數值的巨集，編寫程式從鍵盤輸入三個整數，然後利用巨集按從大到小順序排列輸出。

13. 試使用巨集定義方式定義角度與弧度的換算公式、圓周率及 120 度後，然後編寫將 120 度轉換成弧度的程式。

14. 試使用巨集定義方式定義 x^5 的計算公式，然後編寫求 3^5 的程式。

13

CHAPTER

位元運算

C 語言既具有高階語言的特點，又具有低階語言的功能，C 語言和其他語言的區別是完全支援位元運算，而且也能像組合語言一樣用來編寫系統程式。前面講過的都是以位元組為基本單位進行運算的，本章將介紹如何對位元進行運算，位元運算也就是對位元組(byte)或字組(word)中的實際位元進行檢測、設定或移位。

13.1 → 位元與位元組

在前面章節中講過資料在記憶體中是以二進制的形式存放，下面簡單介紹位元(bit)與位元組之間的關係。

「位元」是計算機儲存資料的最小單位。一個位元可以表示兩種狀態（0 和 1），多個二進制位元組合起來便可表示多種資訊。一個位元組通常是由 8 個位元所組成，當然有的計算機系統是由 16 位元所組成，本書中提到的一個位元組指的是由 8 個位元組成的。因為本書中所使用的執行環境是 Dev-C++，定義一個基本整數類型資料，它佔 4 個位元組的記憶體空間，也就是 32 位元；定義一個字元類型，則在記憶體中佔一個位元組，也就是 8 位元。不同的資料類型佔用的位元組數不同，因此佔用的位元數也不同。

13.2 → 位元運算子與位元運算

位元運算(Bitwise operation)是 C 語言的一種特殊運算功能，它是直接對整數按二進制位元進行操作。在電腦內部使用 2's 補數來表示負數，這也是 C 語言採用的表示方法。

C 語言提供的位元運算子(Bitwise operator)有：

&、|、~、^、>>、<<

位元運算子中只有運算子"~"為一元(unary)運算子，其他均為二元(binary)運算子。請看下面的位元運算子使用說明：

運算子	名稱	功能	實例
&	位元且	如果兩個對應的位元都為 1，則結果為 1，否則為 0	5 & 23 5
|	位元或	只要對應的位元有一個為 1 時，結果就為 1	5 | 23 23
^	位元互斥或	當兩個對應的位元相異時，結果為 1	5 ^ 23 18
~	位元反	對每個位元取 1'S 補數，即把 1 變為 0，把 0 變為 1。	~5 -6
<<	左移	每個位元全部左移若干位，由"<<"右邊的數指定移動的位數，高位元丟棄，低位元補 0	5 << 2 20
>>	右移	每個位元全部右移若干位，">>"右邊的數指定移動的位數	5 >> 2 1

位元運算中只有位元反運算子"~"為一元(unary)運算子，其他均為二元(binary)運算子。位元運算只能用於整數或字元類型資料。位元運算子與指定運算子結合可以組成複合指定運算子(Compound assignment operator)，即：~=、<<=、>>=、&=、^= 和 |=。

兩個長度不同的資料進行位元運算時，系統先將二者右端對齊，然後將短的一方按符號位元擴充，不帶號(unsigned)數則以 0 擴充。

13.2.1 位元且運算子

位元且運算子"&"是二元運算子，功能是使參與運算的兩個運算元進行位元且運算，如果兩個相對應的位元都為 1，則該位元的運算結果為 1，否則為 0。如下表所示。

a	b	a&b
0	0	0
0	1	0
1	0	0
1	1	1

位元且的一個用途就是位元遮罩(Bit mask)。使用遮罩位元(Mask bit)可以截取一個數中的某些指定位元，也可以將一個數中為 1 的位元重置(reset)為 0。例如，如果要截取整數 22（二進制數 0001 0110）的第 0~4 位元（右邊第一位為第

0 位元）5 個位元，則與遮罩位元 0001 1111（十進制數 31）做「位元且」運算。
同樣，若要重置整數 22 的第 0~2 位元，就與遮罩位元 1111 1000（十進制數
248）做「位元且」運算即可。

例 13.1 位元且運算

```c
#include <stdio.h>
int main()
{
    unsigned rst;        /*定義不帶號變數*/
    int a, b;
    printf("please input a, b: ");
    scanf("%d, %d",&a,&b);
    printf("a=%d, b=%d\n", a, b);
    rst = a&b;           /*位元且運算的結果*/
    printf("a&b= %u\n", rst);
    return 0;
}
```

執行結果如下：

```
please input a, b: 89, 38
a=89, b=38
a&b= 0
```

說明

1. 89 & 38 的計算過程如下：

	二進制	十進制
	0000 0000 0000 0000 0000 0000 0101 1001	89
&	0000 0000 0000 0000 0000 0000 0010 0110	38
	0000 0000 0000 0000 0000 0000 0000 0000	0

2. 不可以把位元且(&)運算子和邏輯且(&&)運算子混淆。對於邏輯且(&&)運算子，只
要兩邊運算元為非 0，運算結果為 1；而對於位元且(&)運算結果並非如此。例
如，以下程式片段執行結果輸出三個星號"***"。

```c
a=10; b=5;
if (a && b)   printf("***\n");
else   printf("###\n");
```

而因為 a&b 的運算結果為 0，以下程式片段執行結果輸出"###"。

```
a=10; b=5;
if (a&b)   printf("***\n");
else   printf("###\n");
```

13.2.2　位元或運算子

位元或運算子"|"是二元運算子，功能是對參與運算的兩個運算元進行位元或運算，即，只要兩個相對應的位元中有一個為 1，則該位元的運算結果為 1；只有當兩個對應的位元都為 0 時，該位元運算結果才為 0。如下表所示。

a	b	a|b
0	0	0
0	1	1
1	0	1
1	1	1

例 **13.2**　位元或運算

```
#include<stdio.h>
int main()
{
    unsigned rst;          /*定義不帶號變數*/
    int a, b;
    printf("please input a, b: ");
    scanf("%d, %d",&a,&b);
    printf("a=%d, b=%d\n", a, b);
    rst = a|b;        /*位元或運算的結果*/
    printf("a|b=%u\n", rst);
    return 0;
}
```

執行結果如下：

```
please input a, b: 17, 31
a=17, b=31
a|b=31
```

519

1. 17 | 31 的計算過程如下：

	二進制	十進制
	0000 0000 0000 0000 0000 0000 0001 0001	17
|	0000 0000 0000 0000 0000 0000 0001 1111	31
	0000 0000 0000 0000 0000 0000 0001 1111	31

2. 如果想使 a 的低位元組全部設為 1，高位元組保持不變，則可以採用運算式：a | 0x0000ffff。如果想使 a 的高位元組全部設為 1，低位元組保持不變，則可以採用運算式：a | 0xffff0000。

13.2.3　位元反運算子

位元反運算子"~"為一元運算子，運算元出現在運算子的右邊，其運算功能是把運算元中位元取 1's 補數，即把 0 變成 1，1 變成 0。注意：~x 不是求 x 的負數，~1 的運算結果不是 -1 而是 -2，~8 的運算結果是 -9。

例 13.3　位元反運算

```
#include<stdio.h>
int main()
{
    unsigned rst;                /*定義不帶號變數*/
    int a;
    printf("please input a: ");
    scanf("%d",&a);
    printf("a= %d\n", a);
    rst = ~a;                    /*位元反運算的結果*/
    printf("~a=%x\n", rst);      /*以十六進制的形式輸出*/
    return 0;
}
```

執行結果如下：

```
please input a: 86
a= 86
~a=ffffffa9
```

說明

~86 是對 86 進行位元反運算：

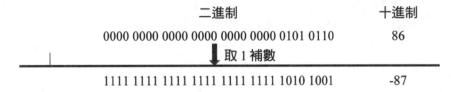

	二進制	十進制
	0000 0000 0000 0000 0000 0000 0101 0110	86
↓ 取 1 補數		
	1111 1111 1111 1111 1111 1111 1010 1001	-87

13.2.4 位元互斥或運算子

位元互斥或運算子"^"是二元運算子。其功能是對參與運算的兩個運算元進行位元互斥或運算，即，如果參與運算的兩個運算元，相對應位元的數值相同，則該位元的運算結果為 0；否則，運算結果為 1。如下表所示。

a	b	a^b
0	0	0
0	1	1
1	0	1
1	1	0

位元互斥或運算的一個主要用途就是能使特定的位元翻轉。例如，如果要將 0110 1011 的第 0~4 位元翻轉，只需與一個第 0~4 位元都是 1 的數進行「位元互斥或」運算即可。

例 **13.4** 位元互斥或運算

```c
#include<stdio.h>
int main()
{
    unsigned rst;        /*定義不帶號數*/
    int a, b;
    printf("please input a, b: ");
    scanf("%d, %d",&a,&b);
    printf("a=%d, b=%d\n", a, b);
    rst = a^b;        /*位元互斥或運算的結果*/
    printf("a^b= %u\n", rst);
    return 0;
}
```

執行結果如下：

```
please input a, b: 107, 127
a=107, b=127
a^b=20
```

說明

1. 107 ^ 127 的計算過程如下：

	二進制	十進制
	0000 0000 0000 0000 0000 0000 0110 1011	107
^	0000 0000 0000 0000 0000 0000 0111 1111	127
	0000 0000 0000 0000 0000 0000 0001 0100	20

2. 位元互斥或運算的另一個主要用途，就是在不使用臨時變數的情況下實現兩個變數值的互換。例如：

```
x=x^y;
y=y^x;
x=x^y;
```

13.2.5　位元左移運算子

位元左移運算子(Left-shift operator)"<<"是二元運算子，其功能是把運算子左邊運算元的各個位元全部左移若干位元，而運算子右邊的整數運算式指定移動的位元數。左移時，低位元（右邊）補 0。例如：a<<2 就是把 a 的各個位元向左移動兩位。

例 13.5 位元左移運算

```c
#include <stdio.h>
int main()
{
    int a=39;
    printf("a is: %d\n",a);
    a=a<<2;        /*a 左移 2 位*/
    printf("rst1 is: %d\n",a);
    a=a<<3;        /*再將 a 左移 3 位*/
    printf("rst2 is: %d\n",a);
    return 0;
}
```

執行結果如下：

```
a is: 39
rst1 is: 156
rst2 is: 1248
```

說明

1. 本例將 39 先左移兩位，輸出左移後的結果，再將這個結果左移 3 位，並將結果輸出。

2. 39 在記憶體中儲存為：0000 0000 0000 0000 0000 0000 0010 0111。左移兩位，低位元(右邊)補 0，儲存為：0000 0000 0000 0000 0000 0000 1001 1100

3. 實際上左移 1 位相當於該數乘以 2。將 a 左移 2 位，相當於 a 乘以 4，即 39 乘以 4，但這種情況只限於移出位元不為 1 的情況。

13.2.6　位元右移運算子

位元右移運算子(Right-shift operator)">>"是二元運算子，其功能是把運算子左邊運算元的各個位元全部右移若干位元，而運算子右邊的整數運算式指定移動的位元數。右移時，對於正數，高位元（左邊）補 0；對於負數，高位元（左邊）補 1。如果要求在任何情況下高位元都補 0，則運算元必須是不帶號(unsigned) 整數。例如，a>>2 就是把 a 的各個位元向右移兩位，假設 a=00000110，右移兩位後為 00000001，a 由原來的 6 變成 1。

例 13.6　位元右移運算

```c
#include<stdio.h>
int main()
{
    int a=30,b=-30;
    printf("a is: %d, b is: %d \n",a,b);
    a=a>>3;        /*a 右移 3 位*/
    b=b>>3;        /*b 右移 3 位*/
    printf("rst1 is: %d,%d\n",a,b);
    a=a>>2;        /*a 右移 2 位*/
    b=b>>2;        /*b 右移 2 位*/
    printf("rst2 is: %d,%d\n",a,b);
    return 0;
}
```

執行結果如下：

```
a is: 30, b is: -30
rst1 is: 3,-4
rst2 is: 0,-1
```

說明

1. 本例將 30 和-30 分別右移 3 位，將所得結果分別輸出，再將這個結果分別右移 2 位，並將結果輸出。

2. 30 在記憶體中儲存為：0000 0000 0000 0000 0000 0000 0001 1110；右移 3 位，高位元（左邊）補 0，儲存為：0000 0000 0000 0000 0000 0000 0000 0011。

3. -30 在記憶體中儲存為：1111 1111 1111 1111 1111 1111 1110 0010；右移 3 位，在記憶體中儲存為：1111 1111 1111 1111 1111 1111 1111 1100。

4. 30 右移 3 位，再右移 2 位，在記憶體中儲存為：0000 0000 0000 0000 0000 0000 0000 0000

5. -30 右移 3 位，再右移 2 位，在記憶體中儲存為：1111 1111 1111 1111 1111 1111 1111 1111

13.3 旋轉移位

所謂「旋轉移位(Circular shifts)」就是將移出的低位元放到該數的高位元，或者將移出的高位元放到該數的低位元。那麼該如何實現這個過程呢?這裡先介紹如何實現向左旋轉移位。

（一）向左旋轉移位

向左旋轉移位(Left-rotates)的過程如圖 13-1 所示。

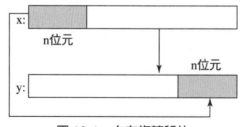

圖13-1 向左旋轉移位

實現向左旋轉移位的過程如下：

1. 如上圖所示將 x 的左端 n 位元先放到 z 中的低 n 位元中。由以下敘述實現：

```
z=x>>(32-n);
```

2. 將 x 左移 n 位元，其右邊低 n 位元補 0。由以下敘述實現：

```
y=x<<n;
```

3. 將 y 與 z 進行位元或運算。由以下敘述實現：

```
y=y|z;
```

例 13.7　實現向左旋轉移位

```c
#include <stdio.h>
left(unsigned value, int n)          /*自訂左旋函數*/
{
    unsigned z;
    z = (value >> (32-n)) | (value << n);        /*向左旋轉移位*/
    return z;
}
int main()
{
    unsigned a;
    int n;
    printf("please input a decimal number: \n");
    scanf("%d", &a);                    /*輸入一個十進制數*/
    printf("please input the number of bits shifted（>0）: \n");
    scanf("%d", &n);                    /*輸入要移位的位數*/
    printf("result is: %x\n", left(a, n));          /*將左旋後的結果輸出*/
    return 0;
}
```

執行結果如下：

```
please input a decimal number:
37
please input the number of bits shifted（>0）:
2
result is: 94
```

說明

1. 本例中，從鍵盤中輸入一個十進制數，然後輸入要移位的位數，最後將左旋移位的十六進制數顯示在螢幕上。

2. 37 在記憶體中儲存為：0000 0000 0000 0000 0000 0000 0010 0101；左旋移位 2 位後，結果為：0000 0000 0000 0000 0000 0000 1001 0100。

（二）向右旋轉移位

向右旋轉移位(Right-rotates)的過程如圖 13-2 所示。

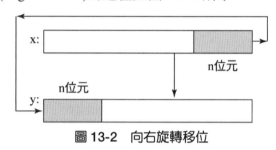

圖 13-2　向右旋轉移位

1. 如上圖所示，將 x 的右端 n 位元先放到 z 中的高 n 位元中，由以下敘述實現：

```
z=x<<(32-n);
```

2. 將 x 右移 n 位元，其左端高 n 位元補 0，由以下敘述實現：

```
y=x>>n;
```

3. 將 y 與 z 進行位元或運算，由以下敘述實現：

```
y=y|z;
```

例 13.8 實現向右旋轉移位

```c
#include <stdio.h>
right(unsigned value, int n)            /*自訂右旋函數*/
{
    unsigned z;
    z = (value << (32-n)) | (value >> n);     /*向右旋轉移位*/
    return z;
}
int main()
{
    unsigned a;
    int n;
```

```
        printf("please input a decimal number: \n");
        scanf("%d", &a);            /*輸入一個十進制數*/
        printf("please input the number of bits shifted（>0）: \n");
        scanf("%d", &n);            /*輸入要移位的位數*/
        printf("result is: %x\n", right(a, n));            /*將右旋後的結果輸出*/
        return 0;
    }
```

執行結果如下：

```
please input a decimal number:
37
please input the number of bits shifted（>0）:
2
result is: 40000009
```

說明

1. 本例中，從鍵盤中輸入一個十進制數，然後輸入要移位的位數，最後將右旋移位的結果顯示在螢幕上。

2. 37 在記憶體中儲存為：0000 0000 0000 0000 0000 0000 0010 0101；右旋移位 2 位後，結果為：0100 0000 0000 0000 0000 0000 0000 1001。

13.4 → 位元區域

位元區域(Bit field)在本質上也是結構類型，不過它的成員按二進制位元分配記憶體，其定義、宣告及使用的方式都與結構相同。位元區域可以實現資料的壓縮，節省記憶體空間的同時也提高程式的效率。

13.4.1 位元區域的概念與定義

「位元區域」是一序列的位元，它是記憶體位置中的一部分。因為只有一個完整的記憶體位置可由位址來代表，因此，我們並不能用位址運算子 & 來取得一個位元區域的位址，我們也不能用指標指向一個位元區域。

位元區域類型是一種特殊的結構類型，其所有成員的長度均是以二進制位元為單位定義的，結構中的成員被稱為位元區域。位元區域定義的一般形式如下：

```
struct    結構名稱
{
    類型 變數名稱 1: 長度 ;
    類型 變數名稱 2: 長度 ;
    ......
    類型 變數名稱 n: 長度 ;
};
```

一個位元區域必須被宣告是 int、unsigned 或 signed 中的一種。例如，CPU 的狀態暫存器按位元區域類型定義如下：

```
struct status
{
    unsigned sign: 1;              /*符號旗標*/
    unsigned zero: 1;             /*零旗標*/
    unsigned carry: 1;            /*進位旗標*/
    unsigned half_carry: 1;      /*半進位旗標*/
    unsigned parity: 1;          /*溢位旗標*/
    unsigned negative: 1;        /*負旗標*/
}flags;
```

顯然，對 CPU 的狀態暫存器而言，使用位元區域類型僅需 1 個位元組即可。

又如：

```
struct packed_data
{
    unsigned a: 2;
    unsigned b: 1;
    unsigned c: 1;
    unsigned d: 2;
}data;
```

可以發現，這裡變數 a、b、c、d 分別佔 2 位元、1 位元、1 位元、2 位元，如圖 13-3 所示。

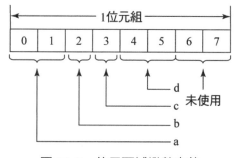

圖 13-3　位元區域變數定義

13.4.2　位元區域相關說明

本小節針對位元區域有以下幾點加以說明。

1. 因為位元區域類型是一種結構類型，所以位元區域類型和位元區域變數的定義，以
　及對位元區域(即位元區域類型中的成員)的存取均與結構類型和結構變數相同。

2. 定義一個如下的位元區域結構：

```
struct attribute
{
    unsigned font: 1;
    unsigned color: 1;
    unsigned size: 1;
    unsigned dir: 1;
};
```

上面定義的位元區域結構中，各個位元區域都只佔用一個位元，如果某個位元
區域需要表示多於兩種的狀態，也可將該位元區域設置為佔用多個位元。如果字體
大小(size)有 4 種狀態，則可將上面的位元區域結構改寫成如下形式：

```
struct attribute
{
    unsigned font: 1;
    unsigned color: 1;
    unsigned size: 2;
    unsigned dir: 1;
};
```

3. 某一位元區域要從另一個位元組開始存放，可寫成如下形式：

```
struct status
{
    unsigned a: 1;
    unsigned b: 1;
    unsigned c: 1;
    unsigned : 0;
    unsigned d: 1;
    unsigned e: 1;
    unsigned f: 1;
}flags;
```

原本 a、b、c、d、e、f 這 6 個位元區域是連續儲存在一個位元組中的。由於加入了一個長度為 0 的無名位元區域，因此其後的 3 個位元區域從下一個位元組開始儲存，一共佔用兩個位元組。

4. 可以使各個位元區域佔滿一個位元組，也可以不佔滿一個位元組。例如：

```
struct packed_data
{
    unsigned a: 2;
    unsigned b: 1;
    unsigned c: 1;
    int i;
}data;
```

儲存形式如圖 13-4 所示。

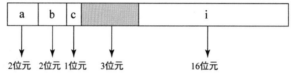

圖 13-4　位元區域儲存形式

5. 一個位元區域必須儲存在一個記憶體區塊（通常為一位元組）中，不能跨兩個記憶體區塊。如果本單元不夠容納某位元區域，則從下一個單元開始儲存該位元區域。

6. 可以使用"%d"、"%x"、"%u"、"%o"等格式字元，以整數形式輸出位元區域。

7. 在數值運算式中存取位元區域時，系統自動將位元區域轉換為整數類型數值。

習 題

一、選擇題

1. 下列運算子：<<、sizeof、^、&=，按優先順序由高至低排列的次序是　(A) sizeof,&=,<<,^　(B) sizeof,<<,^,&=　(C) ^,<<,sizeof,&=　(D) <<,^,&=,sizeof

2. C 語言中，運算元必須是整數或字元類型的運算子是　(A) &&　(B) &　(C) !　(D) ||

3. 運算式　a<b||~c&d 的運算順序是　(A) ~, &, <, ||　(B) ~, ||, &, <　(C) ~, &, ||, <　(D) ~, <, &, ||

4. 在位元運算中，運算元每右移一位，其結果相當於　(A)運算元乘以 2　(B)運算元除以 2　(C)運算元除以 4　(D)運算元乘以 4

5. 在位元運算中，運算元每左移一位，其結果相當於　(A)運算元乘以 2　(B)運算元除以 2　(C)運算元除以 4　(D)運算元乘以 4

6. 下列敘述何者不正確？　(A)運算式 a&=b 同義於 a=a&b　(B)運算式 a|=b 同義於 a=a|b　(C)運算式 a!=b 同義於 a=a!b　(D)運算式 a^=b 同義於 a=a^b

7. 運算式　0x12 | 0x15　的值為　(A) 0x13　(B) 0x17　(C) 0xE8　(D) 0xc8

8. 運算式　0x13 & 0x17　的值為　(A) 0x17　(B) 0x13　(C) 0xf8　(D) 0xec

9. 運算式　0x13 ^ 0x17　的值為　(A) 0x04　(B) 0x13　(C) 0xE8　(D) 0x17

10. 若 int x=12, y=13;，則　x & y 的結果為　(A) 0　(B) 12　(C) 13　(D) 15

11. 若 int a=1, b=2;，則　a|b 的值為　(A) 0　(B) 1　(C) 2　(D) 3

12. 運算式　~0x13 的值為　(A) 0xFFEC　(B) 0xFF71　(C) 0xFF68　(D) 0xFF17

13. 下列程式片段的輸出結果為　(A) 0　(B) 1　(C) -1　(D) 2
```
int x=-1;
printf("%d\n", ~x);
```

14. 下列程式片段的輸出結果為　(A) 5, 3　(B) 6, 3　(C) 6, 2　(D) 5, 2
```
int x=3, y=5;
x=x^y;
y=y^x;
printf("%d, %d\n", x, y);
```

15. 若 int x=3, y=-4, z=5;，則運算式 x&=y=x|z 的值為　(A) 0　(B) 1　(C) 3　(D) 5

16. 若 int x=3, y=-4, z=5;，則運算式 x&y==x|z 的值為　(A) 0　(B) 1　(C) 3　(D) 5

17. 若 int x=3, y=-4, z=5; ，則運算式 (x&y)==(x|z) 的值為　(A) 0　(B) 1　(C) 3　(D) 5

18. 執行下列程式片段後，x 的值為　(A) 0　(B) 1　(C) 15　(D) 24

```
char ch='A';
int x;
x=((24&15) && (ch|'a'));
```

19. 下列程式片段的輸出結果為　(A) 1, 2　(B) 2, 2　(C) 2, 1　(D) 1, 1

```
int x=1, y=2;
x^=y;
y^=x;
x^=y;
printf("%d, %d\n", x, y);
```

20. 下列程式片段的輸出結果為　(A) -2　(B) -20　(C) -21　(D) -11

```
int x=20;
printf("%d\n", ~x);
```

21. 下列程式片段的 z 值是　(A) 16　(B) 18　(C) 20　(D) 27

```
char x=3, y=6, z;
z=x^y<<2;
printf("%d\n", z);
```

22. 測試 char 型變數 a 第六位是否為 1 的運算式是　(A) a&040　(B) a&0x20　(C) a&32　(D)以上皆是（設最右邊的位元是第一位）

23. 假設 char a, b; ，則若要透過 a&b 運算遮罩 a 中的其他位元，只保留第 2 和第 8 位（右起為第 1 位），則 b 的二進制數是　(A) 10001101　(B) 01110010　(C) 01111101　(D) 10000010

24. 假設有下列宣告：

```
struct bf
{
    unsigned one: 1;
    unsigned two: 2;
    unsigned three: 3;
    unsigned four: 4;
}data;
```

則下列位元區段資料的存取中，何者不能得到正確的數值？　(A) data.one=4　(B) data.two=3　(C) data.three=2　(D) ata.four=1

25. 假設位元區段的空間分配由右到左,則下列程式的執行結果為＿＿ (A)語法錯誤
    (B) 1　　(C) 3　　(D) 9

```c
#include <stdio.h>
struct bf
{
    unsigned a : 1;
    unsigned b : 2;
    unsigned c : 3;
    int i;
}data;

int main()
{
    data.a=4; data.b=5;
    printf("%d\n", data.a+data.b);
    return 0;
}
```

二、填空題

1. 在 C 語言中,& 運算子做為一元運算子時表示的是＿＿＿＿運算;做為二元運算子時表示的是＿＿＿＿運算。

2. 運算式 013 & 017 的值為＿＿＿＿。

3. 若 int x=12, y=13;,則運算式 x&y 的值為＿＿＿＿。

4. 若 int x=12, y=13;,則運算式 x|y 的值為＿＿＿＿。

5. 若 int x=12, y=13;,則運算式 x^y 的值為＿＿＿＿。

6. 若 int x=12, y=13;,則運算式 ~x|y 的值為＿＿＿＿。

7. 若 int x=12, y=13;,則運算式 x|~y 的值為＿＿＿＿。

8. 下列程式片段的輸出結果為＿＿＿＿。

```c
char a=5;
int b=12;
printf("%d, %d\n", a>>2, b>>2);
```

9. 下列程式片段的執行結果為＿＿＿＿。

```c
unsigned a,b;
a=0x9a;
b=~a;
printf("%x\n", b);
```

10. 下列程式片段的輸出結果為_____。

```
int x=1;
printf("%d\n", ~x);
```

11. 執行下列程式片段後，x 的值為_____。

```
char ch='A';
int x;
x=((2|3) && (ch|'a'));
```

12. 執行下列程式片段後，x 的值為_____。

```
char ch='A';
int x;
x=((2|3) & (ch|'a'));
```

13. 運算式 0x13 | 0x17 的值為_____。

14. 若 int x=0123，則運算式 (5+(int)(x)) & (~2) 的值為_____。

15. 若 int x=012，則運算式 (3+(int)(x)) & (~2) 的值為_____。

16. 下列程式片段的輸出結果為_____。

```
int a=-1;
a=a|0377;
printf("%d, %o\n", a, a);
```

17. 下面程式片段的執行結果為_____。

```
unsigned char a,b;
a=0x9d;
b=0xa5;
printf("a AND b:%x\n",a&b);
printf("a OR b:%x\n",a|b);
printf("a NOR b:%x\n",a^b);
```

18. 下列程式片段的執行結果為_____。

```
char a=-5;
unsigned char b=15;
printf("%d, %d\n", a>>2, b>>2);
```

19. 下列程式片段的執行結果為_____。

```
char a, b;
a=0x12;
b=a<<2;
printf("%d\n", b);
```

20. 下列程式片段的執行結果為＿＿＿＿。
```c
char a, b;
a=012;
b=a<<2;
printf("%d\n", b);
```

21. 下列程式片段的執行結果為＿＿＿＿。
```c
char a, b;
a=12;
b=a<<2;
printf("%d\n", b);
```

22. 下列程式片段的執行結果為＿＿＿＿。
```c
unsigned a=12;
printf("%d,%d,%d\n", a>>2, a=a>>2, a);
```

23. 下列程式片段的執行結果為＿＿＿＿。
```c
int a=16;
printf("%d,%d,%d\n", a>>2, a=a>>2, a);
```

24. 下面程式片段的執行結果為＿＿＿＿。
```c
unsigned a=012, x, y, z;
x=a>>3;
printf("x=%o,", x);
y=~(~0<<4);
printf("y=%o,", y);
z=x&y;
printf("z=%o\n", z);
```

25. 下面程式片段的執行結果為＿＿＿＿。
```c
unsigned a=0x12, x, y;
x=a>>3;
printf("x= %d, ", x);
y=~(~0<<4);
printf("y= %d\n", y);
```

26. 下列程式片段的執行結果為＿＿＿＿。
```c
char a=0x15, b, c;
b=(a&0xf)<<4;
c=(a&0xf0)>>4;
a=b|c;
printf("%x\n", a);
```

27. 下列程式片段的執行結果為_____。

```
char a=0x15, b, c;
b=(a&0xf)<<3;
c=(a&0xf0)>>3;
a=b|c;
printf("%d\n", a);
```

28. 與運算式 x^=y-2 同義的另一書寫形式是_____。

29. 假設二進制數 x 的值為 11001101，若想透過 x&y 運算使 x 中的低 4 位元不變，高 4 位元重置，則 y 的二進制數是_____。

30. 假設 x 是一個 16 位元整數，若要透過 x|y 使 x 低 8 位元設定為 1，高 8 位元不變。則 y 的八進制數是_____。

31. 假設 x=10100011，若要透過 x^y 使 x 的高 4 位元翻轉，低 4 位元不變，則 y 的二進制數是_____。

32. 假設機器的不帶號整數字長為 16 位元。若呼叫下列函數時 x=0115032、p=7、n=4，則函數傳回值的八進制數是_____。

```
getbits(unsigned x,unsigned p,unsigned n)
{
    x=((x<<p+1-n))&~((unsigned)~0>>n));
    return(x);
}
```

33. 假設位元區段的空間分配由右至左，則下列程式片段的執行結果為_____。

```
struct bf
{
    unsigned a: 2;
    unsigned b: 3;
    unsigned c: 4;
    int i;
}data;
int main()
{
    data.a=1; data.b=2; data.c=3; data.i=0;
    printf("%d\n",data);
    return 0;
}
```

三、程式設計題

1. 假設 a=8、b=3，試編寫程式求 a 和 b 進行「位元且」、「位元或」和「位元互斥或」運算之後的結果。

2. 任意輸入兩個數，試編寫程式求這兩個數進行「位元且」、「位元或」和「位元互斥或」運算之後的結果。

3. 假設 a=5、b=3，試編寫程式求將 a&b 的值左移 5 位的結果。

4. 任意輸入一個數，分別求該數「位元左移」2 位和「位元右移」2 位運算操作後的結果。

5. 任意輸入一個數，分別對該數進行「左旋移位」和「右旋移位」操作，並將結果輸出。

6. 編寫程式實現左右旋轉移位。當輸入位移的位數是一正整數時向右旋轉移位，輸入一負整數時向左旋轉移位。

附錄 習題部分解答

～CHAPTER 01～

一、選擇題

1	2	3	4	5	6	7	8	9	10
C	C	D	A	C	B	A	D	A	B
11	12	13	14						
A	C	D	C						

二、填空題

1. 函數，main，main
2. 分號
3. 英文字母，阿拉伯數字，底線，英文字母，底線中括號([ ])、小括號(( ))和大括號({ })
4. 組譯器，編譯器，直譯器
5. /* , */
6. 1
7. 循序結構，選擇結構，迴圈結構
8. 語法錯誤，執行錯誤，邏輯錯誤
9. c=30
10. Hello World!****

～CHAPTER 02～

一、選擇題

1	2	3	4	5	6	7	8	9	10
B	C	A	D	C	B	A	A	D	C
11	12	13	14	15	16	17	18	19	20
A	C	D	C	A	D	D	C	C	C
21	22	23	24	25					
A	A	C	D	D					

二、填空題

1. 3.141590
2. ffffffff
3. 141
4. -4
5. 215/9=23 餘 8
6. 97b
7. 4.000000
8. a=3.140000
9. 100
10. 97
11. a
12. 5.681000e+002
13. 5
14. a+u=22,b+u=-14

15. 56.100000

16. c=A

17. c=a

18. c=10

19. x=47.304001 y=-3510025.436000

   x=4.730400e+001 y=-3.510025e+006

20. x=2.500000,i=2

～CHAPTER 03～

一、選擇題

1	2	3	4	5	6	7	8	9	10
D	D	B	D	C	B	C	C	B	B
11	12	13	14	15	16	17	18	19	20
A	A	B	C	A	B	D	A	B	C
21	22	23	24	25					
C	D	C	B	A					

二、填空題

1. (1) 4*x^2-3*y^2

   (2) y^6/(x^5-1)

   (3) (x^2*y^3)/(x+2*y)

   (4) log(10)/sqrt(x*y)

2. 9

3. 3

4. 6，4

5. 3.500000

6. 4.500000

7. 1

8. 0

9. 4

10. 15.366025

11. 7

12. 33

13. 9

14. 2

15. 6, 11

16. 0

17. 2.500000

18. 3.500000

19. 3   1   3

20. a=7,b=0,c=6

21. a=2,b=1

22. n=28

23. x=2,y=-1,z=0

24. 0

25. 6

26. a= 6, b= 2, c= 7

27. yes

28. Q

～CHAPTER 04～

一、選擇題

1	2	3	4	5	6	7	8	9	10
B	A	C	C	B	B	B	B	A	C
11	12	13	14	15	16	17	18	19	20
C	B	C	C	D	D	D	D	A	C

二、填空題

1. *3.141590
2. 3.142*
3. y=□□□0x5ba0
4. y=□□0x7b
5. x=1234
6. x=123
7. x=001234
8. x= +1234
9. □□3.141600
10. □□123.46
11. -123.4560
12. □□1234.568
13. 8765.4570
14. □□□□12##
15. 3.1415926000
16. y=-12345
   y=-12345
   y=-0012345
   y=□□-12345
17. Hello, World!
   Hello, Wor
   Hello, Wor
   Hello, Wor
   Hello, World!

   Hello, World!
18. a plus b is 10
19. 32767,32768
   2147483647,-2147483648
   65535,65536
20. yes,
21. a\b'   tw
   123
22. 58.887299,-555.677979
   58.887299   ,-555.677979
   ,58.887,-555.678,58.887,-555.678,
   58.887299,-555.677979
   5.888730e+001,-5.56e+002
   B,66,102,42
   7567890,34675022,737a12
   76768,225740,12be0,76768
   COMPUTER,,3s
23. 123456
   Good
       Good
   Good
       Goo
   Goo

〜CHAPTER 05〜

一、選擇題

1	2	3	4	5	6	7	8	9	10
D	C	D	C	B	B	A	B	A	D
11	12	13	14	15	16	17	18	19	20
A	B	C	B	D	C	C	C	B	B
21	22	23	24	25	26	27	28	29	30
B	C	D	B	B	A	A	D	B	D
31	32	33	34	35	36	37	38	39	40
B	C	D	B	A	D	C	C	A	B

二、填空題

1. 0
2. 1
3. 0
4. 1
5. 1，0，0
6. 1
7. 0
8. 1
9. 1
10. 3
11. 1
12. 0
13. 1
14. 1,1
15. 0, 1, 1, 1

16. 1,1
17. 3,9,1
18. 6
19. $$$
20. F
21. 4
22. 0.400000
23. 1
24. 3
25. 2,0,0
26. 60-69
    <60
    error!
27. *3*
28. a=2,b=1

〜CHAPTER 06〜

一、選擇題

1	2	3	4	5	6	7	8	9	10
A	C	D	B	B	C	A	C	B	B
11	12	13	14	15	16	17	18	19	20
C	C	B	D	B	B	C	A	C	C
21	22	23	24	25	26	27	28	29	30
B	D	B	A	C	C	C	A	C	C

二、填空題

1. 0
2. 0
3. 2
4. 0
5. y=-1
6. 6
7. a= 12,b= 11
8. x= 8
9. 120
10. 80
11. 3
12. -1
13. 2
14. x=6,y=7
15. 196
16. x=5,y=7

17. m=1,n=2
18. 9
19. 42 84
20. k=10,b= -1
21. k= 13,m= 5
22. 2 5 8 11
23. k=3
24. ***#
25. #&
&
&*
26. 1223
27. i=5,k=4
28. x= 10
29. a= 4
30. x= 6

～CHAPTER 07～

一、選擇題

1	2	3	4	5	6	7	8	9	10
C	D	C	B	A	B	C	A	D	D
11	12	13	14	15	16	17	18	19	20
B	B	D	D	D	D	B	A	D	B
21	22	23	24	25	26	27	28	29	
D	D	D	D	C	D	C	B	D	

二、填空題

1. s=5
2. sum= -72
3. 5,6.000000
4. -7
   -4
   -1
   2

   5
5. 1   1   2   3   5
 8 13 21 34 55
6. 1 2 3 4 5
7. 5,5.000000
8. 10001
9. 1 3 3 0

10. 12　2 14

11. s= -34

12. s= -5

13. s= -9

14. s= 17

15. s=　39

16. 1 2 3 4 5

17. 10010

18. 　1　　1　　2　　3

　　5　　8　　13　　21

　　34　　55　　89　　144

19. a[i-1]+a[i-2]

20. 3

21. 5

22. 0

23. sum= 27

24. 1 0 0 0 0

　　0 1 0 0 0

　　0 0 1 0 0

　　0 0 0 1 0

　　0 0 0 0 1

25. 　1

　　6　7

　　11　12　13

　　16　17　18　19

　　21　22　23　24　25

26. i=j+1

27. array a:

　　　1　　　2　　　3

　　　4　　　5　　　6

　array b:

　　　1　　4

　　　2　　5

　　　3　　6

28. goo

29. 123

30. -1

31. 123abc

32. 6

33. 3

34. Hell

35. 683

36. congrat

37. World!

38. 168

39. h

40. ***L*

41. Rocky: 5　Mountain: 8

42. &#$

～CHAPTER 08～

一、選擇題

1	2	3	4	5	6	7	8	9	10
A	B	B	D	B	A	D	A	B	A
11	12	13	14	15	16	17	18	19	20
D	B	C	D	A	B	A	C	C	B
21	22	23	24	25					
B	A	C	C	D					

二、填空題

1. x= 15
2. 6
3. rst= 11
4. 5　9 13
5. 7 13 20
6. 1!=1
   2!=2
   3!=6
   4!=24
   5!=120
7. rst is 14
8. Max is 35
9. rst= 15
10.　　　　*
   　　　***
   　　*****
   　*******

```
     *****
      ***
       *
```

11. 10 11 12
12. 3
13. 5
14. i=7;j=6;x=7
    i=2;j=7;x=5
15. 0 2 4 6 8 10 12 14 16 18
16. 1!=　1
    2!=　2
    3!=　6
    4!=　24
    5!= 120
17. m= 5,k= 6
    i= 3,k= 3

～CHAPTER 09～

一、選擇題

1	2	3	4	5	6	7	8	9	10
B	B	A	A	B	A	B	A	C	D
11	12	13	14	15	16	17	18	19	20
D	B	A	B	A	C	C	D	D	C
21	22	23	24	25	26	27	28	29	30
C	D	C	D	B	A	A	B	C	C

二、填空題

1. 循序，隨機
2. 二進制，ASCII
3. 字元，串流
4. fopen，fclose
5. "w"，"r"，"a"
6. ch=fgetc(fp); (或 ch=getc(fp);)，
   fscanf(fp,"%c",&ch);
7. fputc(ch,fp); (或 putc(ch,fp);)，
   fprintf(fp,"%c",ch);
8. fp，n-1，str
9. fputs，0
10. 非零值，0

11. FILE

12. "ab"

13. rewind，fseek

14. ASCII

15. 10*sizeof(struct st)

16. "r"，fgetc(fp)，cnt++

17. (ch=getchar())，ch,fp

18. FILE　*f，sizeof(struct　rec)，r.num,
　　　r.total

19. argc != 2，letter，cnt++

20. argv[1]，buff.SIZE.fpr，buff.fpd

21. position=0，position=17

22. rewind(fp1)，getc(fp1)

23. "gg.txt","a"，fp,"data"

～CHAPTER 10～

一、選擇題

1	2	3	4	5	6	7	8	9	10
B	C	A	B	C	D	A	B	D	C
11	12	13	14	15	16	17	18	19	20
D	C	B	C	D	C	A	B	C	C
21	22	23	24	25					
C	D	D	A	D					

二、填空題

1. 0

2. 1

3. 2

4. 4

5. 1

6. 3

7. 3

8. x= 8

9. a= 0, b= 2

10. 1, 4

11. 2, 2

12. tot= 14

13. 1　3

14. 62fe0c

15. 10

16. 10

17. 10

18. 1

19. 6

20. 1

21. *ptr1= 5,*ptr2= 3

22. 123

23. #2#4#

24. abcde

　　cde

　　e

25. 5

26. 12

27. 10

28. 12

29. 12

30. 8

31. 12

32. 7

33. 10	41. 12
34. 10	42. 26
35. 2	43. 1
36. 6	1　1
37. 10	1　2　1
38. 10	1　3　3　1
39. 12	1　4　6　4　1
40. 12	1　5　10　10　5　1

～CHAPTER 11～

一、選擇題

1	2	3	4	5	6	7	8	9	10
A	A	C	D	C	C	C	B	D	D
11	12	13	14	15	16	17	18	19	20
C	D	D	D	C	D	B	D	B	C
21	22								
B	D								

二、填空題

1. M	abc,def
2. p	ghi,mno
3. John	hi,no
4. 18	17. 7,3
5. a	18. 1983.5Mary
6. 7	1983.5Mary
7. 1	76ary
8. 15	19. 8
9. 6	20. 8
10. 3	21. 39,9
11. 11201	22. 123, 23
12. 20	23. 13
13. 10,x	24. 16
14. 2,3	25. 3,3
15. 32	26. -1,0
16. a,d	27. 48

28. Word value: 1234
   High value: 12
   Low value: 34
   Word value: 12ff

29. 2 4
   dime dollar

30. a=5   b=6
   2*INT= 6.00

～CHAPTER 12～

一、選擇題

1	2	3	4	5	6	7	8	9	10
C	A	C	B	C	C	D	D	D	C
11	12	13	14	15	16	17	18	19	20
D	D	A	D	D	A	B	B	B	C
21	22	23	24	25	26	27	28	29	30
C	B	A	A	C	B	B	B	C	C

二、填空題

1. 7
   5
2. a=7
3. Y=7
4. 12, 62
5. 30
6. 280
7. 12
8. 12345678
9. 15
   9
10. 5,3
11. 2   12
12. x=6,y=3
13. 8.5

14. 3
15. 6
16. s1=3,s2=35
17. 3, 3, 5
18. 1 2 3 ok!
19. 1
    12
    123
    1234
20. 556
21. 40
    24
    72
22. c=0
23. team taiwan

～CHAPTER 13～

一、選擇題

1	2	3	4	5	6	7	8	9	10
B	B	D	B	A	C	B	B	A	B
11	12	13	14	15	16	17	18	19	20
D	A	A	B	C	D	A	B	C	C
21	22	23	24	25					
D	D	D	A	B					

二、填空題

1. 取位址，位元且

2. 11

3. 12

4. 13

5. 1

6. -1

7. -2

8. 1, 3

9. ffffff65

10. -2

11. 1

12. 1

13. 21

14. 88

15. 13

16. -1, 37777777777

17. a AND b:85

　　a OR b:bd

　　a NOR b:38

18. -2, 3

19. 72

20. 40

21. 48

22. 0, 3, 3

23. 1, 4, 4

24. x= 1, y= 17, z= 1

25. x= 2, y= 15

26. 51

27. 42

28. x=x^y-2

29. 00001111

30. 0377

31. 11110000

32. 120000

33. 105

New Wun Ching Developmental Publishing Co., Ltd.

New Age · New Choice · The Best Selected Educational Publications — NEW WCDP

新文京開發出版股份有限公司

NEW WCDP

新世紀・新視野・新文京 — 精選教科書・考試用書・專業參考書